TRAITÉ PRATIQUE

DE

LA PIERRE

DANS LA VESSIE

TRAITÉ PRATIQUE

DE

LA PIERRE

DANS LA VESSIE

PAR

LE Dr DOLBEAU

Professeur agrégé à la Faculté de médecine de Paris,
Chirurgien de l'hospice des Enfants assistés, membre titulaire de la Société de chirurgie,
Membre de la Société anatomique,
Lauréat de l'Institut de France, de l'Académie impériale de médecine
et de la Faculté de médecine,
Correspondant des Sociétés médicales de Lima et d'Odessa, etc.

Ouvrage orné de 12 gravures sur bois intercalées dans le texte

PARIS

ADRIEN DELAHAYE, ÉDITEUR

PLACE DE L'ÉCOLE-DE-MÉDECINE

1864

PRÉFACE

En nous proposant d'écrire un traité pratique de la pierre dans la vessie, nous ne nous sommes pas dissimulé les difficultés d'une pareille entreprise; l'importance du sujet, son utilité incontestable, justifieront probablement notre tentative.

La littérature médicale est riche en productions relatives au sujet qui nous occupe, mais la plupart des livres qui ont été écrits sur la pierre vésicale ont eu surtout rapport à la thérapeutique chirurgicale de la maladie. Les cystotomistes des siècles passés ont

exposé dans leurs ouvrages la méthode ou le procédé
qu'ils préféraient; quelquefois ils ont discuté la valeur
comparative des différentes manières de tirer la pierre
hors de la vessie, mais ils ont passé presque sous silence
les lésions organiques de l'appareil urinaire et les diverses causes qui président à la formation des calculs.
Toute la partie médicale de la question fait presque
absolument défaut; on ne retrouve dans ces œuvres si
nombreuses, que des hypothèses sur la maladie calculeuse et des conseils souvent étranges à propos des remèdes que la mode et l'ignorance préconisaient alternativement. Pour les anciens, la pathologie de la
pierre se réduisait, en quelque sorte, à une question de médecine opératoire, aussi l'éternelle discussion
sur la valeur comparative des grandes et des petites
incisions domine-t-elle toute la chirurgie du xviiie siècle.
Depuis, les progrès de la physiologie et de la chimie
ont fait envisager le sujet sous son côté médical; les
nombreux dissolvants de la pierre sont là pour en
témoigner. Enfin, vers 1824, la découverte de la lithotritie a été l'origine de recherches nombreuses, qui ont
placé la thérapeutique de la pierre dans une voie toute

nouvelle, mais cette fois féconde en résultats. Cependant la méthode du broiement si diversement accueillie, n'a pas permis de renoncer complétement à la cystotomie, aussi les indications qui sont relatives aux différentes manières de traiter les calculeux, sont-elles devenues la préoccupation de tous les chirurgiens ; cette question vraiment très-importante, domine encore de nos jours le problème capital que soulèvent la maladie de la pierre et sa thérapeutique.

Nous avons pensé que le moment était venu de faire la part du présent et celle du passé ; nous avons cru qu'on pouvait choisir au milieu de tant de matériaux épars, pour constituer la description pathologique de la pierre et formuler les règles qui doivent présider au traitement. Étant donné un calculeux, nous avons voulu : 1° exposer comment on reconnaîtrait la maladie; 2° déterminer quelles étaient les conséquences d'une semblable affection ; 3° montrer les différentes ressources que l'art pouvait offrir au chirurgien.

Notre livre se compose de deux parties : la première est relative à la pierre en tant que formation lithique, elle comprend les symptômes et le diagnostic de la maladie; dans la seconde partie, nous envisageons le traitement de la pierre vésicale, c'est-à-dire une des questions les plus difficiles et les plus importantes de la chirurgie.

Les calculeux doivent être observés suivant des règles précises, dont l'ensemble constitue ce que nous avons appelé l'*exploration méthodique*. Aucune détermination chirurgicale ne peut être prise, sans qu'au préalable on ait acquis des notions positives sur le volume, le nombre et la densité des pierres. Ces renseignements ne pouvant être fournis que par l'examen de la vessie au moyen du lithoclaste, il en résulte que la lithotritie devient nécessairement le dernier terme de l'exploration méthodique; la taille ne constituant plus qu'une opération exceptionnelle, dont les indications résident assez souvent dans les résultats d'une première tentative de broiement.

Une pierre volumineuse, surtout quand elle est dure, la multiplicité des calculs, les lésions organiques du col de la vessie, etc., constituent autant de raisons pour pratiquer l'ouverture de la vessie; nous avons donc étudié l'opération de la taille. Nous avons exposé les seuls procédés qu'il nous semblait rationnel d'appliquer sur le vivant, mais à mesure que nous avancions dans cette étude de la cystotomie, nous avons constaté à notre tour qu'une pierre, même peu volumineuse, ne pouvait franchir le col de la vessie sans exposer le malade à des lésions graves et trop souvent funestes. L'extrême mortalité qui succède à la taille, quels que soient la méthode ou le procédé mis en usage, nous a conduit naturellement à cette idée bien ancienne, la combinaison de la taille et de la lithotritie; nous en avons parlé assez longuement.

Il est généralement admis que la lésion importante dans la cystotomie, c'est l'incision du col vésical; nous en avons exposé toutes les conséquences. Dans le but d'éloigner autant que possible les chances de mort après la taille, nous sommes arrivé à proposer d'exécuter la lithotritie au moyen d'une boutonnière faite à la région membraneuse, et après la dilatation préalable du col de la vessie. Cette nouvelle ressource chirurgicale

occupe dans notre livre un chapitre qui a pour titre :
De la lithotritie périnéale; c'est là, du reste, une
simple proposition qui attend la sanction de l'expérience.

Nous l'avons déjà dit, notre but a été de mettre à
profit ce que la science possédait de matériaux relatifs à
la pierre vésicale, mais nous avons écarté avec grand
soin toutes les questions de priorité et d'invention. Notre
sujet a, de tout temps, eu le triste privilége de susciter
des discussions où les personnalités occupaient une trop
grande place; la pratique n'a rien à gagner à de semblables démêlés. Des circonstances spéciales, le hasard
peut être, nous ont mis à même de voir, d'étudier et
de juger. Jeune encore, élève d'un maître illustre, nous
avons vu naître et prospérer la taille prérectale, opération simple, marquée au coin du génie chirurgical.
Plus tard, chargé à plusieurs reprises du service des
calculeux à l'hôpital Necker, nous avons étudié la lithotritie, et nous avons compris tout ce que cette belle
invention moderne pouvait donner de résultats avantageux, lorsque la méthode était soumise aux règles et aux

principes qui la constituent réellement. Nous avons donc suivi la tradition.

Au milieu d'écrits si nombreux dont l'interprétation devait nécessairement nous embarrasser, aux prises avec les difficultés de la clinique, nous avons eu le privilége d'être éclairé et guidé par les avis de nos savants maîtres. Leurs sages conseils et leur amitié ne nous ont pas fait défaut. Notre œuvre sera-t-elle digne d'un pareil patronage?

TRAITÉ PRATIQUE

DE

LA PIERRE

DANS LA VESSIE

———————— ❧ ————————

CONSIDÉRATIONS PRÉLIMINAIRES. — FRÉQUENCE DE LA MALADIE.

L'urine, en traversant l'appareil urinaire, peut abandonner les différents sels qui entrent dans sa composition, soit normalement, soit accidentellement. Ces substances, devenues libres, forment des précipités ; d'autres fois elles se cristallisent, enfin elles peuvent, en s'accumulant, donner naissance à des concrétions dont le volume varie à l'infini. Les observateurs ont divisé les dépôts salins en trois catégories, qui sont : les sables, la gravelle, et enfin les pierres. Les sables que laisse déposer l'urine, sont rendus sans que leur expulsion donne lieu à aucun phénomène saillant. Au contraire, la migration de la gravelle, et à plus forte raison celle des concrétions calculeuses, provoque une série

d'accidents, qui constituent la colique néphrétique.
Lorsqu'une de ces concrétions parvient dans la vessie,
si au lieu d'être rendue elle y séjourne, son volume
devient chaque jour plus considérable, et sa présence
détermine des lésions bientôt suivies d'accidents variés,
les individus sont alors atteints d'une maladie dont la
marche peut être variable, mais dont la terminaison
est presque constamment funeste. Ils ont la pierre.

On voit par ce qui précède que nous n'envisageons pas
la pierre comme un simple corps étranger contenu dans
le réservoir de l'urine, mais bien comme une maladie
dont le calcul constitue seulement un des phénomènes.
Certes, les corps étrangers qui pénètrent accidentellement dans la vessie, peuvent déterminer des accidents qui
rappelleront les symptômes de la pierre, mais ils en diffè-
reront par l'acuité des troubles morbides, par la rapidité
de leur apparition, et enfin par la rémission brusque qui
succèdera toujours à l'extraction. On nous objectera que
bien des calculeux, les jeunes sujets surtout, guérissent
d'une manière radicale, et que chez eux la destruction
de la pierre s'accompagne d'un soulagement immédiat,
qui n'est comparable qu'à celui qu'on obtient en faisant
disparaître un corps étranger venu du dehors. Cependant, la récidive de l'affection calculeuse s'observe,
ce qui démontre que la pierre reconnaît pour cause
des conditions vitales et physiques, qui peuvent persister
et qui, pour n'avoir été que passagères dans la plupart
des cas, n'en ont pas moins existé. Les nécropsies font
encore voir que l'inflammation des reins n'est pas
chose rare, même chez les jeunes sujets; enfin, la cli-

nique démontre qu'il existe chez les calculeux des per-versions constantes ou momentanées de la sécrétion urinaire, ainsi que des troubles variés dans la miction. Nous reviendrons du reste sur ces diverses circonstances, qui se rattachent à la formation des calculs de la vessie ; mais ce que nous voulons établir c'est que, en traitant de la pierre vésicale, nous entendons parler d'une maladie qui a une marche et une durée déterminées, et pour laquelle l'hygiène et la thérapeutique peuvent être d'un immense secours.

La maladie qui nous occupe a une fréquence relati-vement considérable, cependant il est impossible de rien préciser à ce sujet : les statistiques que l'on a pu recueillir portent sur des faits tirés de la pratique des hôpitaux, et ne sont par conséquent relatives qu'à la classe indigente de la société. Civiale a réuni des documents sur l'affection calculeuse pendant une pé-riode de dix ans. Ses recherches sont basées sur des renseignements certainement incomplets, qui lui sont arrivés de France et des pays étrangers. De cette ma-nière, il est arrivé à réunir 5900 calculeux pour une pé-riode de dix ans. La France, à elle seule, figure pour 2834. Le royaume lombard-vénitien ,. pour 1104. Viennent ensuite la Bavière, Naples, la Sardaigne, etc. Sur ce chiffre, 5900 calculeux, on compte 5497 hom-mes et 309 femmes.

Le tableau des calculeux de la France comporte 2834 individus affectés de la pierre ; dans ce chiffre, la ville de Paris figure pour plus de 1100 malades. Il ne faudrait pas en conclure que la pierre est si fréquente dans le département de la Seine, mais on doit reconnaître là une nouvelle preuve de l'affluence des malades vers le centre des lumières.

Quel est le rapport entre le nombre des calculeux et celui de la population en général? Les renseignements sont insuffisants pour résoudre ce problème; ils permettent seulement de supposer que ce rapport varie beaucoup suivant les localités. L'influence des climats sur la production de la maladie n'est pas moins problématique; cependant l'affection calculeuse paraît fréquente dans les pays chauds. Mais ce qui est bien remarquable, c'est la grande variation dans le nombre des calculeux d'une même localité, suivant telle ou telle époque.

Une chose plus importante, c'est la fréquence de la pierre aux différents âges de la vie. En consultant le tableau général donné par Civiale, on constate que la moitié des calculeux n'avaient point atteint l'âge de quatorze ans; toutefois cette proportion considérable en faveur des enfants ne se retrouve pas dans certains pays, ce qui semblerait révéler une influence locale. On a, d'une manière générale, remarqué que les enfants qui ont la pierre appartiennent presque exclusivement à la classe indigente.

Le tableau que nous avons plusieurs fois cité contient les données suivantes : sur 5376 calculeux il s'est trouvé 2416 enfants, 2167 adultes et 793 vieillards; ou 1946 jusqu'à dix ans, 943 de dix à vingt ans, 460 de vingt à trente, 330 de trente à quarante, 391 de quarante à cinquante, 513 de cinquante à soixante, 577 de soixante à soixante et dix, 199 de soixante et dix à quatre-vingts, et 17 au-dessus de quatre-vingts ans. On peut traduire ces résultats numériques en disant, que la plus grande fréquence de la pierre s'observe dans les dix premières années de la vie, puis qu'elle va sans cesse diminuant jusqu'à l'âge de quarante ans, époque à laquelle la proportion des calculeux augmente avec l'âge.

La condition sociale, la profession des individus, ont-elles une influence sur la production de la pierre?

Il est impossible de donner à cette question une réponse positive. Pour les enfants, il est démontré, comme nous l'avons déjà dit, que le plus grand nombre des calculeux appartient aux classes nécessiteuses de la société; par contre, la pierre, passé l'âge adulte, semble plus fréquente chez les individus riches et adonnés à la bonne chère. Mais ce sont là des résultats très-approximatifs, et les exceptions à cette prétendue règle sont nombreuses. Les professions sédentaires exposent, dit-on, à la formation des calculs. Quant à dire que les militaires sont rarement affligés de cette maladie, c'est répéter que l'affection calculeuse est rare de vingt à trente ans.

Une question importante, et sur laquelle on ne saurait trop appeler l'attention des observateurs, se rattache à l'influence de l'hérédité sur la production de la pierre vésicale. Ici les faits sont peu nombreux et contradictoires; mais il nous semble résulter de quelques observations authentiques que l'hérédité retentit de ses influences mystérieuses dans la production des calculs de la vessie.

La néphrite calculeuse est une des localisations de la diathèse goutteuse. Il est donc admissible que, dans ces circonstances, elle soit perpétuée par hérédité, avec la même cause héréditaire qui préside à son développement ; nous reviendrons plus tard sur l'étiologie de la pierre vésicale.

PREMIÈRE PARTIE

DE LA PIERRE DANS LA VESSIE.

CHAPITRE PREMIER.

ANATOMIE PATHOLOGIQUE.

Avant d'étudier la pierre vésicale sous le rapport du diagnostic et au point de vue des indications thérapeutiques que fournit cette maladie, il est logique et conforme aux habitudes de décrire : 1° les calculs de la vessie; 2° les différentes lésions pathologiques qui précèdent l'affection calculeuse ou qui en sont la conséquence.

§ Ier. — Des calculs de la vessie.

L'appareil urinaire, et la vessie en particulier, étant doublée à son intérieur d'une membrane muqueuse, on conçoit que le réservoir de l'urine puisse présenter des concrétions organiques au même titre que le tube digestif, les fosses nasales et autres cavités muqueuses.

L'urine elle-même pouvant être considérée, d'une manière générale, comme un liquide tenant en suspension des principes inorganiques à la faveur de conditions chimiques particulières, et dont la nature peut varier à chaque instant, on comprend que, sous des influences nombreuses, ces différentes substances puissent s'isoler et constituer, soit des dépôts terreux, soit des cristallisations plus ou moins parfaites.

Ces différentes considérations suffisent amplement pour expliquer l'existence fréquente de calculs dans l'intérieur de la vessie; nous y reviendrons, du reste, en parlant des causes et du mécanisme de la pierre vésicale.

En comparant les différentes substances qui sont contenues dans l'urine, avec celles qui, introduites dans le canal alimentaire, peuvent être éliminées par le rein, on demeure convaincu que, comme l'a dit van Helmont, chaque homme rend journellement et en détail les éléments de la pierre. « Omnes, dit van Swieten, calculum » mingimus, sed separatim in minimas partes consti- » tuentes, concreturas brevi ad quodcumque corpus » insolubile cui occurrunt. »

Il est utile, pour bien connaître ce qui se rattache aux calculs de la vessie, d'envisager les concrétions sous plusieurs rapports. Nous étudierons donc successivement :

1° Le nombre des calculs;

2° Le poids et le volume des calculs;

3° La configuration extérieure des calculs;

4° La configuration intérieure des calculs;

5° La composition chimique des calculs et leur mode de formation.

1° Nombre.

Ordinairement, la vessie ne renferme qu'un seul calcul, cependant, il n'est pas rare d'en rencontrer un plus grand nombre. Lorsque les calculs sont multiples, on en trouve deux ou trois; il est exceptionnel d'en rencontrer un plus grand nombre. Portal a trouvé dans la vessie de Buffon 55 calculs. Roux guérit un malade qui avait déjà été taillé par Boyer, et retira 193 calculs. Desault a débarrassé un curé dont la vessie contenait plus de 200 pierres. Ribes a parlé d'un malade dans la vessie duquel on aurait trouvé près de 300 calculs. Enfin Maisonneuve a présenté à la Société de chirurgie une vessie qui renfermait 307 calculs. Il serait curieux de connaître la proportion respective des calculs simples et multiples, mais il n'existe pas un assez grand nombre d'observations bien prises, pour pouvoir citer un chiffre même approximatif. Liston dit que, sur 27 calculeux de sa pratique, 7 avaient des pierres multiples. Sur 79 cas de lithotomie, Klein en a trouvé 12 dans lesquels il a retiré de 2 à 6 calculs.

Il est assez naturel de supposer que le volume des pierres est en raison inverse de leur nombre. Il ne serait cependant pas juste de dire qu'il est rare de voir des calculs multiples quand ils ont acquis un grand volume.

Les pierres multiples sont rares chez les enfants. Brodie a rapporté l'histoire d'un enfant dont la vessie contenait 2 pierres.

2° Poids et volume des calculs.

La grosseur des pierres vésicales intéresse le praticien sous le rapport de la thérapeutique chirurgicale : elle varie à l'infini, depuis les plus petites granulations jusqu'à des masses énormes. On évalue le plus souvent le volume des calculs en les comparant à des objets très-connus; ainsi, on cite des calculs gros comme des grains de millet, des pois, des noisettes, des œufs de pigeon, de poule, de canne, d'oie, de paon et d'autruche, des noix, le poing, la tête d'un fœtus, etc.

Une expression très-vague, fréquemment employée, mais à tort, consiste à dire que le calcul remplissait la capacité de la vessie. On comprend de suite tout ce qu'a d'imparfait une pareille indication. Scarpa, sans plus préciser, a parlé de deux malades porteurs de calculs assez volumineux pour ne pas permettre l'extraction par le périnée.

Le volume des pierres a plus d'importance que leur poids. On comprend, en effet, que la grosseur d'un calcul puisse influer beaucoup sur la méthode et le choix de l'opération; le poids de la pierre, au contraire, est sans importance, d'autant plus qu'il n'y a pas de relation nécessaire entre le poids et le volume d'une concrétion. C'est par erreur que Deschamps croyait qu'on pouvait évaluer à 1 once par pouce le rapport du poids à la circonférence de la pierre.

Le poids et le volume des pierres, ainsi que l'avait fait remarquer Morgagni, subissent une diminution notable sous l'influence de la dessiccation; on peut constater cette circonstance sur une pièce du musée Dupuytren (n°s 201 et 202); il suffit de comparer le calcul à son modèle en plâtre. Cette pierre, au moment de l'extraction, pesait 1530 grammes et avait 18 centimètres de long et 32 de circonférence. Uytterhœven a extrait, par la taille hypogastrique, un calcul du poids d'un kilogramme.

La pesanteur spécifique des calculs varie considérablement. Fourcroy, qui en a pesé environ 500, et d'espèces très-diverses, a trouvé que la pesanteur des plus légers était : : 1213 : 1000, et celle des plus lourds : : 1976 : 1000.

Pour les besoins de la pratique, on peut distinguer les pierres vésicales en petites, moyennes et grosses, tout en acceptant que ces épithètes n'ont pas une valeur absolue, l'idée qu'elles expriment variant suivant la méthode et le procédé dont on fait usage. Les pierres que l'on rencontre le plus souvent ont un volume qui varie depuis celui d'une amande jusqu'à celui d'une noix et d'un petit œuf de poule. Leur poids oscille entre 2 et 100 grammes. Au delà de ces limites, on trouve des faits exceptionnels dont la relation se trouve dans tous les auteurs. Parmi ces cas curieux qu'il faut connaître, mais qu'un praticien ne doit pas s'attendre à rencontrer, nous citerons un calcul que, au dire de Morgagni, Morand possédait, et qui pesait 6 livres 3 onces.

Le volume des calculs vésicaux n'est proportionné ni à l'âge ni à la force des sujets; cependant les pierres des adultes, et surtout celles des vieillards, sont plus grosses que celles des enfants.

3° Configuration extérieure des calculs.

La configuration extérieure des calculs comprend leur forme, leur couleur, et en général tous les caractères physiques qui peuvent être constatés par un simple examen des concrétions.

A. *Forme.* — La forme générale des calculs est à peu près toujours la même, la plupart sont ovoïdes ; cependant on peut dire que certains présentent une figure arrondie, sphérique ou même cylindrique. On trouve dans les collections quelques calculs vésicaux dont la forme est très-bizarre, mais ce sont là des faits exceptionnels. La forme de la pierre n'est pas toujours le résultat de conditions physiques qu'on pourrait indiquer, mais si les raisons de la configuration des calculs nous échappent le plus souvent, il y a néanmoins quelques faits acquis : chez les vieillards, lorsque le bas-fond de la vessie est fortement déprimé, on trouve derrière le col vésical une sorte de godet où séjourne continuellement la pierre et dont elle rappelle la configuration ; aussi, chez les sujets dont nous parlons, la pierre est-elle généralement ovoïde. Quelquefois, la pierre après avoir rempli le bas-fond de la vessie, finit, en s'accroissant, par envoyer un prolongement dans le col vésical et même dans la région membraneuse de l'urètre. Cette disposition donne au calcul des formes assez bizarres, que l'imagination a pu comparer à une foule d'objets ; assez souvent, dans ce cas, le calcul offre la configuration extérieure de l'astragale, la grosse extrémité correspondant au bas-fond déprimé de la vessie. Quand la vessie n'est pas très-déformée, comme chez les jeunes sujets, la pierre a la figure d'un cylindre et présente un étranglement circulaire, qui sépare très-nettement la portion vésicale du calcul de celle qui appartient à l'urètre.

Les pierres qui remplissent toute la vessie sont pour la plupart ovales ; elles offrent quelquefois à leur surface des sillons correspondant aux orifices des uretères et qui servent pour l'écoulement de l'urine. Les changements de forme qu'éprouve si souvent la vessie suffisent, on le voit, pour rendre compte de bien des variétés dans la configuration des calculs.

On a parlé de pierres perforées ou annulaires dans le centre desquelles passait l'urine : il est probable que cette disposition tient à la réunion et à la soudure en cercle de plusieurs calculs ; cependant Alghisi a trouvé un calcul entier troué par le milieu, et assez semblable au coussin dont se servent les personnes sédentaires.

La surface des calculs est généralement assez régulière : elle présente quelquefois un poli qui rappelle celui du marbre, mais plus souvent on observe un aspect spongieux de la pierre, tenant à la juxtaposition de grains phosphatiques. D'autres fois les pierres présentent divers prolongements ; nous avons déjà parlé de ceux qu'elle envoie dans le col vésical, on en observe d'autres qui correspondent à des loges ou cellules situées dans l'intérieur de l'organe. Certains calculs sont raboteux et chargés de pointes, ce sont les calculs muraux ou muriformes. Ces aspérités sont quelquefois ténues au point de rappeler le duvet ; ainsi s'expliquent les pierres environnées de poils dont il a été parlé par les auteurs anciens. Nous avons déjà parlé des rigoles qu'on trouve sur les pierres et qui tiennent au passage de l'urine. On trouve encore, et assez fréquemment une autre rigole : cette fois ce n'est plus à la face inférieure, mais bien sur la face supérieure du prolongement uré-tral ; dans ce cas, l'empreinte tient au passage plusieurs fois répété d'une sonde métallique.

La pluralité des calculs influe dans une certaine pro-portion sur leur aspect extérieur : tout le monde connaît les facettes multiples que présentent les pierres qui se trouvent réunies ; cependant il n'est pas rare de trouver plusieurs calculs dans la même vessie sans qu'aucun d'eux offre la moindre facette. Chez un malade sexagé-naire, nous avons extrait par la taille huit calculs, tous également arrondis. Ainsi, de ce qu'une pierre est lisse à sa surface, on ne doit jamais conclure que la vessie n'en contient pas d'autres ; enfin, quelques calculs solitaires pouvant présenter des facettes et certaines dépressions, il faut y regarder à deux fois avant de conclure qu'il y a plusieurs pierres. Néanmoins, les facettes qui résultent du frottement réciproque de pierres multiples, ont des caractères auxquels ne se méprendra pas un praticien exercé.

La nature des calculs vésicaux paraît être de toutes les circonstances celle qui influe le plus sur leur forme : les pierres d'oxalate de chaux sont généralement arrondies et présentent, le plus souvent, ces tubercules qui leur ont fait donner l'épithète de murales. Cependant il existe dans les musées, plusieurs calculs d'oxalate de chaux dont la surface est parfaitement lisse. Les calculs d'acide urique et d'urate d'ammoniaque sont, pour la plupart, ovoïdes, discoïdes, légèrement aplatis, leur surface est lisse et quelquefois chagrinée. Les calculs de phosphate de chaux sont ceux dont la forme, le volume et la surface présentent le plus d'irrégularités ; la plupart du temps ils sont ovoïdes et rudes au toucher.

B. *Couleur des calculs.* — Un caractère important qui a trait à la configuration extérieure des calculs, consiste dans l'étude de leur couleur.

On trouve dans la vessie des calculs blancs, gris, jaunes, ardoisés et noirs ; on a même parlé de calculs rouges, verts et bleus. Les calculs blancs et tous les intermédiaires entre le blanc plus ou moins pur et le gris, appartiennent au phosphate ammoniaco-magnésien et au mélange de ce sel avec le phosphate de chaux. Les calculs d'urate d'ammoniaque présentent la couleur gris cendré. Les calculs jaunes tirant sur le fauve renferment généralement l'acide urique, soit pur, soit mélangé à des sels calcaires. Les calculs noirs ou ardoisés, que leur surface soit terne, ou brillante comme la houille, sont composés d'oxalate de chaux. A l'exception du noir et du blanc, il est rare de rencontrer un calcul qui présente une teinte pure. Le plus souvent, toutes les teintes dont nous avons parlé se trouvent mélangées, confondues, de manière à produire des nuances intermédiaires; on trouve fréquemment des calculs jaspés, marbrés, veinés.

Pour bien apprécier la couleur d'un calcul, il faut le casser et non le scier; on peut alors constater les différentes nuances que l'on cherche. Du reste, il ne faut pas attacher trop d'importance à la couleur des calculs; elle peut certes donner une idée de la composition chimique de ces concrétions, mais comme elle tient uniquement aux différents modes d'association de la matière animale avec les divers sels, on comprend qu'elle puisse donner lieu à beaucoup d'erreurs.

C. *Odeur des calculs.*—Pour ne rien omettre de ce qui a trait aux caractères extérieurs de la pierre vésicale, il est bon de dire que les calculs. récemment tirés de la vessie, exhalent une odeur toute spéciale très-désagréable, et qui persiste même longtemps après la dessiccation. Il faut considérer comme bien exceptionnels les cas dans lesquels on aurait rencontré des calculs, qui répandaient une odeur aromatique rappelant celle du castoreum et de la menthe poivrée.

D. *Consistance des calculs.* —La consistance des calculs de la vessie présente des différences infinies, depuis une mollesse voisine de la fluidité jusqu'à une dureté égale à celle du marbre. Il y a des calculs dans lesquels la matière organique existe en si grande proportion, que l'on peut, en quelque sorte, les malaxer et en modifier la forme; ce sont ces calculs qui ont donné lieu à bien des erreurs de diagnostic. Tout récemment nous avons réduit en pulpe, par la lithotritie, un calcul tellement mou, que les assistants ne crurent l'opération faite que lorsqu'ils purent constater que l'instrument sortait gorgé de matière calculeuse ; en effet, dans ce cas particulier, le choc de la sonde sur le calcul était à peine perçu, et l'on comprend facilement pourquoi le broiement de la pierre s'était opéré sans bruit appréciable pour les personnes présentes.

Ce sont les calculs de cette espèce qui, par la dessiccation, éclatent et se réduisent en lamelles et en poussière. Il ne faudrait rien conclure de cette mollesse à la composition chimique du calcul. Dans le cas que je viens de rappeler, il s'agissait d'un calcul blanc de neige de phosphate ammoniaco-magnésien. Une autre fois j'ai vu broyer un calcul extrêmement mou, et dont la composition chimique était l'urate d'ammoniaque.

En opposition avec ce qui précède, nous dirons qu'il existe des pierres tellement dures, qu'elles ne cèdent qu'à l'emploi répété du marteau. Un des caractères de ces pierres dures c'est de rebondir quand on les laisse tomber sur un sol résistant ; on a parlé de pierres faisant feu avec le briquet, mais il faut accorder peu de confiance à ces récits. La dureté des calculs dépend de leur composition, mais surtout de l'agrégation des substances qui les constituent. On peut ranger, sauf exception, parmi les pierres dures, les calculs d'oxalate de chaux et d'acide urique. Les composés phosphatiques constituent, le plus souvent, des pierres dont la dureté n'est pas très-grande.

On comprend très-bien, d'après ce qui précède,

que la consistance d'un calcul puisse varier suivant qu'on considère le centre ou la périphérie. Les auteurs ont beaucoup disserté sur l'influence qu'aurait l'ancienneté de la maladie, sur la consistance des pierres; voici ce qui paraît résulter de plus évident, d'après l'observation des faits : 1° les petites pierres qui séjournent depuis longtemps dans la vessie sont ordinairement très-dures. 2° Chez un individu qui souffre depuis plusieurs années, et dont la pierre est volumineuse, la consistance du calcul est généralement peu considérable. 3° Enfin, toutes les fois qu'une grosse pierre sera de date récente, sa consistance sera ordinairement médiocre; on peut donc dire que la rapidité dans la formation de la pierre est en raison inverse de la dureté de cette pierre. Quant au rapport qui peut exister entre le volume et la consistance d'une pierre, il n'y a rien de fixe; parmi les très-grosses pierres que l'on conserve dans nos musées, on en trouve de composition et de dureté très-variées; communément, les grosses pierres sont composées de phosphate calcaire, et généralement d'une dureté moyenne. Cette dernière circonstance est de nature à encourager les essais de broiement, par une petite plaie faite au périnée.

4° Configuration intérieure des calculs.

Si l'on partage en morceaux un calcul urinaire, on constate aisément que toute pierre se compose d'une partie centrale très-distincte, qu'on appelle le noyau de la pierre, et d'une partie périphérique extrêmement variable, qui constitue ce que l'on appelle l'écorce des calculs. La texture générale des pierres nous est révélée au premier abord par des différences de couleur ; Sous ce rapport, le centre et la périphérie du calcul ne se ressemblent nullement. C'est encore la coloration qui démontre à la simple inspection, qu'un grand nombre de calculs sont formés de couches successives, emboîtées les unes dans les autres et de nature différente.

La question de la texture des concrétions urinaires mérite, du reste, que nous étudiions successivement l'écorce et le noyau des calculs.

A. *Écorce des calculs.* — La partie périphérique des calculs, désignée sous le nom d'écorce, se présente sous des aspects différents, que l'on peut rattacher à deux groupes principaux. Tantôt la matière calculeuse est constituée par la réunion de petites masses, quelquefois par de véritables petits cristaux réunis par une substance molle de nature organique ; cette structure constitue ce que l'on a désigné sous le nom de *calculs granulés ;* c'est en fragmentant la pierre que l'on constate le plus facilement cette disposition. On conçoit, du reste, que ces grains calculeux, dont le volume et la nature sont déjà très-variables, puissent se réunir de façons très-différentes, et constituer des pierres essentiellement distinctes au point de vue pratique. Admettons, par exemple, que les granulations en se réunissant laissent entre elles des espaces vides ou remplis de matière organique, on aura un calcul dont les éléments pourront être fort durs, mais qui cependant constituera une pierre friable ; si, au contraire, les grains calculeux sont juxtaposés, presque sans intermédiaire, on aura alors des pierres extrêmement dures.

Le type des calculs granuleux c'est le calcul d'oxalate de chaux ; cependant, l'acide urique, le phosphate de chaux lui-même, peuvent revêtir la forme d'une pierre granulée.

Le second groupe de calculs renferme les pierres dites lamellées. Robert Boyle avait déjà comparé la structure de certaines pierres vésicales à celle d'un oignon, dont les tuniques rappellent assez bien la superposition des couches calcaires. Ces différentes couches sont d'une épaisseur variable ; elles sont réunies par de la substance organique plus ou moins abondante. Les stratifications laissent quelquefois entre elles des vides ou cavités qui diminuent singulièrement la consistance de la concrétion. La continuité des différentes couches, qui composent les pierres lamelleuses, est quelquefois interrompue par des stries, qui rayonnent du centre ou plutôt du noyau vers la périphérie.

Ainsi que nous l'avons déjà dit, ces différents détails de structure sont nettement indiqués à la vue par des changements de coloration très-appréciables. Quant à la nature chimique de ces diverses couches, elle est loin d'être toujours la même ; la coloration l'indique en général, mais une pierre peut être partout de même composition, et présenter des nuances qui tiennent à une différence de densité entre le centre et la périphérie. Suivant Civiale, cette disposition s'observe surtout dans les pierres composées d'oxyde cystique.

Les pierres lamelleuses se composent le plus souvent de deux substances, quelquefois trois, et rarement davantage. Nous reviendrons, du reste, sur cette question en traitant de la composition chimique des calculs; disons seulement qu'on a vainement essayé de trouver les lois qui régissent l'alternance des différentes couches qui entrent dans la composition d'une pierre. Une remarque pleine d'intérêt doit ici trouver sa place : on a généralement considéré les calculs composés de plusieurs substances comme appartenant exclusivement aux pierres vésicales; les autopsies ont cependant démontré que les reins renfermaient quelquefois des concrétions dont la nature était mixte. La superposition des couches qui entrent dans la composition des pierres lamellées, la présence des stries divergentes, expliquent pourquoi certains calculs, quoique durs, sont très-faciles à briser; mais, de plus, ces différentes conditions rendent compte de la fragmentation spontanée de quelques pierres dans l'intérieur de la vessie.

B. *Noyau des calculs.* — L'emboîtement des couches successives qui entrent dans la constitution des pierres, finit par cesser à mesure que l'on s'approche du centre; l'observateur arrive bientôt à une masse qu'on ne peut plus diviser, et qui surtout présente des caractères spéciaux, c'est le noyau du calcul. Le noyau peut avoir pris naissance dans l'appareil urinaire ou s'y être introduit accidentellement.

Noyaux développés dans l'appareil urinaire. — Disons de suite que certaines pierres granulées ne présentént pas de noyaux. En effet, impossible de distinguer la masse primordiale des additions qu'elle a reçues successivement ; on ne trouve dans toute l'épaisseur de la pierre que des granulations juxtaposées. Au contraire, si une petite masse granulée se recouvre de lamelles successives, alors rien ne sera plus facile que de distinguer le noyau d'avec l'écorce. En un mot, toute agrégation de matière calculeuse ne constituera le noyau d'une pierre, qu'autant que la délimitation sera bien franche entre elle et les couches juxtaposées. Quelquefois, le noyau est représenté par une cavité très-nettement circonscrite par un liséré noirâtre ; cette cavité renferme fréquemment de la matière pulvérulente, sur l'origine de laquelle on n'est pas toujours bien fixé. Dans quelques cas rares, on trouve l'écorce, la cavité parfaitement circonscrite, et dans l'intérieur de cette dernière un petit noyau solide.

Quelle que soit sa nature, le noyau n'occupe pas toujours le centre du calcul ; on a même rencontré certaines pierres qui présentaient plusieurs noyaux. Civiale a extrait, par la taille sus-pubienne, un calcul du poids d'une livre, composé de plusieurs masses pelotonnées réunies ensemble par un dépôt calcaire.

L'origine des noyaux qui prennent naissance dans l'appareil urinaire est variable ; le plus souvent c'est un gravier descendu du rein, soit facilement, soit avec l'ensemble de symptômes désignés sous le nom de *colique néphrétique*. Quelques pierres ont pour noyau du mucus vésical concret. Civiale a examiné une pierre du volume d'une petite noisette rendue spontanément par un homme ; elle renfermait des filaments muqueux ressemblant à un paquet de cheveux.

Il n'est pas très-rare d'observer dans la vessie de petits pelotons sanguins très-comparables, quant à la forme, à ces dépôts de terre que laissent sur le sol les vers de nos jardins. Nul doute que ces caillots, dont la consistance est ferme, ne puissent être le centre d'un calcul vésical ; du reste, l'observation démontre que certains calculs présentent, dans leur intérieur, du sang réduit à l'état de poussière, d'autres fois réuni en grumeaux. On raconte que frère Côme, avant d'opérer l'archevêque de Paris, annonça que la pierre renfermerait un caillot sanguin ; le malade avant de ressentir les atteintes de la pierre avait éprouvé des maux de reins, et rendu du sang par l'urètre. L'événement justifia le pronostic de l'habile lithotomiste ; mais il faut voir là le résultat heureux d'une simple coïncidence.

Noyaux développés en dehors de l'appareil urinaire. — Parmi les corps étrangers qui pénètrent accidentellement dans la vessie, et qui peuvent être l'origine et par conséquent le noyau d'une pierre, il faut faire une distinction : les uns appartiennent à l'organisme, soit normalement, soit accidentellement ; les autres sont des objets venus du dehors. Dans la première catégorie, nous mentionnerons tous les corps étrangers qui cheminent dans l'intérieur du tube digestif dont ils peuvent ulcérer les parois ; certains objets, comme des aiguilles, qui après avoir parcouru les différentes parties du corps, finissent par pénétrer dans l'intérieur de la vessie. Les lésions traumatiques ont quelquefois eu pour résultat l'introduction d'esquilles dans le réservoir urinaire; on a même parlé d'une luxation du fémur, avec pénétration de la tête fémorale dans la vessie.

L'opération de la lithotritie a quelquefois été suivie de l'extraction de plusieurs fragments organiques, tels que des os de fœtus, des dents, des poils, en un mot de toutes les parties qui entrent dans la composition des kystes pileux; ce sont là autant de noyaux qui peuvent être l'origine de calculs dans la vessie.

Parmi les noyaux venus du dehors, on peut citer tout corps qui, à travers l'urètre, peut pénétrer jusque dans la vessie : cette introduction, qui est quelquefois le résultat du hasard ou d'un accident, a souvent pour origine le désir de satisfaire à de honteuses passions. On trouvera, dans le *Traité de l'affection calculeuse* de Civiale, une longue énumération des divers corps étrangers qui ont été rencontrés dans l'intérieur de la vessie.

Il existe plusieurs observations qui démontrent que des projectiles de guerre ont pu pénétrer dans l'intérieur de la vessie, et devenir le noyau d'un calcul. Cruveilhier rapporte que, frappé du poids insolite d'un calcul qu'il venait d'extraire par la taille, il en fit la section, et trouva le centre occupé par une balle; il apprit alors du malade, qu'à une des dernières batailles de l'Empire, il avait reçu un coup de feu à la région trochantérienne gauche, coup de feu dont il portait la cicatrice; le blessé ignorait d'ailleurs ce qu'était devenue la balle. On trouve dans les auteurs un certain nombre de faits analogues.

5° Composition chimique des calculs.

En présence d'une pierre qu'on vient d'extraire de la vessie, plusieurs questions se présentent naturellement à l'esprit. Quelle est la nature et par conséquent la composition chimique de cette concrétion? Quel a été le mécanisme et la cause de sa formation?

Ces différentes questions peuvent être résolues en grande partie, mais nous devons avouer que si la nature des pierres, le mécanisme de leur accroissement nous sont connus, leur cause première nous échappe presque complétement.

Gmélin avait porté à trente et un le nombre des substances qui entrent dans la composition des calculs. La plupart de ces matières, dont le nombre pourrait être augmenté, s'observe exceptionnellement; plusieurs sont relatives à des matières odorantes ou colorantes qui sont sans importance. On trouve, entrant dans la composition des calculs, l'acide urique et plusieurs de ses composés (urate d'ammoniaque, de potasse, urate de magnésie et de chaux), le phosphate de chaux, de magnésie, et le phosphate ammoniaco-magnésien; la cystine, le carbonate de chaux et de magnésie, l'oxalate de chaux, l'oxalate d'ammoniaque, la silice, le fer, l'oxyde xanthique, et une matière animale dont la composition varie à l'infini. Sur plus de deux mille analyses, on a établi que le premier rang comme fréquence appartient à l'acide urique; vient ensuite l'oxalate de chaux, puis les divers phosphates, les carbonates et la cystine; encore faut-il remarquer que la fréquence de tel ou tel calcul paraît varier suivant les localités.

On peut diviser les calculs, au point de vue chimique, en *simples*, et en *composés*, puis mettre dans une classe à part ceux qui ont pour noyau un corps étranger.

Le musée Dupuytren renferme, d'après Houël, 179 calculs; sur ce nombre, 70 appartiennent aux calculs simples, qui se répartissent ainsi : calculs d'acide urique, 42; calculs d'oxalate de chaux, 10; calculs d'urate d'ammoniaque, 2; calculs d'urate de magnésie, 1; calculs de phosphate de chaux, 7; calculs de phosphate ammoniaco-magnésien, 7; calculs de cystine, 1.

Quant aux calculs composés, on trouve dans la même collection : calculs d'acide urique et phosphate de chaux, 9; d'oxalate et de phosphate de chaux, 18; de phosphates terreux mélangés, 19; d'oxalate de chaux et d'acide urique, 15; d'acide urique et d'urate d'ammoniaque, 5; d'urate d'ammoniaque et de phosphates terreux, 6; d'urate de magnésie et de phosphates terreux, 4; d'oxalate de chaux, d'acide urique, d'urate de magnésie et de phosphates terreux, 12.

Les calculs qui ont pour noyau un corps étranger présentent une composition uniforme, ils sont formés de sels terreux.

Si l'on envisage d'une manière générale la composition chimique des pierres, on peut établir que tantôt les calculs de la vessie sont formés par les principes existant normalement dans l'urine, tantôt par des principes étrangers à ce liquide.

Les calculs d'acide urique sont les seuls qui soient formés par le dépôt d'une substance contenue dans l'urine normale ; tous les autres sels qui entrent dans la composition de la pierre sont d'origine pathologique. Ceci nous mène tout naturellement à nous occuper de la théorie relative à la formation des calculs.

Les quelques considérations de physiologie qui suivent sont de nature à simplifier cette question intéressante.

Les liquides de l'organisme ont été divisés en deux grandes classes, les liquides sécrétés et les liquides excrétés ; les premiers concourent à régénérer le sang, les autres contiennent des matériaux inutiles, ils n'ont aucun rôle à remplir.

L'urine est le liquide excrété par excellence : elle représente en quelque sorte le détritus résultant des phénomènes chimiques intimes qui s'accomplissent dans l'organisme. Ce liquide présente, comme disait Fourcroy, la lessive du corps : il a tout traversé et emporte les substances de toutes provenances qui doivent être expulsées de l'organisme.

La plupart des principes que contient l'urine peuvent être retrouvés dans le sang : l'urée, l'acide urique sont de ce nombre; mais la physiologie démontre que si le plus souvent le rein fait simplement l'office d'un filtre qui laisse passer les matériaux qui le traversent, cet organe peut aussi modifier certaines substances. Le prussiate rouge de potasse, par exemple, injecté dans les veines, se retrouve dans l'urine à l'état de prussiate jaune ; l'acide benzoïque passe transformé en acide hippurique, etc. Ces modifications n'ont pu s'effectuer que dans le rein ; en effet, cet organe qui, par exemple, agit sur la térébenthine de manière à communiquer l'odeur de violette à l'urine, cesse d'intervenir dans l'état pathologique qui correspond à la maladie de Bright.

S'il est admis que le rein est plus qu'un simple filtre, on doit conséquemment tenir compte de l'action propre que cet organe exerce sur les produits qui le traversent, action qui se rattache, ainsi que l'a enseigné Bernard, au diagnostic de trois sièges de maladies : état pathologique du sang, du rein, des voies urinaires. Il faut donc dans les analyses de l'urine se préoccuper de toutes les causes organiques et physiologiques qui peuvent agir sur la constitution de ce liquide.

Bernard, prenant en considération toutes les circonstances qui, dans l'état physiologique, peuvent faire varier la composition de l'urine, arrive à cette conséquence que l'urine doit d'une manière générale être considérée comme une dissolution concentrée d'urée, dissolution qui est acide. L'alimentation, les modifications dans la circulation, la respiration, etc., etc., sont autant de conditions qui doivent faire varier la composition du liquide excrémentitiel. « On conçoit donc que les propriétés chimiques de l'urine, pouvant varier d'un instant à l'autre, produisent cette succession d'urines de qualités diverses et amènent dans les voies urinaires, où elles se réunissent, des réactions, des combinaisons chimiques qui alors ont lieu, en réalité, hors de l'organisme. C'est à l'ensemble des phénomènes qui se passent ainsi qu'il faut attribuer la formation et l'accroissement des calculs (1). »

Wurtz, en s'occupant des dépôts formés par l'urine, a développé les considérations suivantes :

L'urine tient en dissolution une quantité appréciable d'acide urique, grâce à la présence du phosphate alcalin; en supposant que la proportion du phosphate vienne à se réduire, il arrivera, de toute nécessité, que l'acide urique tendra à se déposer. D'autre part, l'urine renferme en suspension, un grand nombre de sels insolubles (des phosphates) à la faveur de son acidité normale; si la petite quantité d'acide libre vient à disparaître, le phosphate de chaux se déposera nécessairement; ainsi une très-légère variation dans la composition de l'urine peut donner lieu à la formation d'un dépôt.

Une autre cause de précipitation lithique se trouvera dans la production par l'organisme d'un excès de matériaux insolubles; enfin, dans quelques cas le rein se chargera d'éliminer des résultats imparfaits de la nutrition, et ces substances, en se combinant aux sels de l'urine, donneront encore naissance à des composés insolubles; c'est ainsi que l'acide oxalique, résultat d'une oxydation incomplète, sera reprise par le rein, puis rencontrera les sels calcaires de l'urine, et que l'oxalate de chaux se précipitera.

La réaction de l'urine est encore sous l'influence de conditions pathologiques variées et nombreuses. Indé-

____

(1) Bernard, *Leçons sur les liquides de l'organisme*, 1859.

pendamment des maladies générales et des maladies des reins ou des nerfs qui s'y rendent, on trouve souvent dans les voies excrétoires de l'urine les causes de l'altération de ce liquide. L'inflammation de la vessie des des uretères peut amener une décomposition de l'urée en sels ammoniacaux, d'où il résulte une réaction alcaline, qui permet elle-même la précipitation des sels insolubles.

Ce qui précède démontre que les résultats, fournis par l'analyse chimique des concrétions vésicales, sont en harmonie avec les données de la physiologie normale et pathologique relatives à la sécrétion et à l'excrétion urinaires. D'une part, en effet, nous voyons que l'urine peut déposer ses propres matériaux ou des produits imparfaits dont l'élimination s'est effectuée par le rein ; d'autre part, l'analyse chimique nous démontre que les calculs ont une composition qui rappelle celle des principes qui cheminent normalement ou accidentellement dans le liquide urinaire. Mais pourquoi l'acide urique présente-t-il d'aussi grandes variations dans sa quantité ? Pourquoi l'acide oxalique, la cystine et autres substances, apparaissent-elles dans les urines ? Voilà des questions fort intéressantes, mais dont la solution est impossible à donner.

Si la raison première des formations calculeuses nous échappe, nous pouvons cependant concevoir le mécanisme de la production de la pierre vésicale. On sait combien est fréquente la présence, dans les voies urinaires, de ces graviers, qui, descendus du rein, constituent la gravelle : ces concrétions, arrivées dans la vessie, peuvent être expulsées ; mais si l'une d'elles séjourne, et que les qualités de l'urine qui ont donné lieu à la formation de la gravelle persistent, le gravier grossira par l'addition de nouvelles molécules identiques à celles qui le composaient déjà ; c'est ainsi que prennent naissance les calculs d'acide urique.

D'autres fois, le passage souvent répété de la gravelle, quelle que soit d'ailleurs sa nature chimique, donnera lieu à un certain degré d'inflammation de la membrane muqueuse vésicale ; le résultat de cette phlegmasie passagère sera la formation d'une matière animale, qui pourra réunir ensemble plusieurs grains calculeux et constituer une pierre.

Dans d'autres cas, l'irritation de la vessie aura pour conséquence une modification dans la composition chimique de l'urine ; d'acide elle deviendra alcaline, et à la surface d'un noyau de gravelle, pourra se déposer des phosphates terreux. La pierre une fois formée, on comprend de suite que l'alternance des couches sera en rapport de composition chimique avec les variations qui pourront survenir dans l'urine ; ainsi s'explique la formation des pierres composées.

On voit que nous faisons jouer un rôle très-important à l'inflammation de la membrane muqueuse vésicale, c'est encore cette cause qu'il faut invoquer dans la formation de la pierre autour des divers corps étrangers qui pénètrent dans l'intérieur de la vessie ; l'influence de cette phlegmasie est telle, que seule, c'est-à-dire en l'absence de tout noyau, elle peut donner lieu à la formation d'une pierre phosphatique. C'est en effet

la seule raison qu'on puisse donner de l'existence de la
pierre chez les malades qui présentent depuis de longues années les phénomènes qui se rattachent au catarrhe de la vessie. Toutes ou presque toutes les pierres
qu'on peut appeler secondaires, c'est-à-dire toutes les
concrétions qui constituent la récidive de l'affection
calculeuse, sont de nature phosphatique. L'inflammation est encore ici la cause étiologique qu'il faut mettre
en avant.

Un malade souffre depuis longtemps, on l'opère, et
l'on constate l'existence d'une pierre d'acide urique :
une grande amélioration succède au traitement, cependant l'urine continue de déposer ; au bout d'un
temps plus ou moins long, la présence de la pierre est
de nouveau constatée, mais cette fois, au lieu d'un
calcul d'acide urique, on trouve une concrétion phosphatique : c'est là évidemment une pierre secondaire,
consécutive aux lésions vésicales engendrées par le premier calcul. Dans ces vessies chroniquement enflammées,
le moindre obstacle, le moindre filament s'environnent
de grains phosphatiques avec une étonnante facilité.
Ainsi s'expliquent les dépôts calcaires à la surface des
colonnes et autres saillies de la cavité vésicale, l'incrustation des sondes à demeure, et enfin la présence
de pierres qui ont pour origine un peu de mucus concret
ou un caillot sanguin.

Nous n'en dirons pas davantage sur la formation des
pierres dans la vessie, c'est un sujet sur lequel il nous
faudra revenir souvent, quoique d'une manière inci-
dente ; mais avant de terminer, posons en principe :

qu'il faut tenir grand compte, dans la pratique, des phlegmasies de l'appareil urinaire ; elles peuvent être cause, soit de la précipitation de la gravelle, soit du développement des pierres vésicales. Enfin, disons à l'avance que le meilleur moyen d'éviter la récidive de l'affection calculeuse, c'est de traiter les lésions organiques ou vitales qui persistent après les opérations.

§ II. — Des lésions organiques qui précèdent ou qui suivent la formation de la pierre.

Toutes les altérations matérielles qu'on peut rencontrer dans l'appareil urinaire des individus affectés de la pierre ne doivent pas être décrites dans ce paragraphe. C'est à tort, suivant nous, qu'on a compté parmi les lésions propres aux calculeux, les cancers et autres dégénérescences des reins, les kystes simples et hydatiques, etc., etc. Il faut tenir compte des coïncidences, et ne pas réunir à la pierre des altérations qui, à elles seules, constituent de véritables maladies.

Des lésions organiques de natures diverses peuvent précéder la pierre et être cause de sa formation ; mais le plus souvent ces altérations de tissus sont la conséquence de la présence prolongée d'un ou de plusieurs calculs dans l'intérieur des voies urinaires. La distinction entre les lésions primitives et les lésions secondaires présenterait certainement beaucoup d'intérêt, mais les éléments manquent pour la solution de ce problème.

Dans le chapitre précédent nous avons fait pressentir toute l'influence que peuvent avoir les maladies du réservoir urinaire sur la formation des calculs, nous abordons ici l'étude des altérations organiques à un point de vue tout différent ; c'est le diagnostic et le pronostic qui vont être en cause. La pierre peut exister dans une vessie plus ou moins normale ; l'urètre et le col vésical peuvent présenter des conditions organiques très-diverses ; Il faut donc distinguer, parmi les symptômes observés, ceux qui tiennent à l'affection calculeuse d'avec ceux qui dépendent d'une altération viscérale. Le diagnostic physique de la présence d'un calcul dans la vessie offrira des difficultés qui seront en raison de l'état des organes ; enfin, c'est en constatant l'existence ou l'absence de lésions anatomiques variables, que le chirurgien pourra motiver son pronostic, et surtout instituer un traitement rationnel.

Nous allons passer en revue les différentes altérations qu'on peut rencontrer dans l'appareil urinaire chez les calculeux : notre intention n'est pas d'entrer dans des détails nombreux d'anatomie pathologique, il nous suffira d'indiquer les principales de ces lésions, les plus fréquentes, nous réservant d'insister plus tard sur leur diagnostic et sur les conséquences qui en découlent.

1° Lésions du rein.

L'inflammation du rein, qu'elle soit ou non compliquée de la présence de calculs à l'intérieur de ce viscère, s'observe très-fréquemment, sinon toujours, chez les individus qui ont la pierre. Cette phlegmasie peut présenter tous les degrés, depuis la simple hyperémie jusqu'au ramollissement le plus complet avec formation de pus infiltré ou collecté. On se rendra compte de l'extrême fréquence de la néphrite chez les calculeux, en considérant d'une part que, pour beaucoup de sujets, les concrétions rénales ont été l'origine de la pierre, d'autre part, que la néphrite marche presque nécessairement de pair avec la formation de la gravelle ; cette néphrite peut être, d'ailleurs, ou consécutive, ou primitive, comme le pensent quelques chirurgiens. La pratique a surabondamment démontré combien les phlegmasies de l'urètre, du col de la vessie, de la vessie elle-même se propagent facilement jusqu'à la substance du rein : il n'y a donc pas lieu de s'étonner de la fréquence de la néphrite chez les calculeux. Ce qui devrait plutôt surprendre, c'est la possibilité de trouver quelquefois les organes presque à l'état normal, chez des individus qui succombent à la maladie de la pierre.

L'importance des fonctions du rein est aujourd'hui parfaitement établie, c'est pourquoi il faut tenir grand compte des lésions, soit primitives, soit secondaires de ce parenchyme ; c'est là qu'est le siége des principales réactions qu'on observe chez les calculeux ; c'est à la néphrite que succombent la plupart des opérés.

On trouve ordinairement les reins malades tous les deux, mais, le plus souvent, il y a une notable différence dans le degré d'altération qu'on observe chez l'un par rapport à l'autre. C'est surtout relativement au volume qu'on remarque des variétés ; dans quelques cas, tandis que l'un des organes est considérablement augmenté de volume, l'autre semble réellement atrophié.

Il paraît résulter de l'ensemble des observations, que les lésions du rein gauche sont plus fréquentes ou plus avancées que celles du rein droit.

Les altérations dont nous parlons s'observent aux différents âges de la vie, les enfants eux-mêmes n'en sont point exempts. Nous avons fort souvent rencontré les lésions suivantes chez des nouveau-nés, morts dans notre service à l'hôpital des Enfants assistés : la vessie était distendue par l'urine, les reins présentaient une injection très-prononcée, par place même de petites ecchymoses; enfin les tubes urinifères étaient remplis de sables jaunes (acide urique), les calices et le bassinet renfermaient de l'urine épaisse et sablonneuse.

Si la néphrite s'observe à tous les âges, cependant on peut dire que chez les jeunes sujets, les organes urinaires sont le plus souvent sains, et que les lésions qu'ils peuvent présenter, doivent être rangées dans la catégorie des altérations secondaires, c'est-à-dire consécutives à la présence de la pierre. Chez l'adulte, au contraire, et surtout chez le vieillard, les lésions organiques précèdent presque toujours la formation des dépôts calculeux.

Dans notre pensée, il y a une lésion primitive du rein, elle est passagère, et c'est elle qui préside à la production de la gravelle. Il y a ensuite une altération de l'organe sécréteur de l'urine consécutive aux affections des voies urinaires. Dans cette dernière circonstance, le rein est atteint d'une phlegmasie à marche variable, mais dont la lésion tend à persister.

Avant d'énumérer les altérations organiques de la vessie, disons sommairement que les uretères peuvent présenter des ulcérations dues à l'inflammation ; qu'on les trouve rouges, injectés, très-dilatés, quelquefois remplis de pus ou d'urine purulente.

2° Lésions de la vessie.

La distinction entre les lésions secondaires et primitives est encore bien plus difficile à établir quand il s'agit des modifications organiques si nombreuses que peut subir la vessie; dans l'état actuel de nos connaissances, on ne peut même pas indiquer une altération de cet organe qui soit véritablement spéciale aux individus qui ont un calcul.

La pierre peut coïncider avec une foule de maladies du réservoir urinaire. Les a-t-elle produites, ces maladies, ou bien faut-il envisager la concrétion comme l'expression ultime de certains états pathologiques? Ce sont là des questions intéressantes, mais leur solution est extrêmement complexe. Chez les enfants, chez l'adulte même, on peut rencontrer dans la vessie une pierre avec intégrité parfaite des organes; le corps étranger peut alors être considéré comme constituant à lui seul toute la maladie. Dans ces cas particuliers, admettons l'intervention de la chirurgie et la pierre détruite, la cure sera radicale. Supposons au contraire que le calcul demeure longtemps dans l'intérieur de la vessie, alors naîtront des altérations de tout l'appareil urinaire, dont la guérison sera d'autant plus difficile à obtenir, après l'opération, que le dépôt lithique aura séjourné plus longtemps. La pratique et quelques rares autopsies démontrent ce que nous venons d'avancer; mais, le plus souvent, lorsqu'on est appelé à donner des soins à un calculeux, on observe simultanément la pierre et diverses lésions organiques. Dans l'énumération qui va suivre, nous dirons quelles sont les altérations qu'on rencontre le plus fréquemment, car il faut toujours compter avec elles, qu'elles soient la cause ou la conséquence de la pierre, et alors même que l'existence de ces complications ne serait que le résultat d'une simple coïncidence.

Volume. — Le volume de la vessie peut présenter des différences individuelles; cependant, sous le rapport pratique, on distingue, chez les calculeux, deux variétés principales. Ces deux conditions de la vessie sont très-probablement des états qui se succèdent et qui sont en rapport avec les diverses phases de la maladie. Quoi qu'il en soit, on trouve tantôt le réservoir très-vaste, d'un volume quelquefois même exagéré; d'autres fois, le viscère est petit et ses dimensions sont moindres que celles qu'il présente à l'état normal. Quand nous parlons de différences dans la capacité vésicale, nous entendons indiquer un état permanent tel qu'on le retrouve sur le cadavre des individus, c'est-à-dire en dehors de toutes les actions vitales.

Les variations dans le volume de l'organe coïncident fréquemment, mais pas absolument, avec un état particulier des fibres musculaires qui entrent dans la composition du réservoir de l'urine. A la vessie dont les dimensions sont exagérées, correspondent, le plus souvent, des fibres pâles et peu développées; au contraire, chez la plupart des calculeux, on observe une hypertrophie notable des fibres musculaires et un épaississement des autres couches de l'organe.

Forme. — Il ne nous semble pas qu'on puisse dire qu'il existe des changements de forme de la vessie, qui soient en rapport avec l'existence d'un calcul dans sa cavité. Les auteurs ont signalé une grande variété dans la conformation de la poche urinaire chez des individus qui avaient la pierre : ces cas sont intéressants à connaître, car toutes les modifications peuvent être cause d'erreurs multiples, et présenter à l'opérateur des difficultés spéciales et parfois insurmontables. De ce qu'une vessie présentera une forme bizarre, un étranglement qui en modifiera la cavité, un prolongement insolite ou une de ces hernies qui ont pour conséquence la formation de poches plus ou moins indépendantes, on ne pourra assurément pas dire que ce soit là une forme propre à l'affection calculeuse; tout ce qu'on doit admettre, c'est que ces bizarreries peuvent, dans quelques cas, favoriser la formation d'une pierre.

Nous venons de dire qu'il n'y avait pas une forme de la vessie qui pût être considérée comme spéciale aux calculeux. On doit cependant accepter que la présence de la pierre dans l'intérieur du réservoir de l'urine peut déterminer des modifications dans la conformation de ce viscère. Nous signalerons à ce sujet la dépression du bas-fond qu'on observe si souvent. La pierre, ordinairement, provoque, par sa présence, des contractions incessantes; il en résulte une hypertrophie des plans musculaires, et, par suite, ces différentes conformations qui ont été désignées sous les noms de vessie à colonne, vessie aréolaire, etc. C'est encore aux contractions de l'organe qu'il faut rapporter certain repli transversal qu'on remarque au niveau du trigone. Ces dispositions, très-fréquentes chez les calculeux, n'en existent pas moins en l'absence de toute concrétion.

Un des résultats du séjour de la pierre, c'est l'inflammation; on en trouve souvent les traces matérielles chez les calculeux. A cette phlegmasie plus ou moins chronique se rattachent l'épaississement de la membrane muqueuse et des tissus sous-jacents, les ulcérations, les changements dans la coloration, certaines végétations plus ou moins pédiculées, etc. Sous le nom de fongus de la vessie, on a décrit des lésions sur la nature desquelles on peut discuter, l'anatomie pathologique qui en a été faite laissant beaucoup à désirer : les simples hypertrophies, les productions de toute nature, y compris le cancer, ont été englobées dans cette dénomination vague; toujours est-il qu'on trouve, au niveau du trigone, vers l'orifice des uretères, des tumeurs qui coïncident quelquefois avec la pierre; elles en sont fréquemment l'origine, et plus rarement la conséquence. Les fongus ne sont pas des lésions propres aux calculeux, mais il faut songer à leur existence possible comme complication de la pierre.

3° Lésions du col vésical et de l'urètre.

A l'occasion de la formation de la pierre, nous avons fait remarquer que les obstacles au cours de l'urine pouvaient être une cause d'inflammation; que cette phlegmasie déterminait souvent une modification chimique de l'urine, et devenait, par suite, une raison de dépôts calculeux. Nous avons également fait voir que ces mêmes obstacles pouvaient s'opposer au rejet d'un gravier, qui séjournait alors dans le bas-fond et formait nécessairement le noyau d'une pierre. En un mot, nous avons surabondamment démontré que la pierre vésicale peut avoir son origine dans les maladies du col de la vessie, quelquefois même dans les affections de l'urètre.

La présence de la pierre peut déterminer des phlegmasies; les contractions qu'elle provoque servent à expliquer la formation de valvules et autres obstacles; d'où il résulte que les lésions du col, ordinairement primitives, quelquefois secondaires, s'observent communément chez les individus atteints de la pierre. Ce sont autant de complications, de difficultés à résoudre, mais ce sont des circonstances qui doivent être prises en considération, lorsqu'il s'agit du traitement. Parmi ces modifications, nous rangerons l'hypertrophie générale de la prostate, le développement de l'un des lobes de cette glande, et plus particulièrement de la portion sus-montanale; les valvules musculaires et prostatiques; enfin toutes les altérations de la membrane muqueuse, que peut engendrer une phlegmasie chronique développée ou propagée dans cette région.

L'inflammation, à laquelle nous faisons jouer un si grand rôle dans l'étude de la pierre, a souvent pour cause, et plus souvent qu'on ne le croirait, les maladies de l'urètre ; au nombre des altérations organiques qu'on peut observer chez les calculeux, il faut donc compter les différentes espèces de rétrécissements, les brides et les valvules du canal.

Nous ne quitterons pas l'étude des lésions qui se rattachent à la présence des calculs, sans faire remarquer que ces corps étrangers peuvent, dans certaines situations, donner lieu à des abcès dont l'ouverture reste nécessairement fistuleuse. La pierre vésicale envoie assez souvent un prolongement qui remplit le col de la vessie et qui s'avance plus ou moins dans l'urètre, quelquefois jusqu'au bulbe. C'est dans ces conditions qu'on observe des dilatations du canal, des ulcérations, et enfin des trajets fistuleux qui s'ouvrent au périnée et principalement dans la région des bourses.

CHAPITRE II.

PATHOLOGIE DE LA PIERRE VÉSICALE.

§ 1er. — Symptômes.

Nous sommes arrivés à une partie importante de notre travail. Après avoir exposé ce qui est relatif à la pierre en tant que formation lithique; après avoir énuméré les différentes lésions qui accompagnent l'affection calculeuse de la vessie, nous devons aborder une question bien autrement pratique : c'est celle qui a rapport aux symptômes de la pierre vésicale.

A priori, on comprend que l'existence de la pierre doive provoquer une série de manifestations susceptibles de faire reconnaître la maladie. Cependant l'expérience a démontré que la vessie peut contenir un calcul, même volumineux, sans que celui-ci détermine de réaction appréciable. Mais ce sont là des faits exceptionnels, sur lesquels nous reviendrons longuement, à l'occasion du diagnostic.

Les symptômes de la pierre sont nombreux, et cependant aucun d'eux n'est constant. A l'origine, les manifestations que provoque la maladie sont essentiellement irrégulières : il y a de longues périodes de bien-être qui séparent de véritables accès; ces rémissions vraiment caractéristiques trompent souvent et les malades et le médecin. Toutefois c'est à cette première période qu'il serait désirable de faire le diagnostic; il faut donc redoubler d'attention, car l'expérience montre que les troubles ne deviennent permanents que lorsque la pierre a déterminé des lésions appréciables dans les tissus.

Dans une première catégorie de symptômes, dont la plupart ne se révèlent que par l'observation attentive, doivent se ranger les troubles de la miction. La fréquence dans le besoin d'uriner est un signe commun chez les calculeux ; la marche, les mouvements brusques, les courses en voiture, renouvellent ces envies de rendre l'urine. On admet généralement que ces besoins sont dus au déplacement de la pierre ; celle-ci, en rencontrant le col vésical, produit une sensation qui provoque la miction. Toutefois ce symptôme pénible cesse quelquefois et pendant longtemps ; qu'est devenu le calcul durant cette période de repos? Sans rejeter absolument l'hypothèse précédente, il faut néanmoins accepter qu'il y a dans ces phénomènes bien des choses qui nous échappent.

La pierre détermine par sa présence un certain degré d'irritation qui peut se traduire par de la fréquence dans le besoin d'uriner ; mais, dans quelques cas, lorsque la vessie se vide mal, le calcul provoque une rétention d'urine, qui tient alors à une sorte de contracture du col, de cause inflammatoire.

La rétention, le plus souvent précédée d'une grande fréquence dans l'émission de l'urine, sera quelquefois le premier symptôme de la pierre, le début aura passé inaperçu. Nous reviendrons sur cette particularité à l'occasion du diagnostic.

Plusieurs affections du col de la vessie ou de l'organe

lui-même ont pour conséquence la stagnation de l'urine dans son réservoir. Nous avons déjà montré l'influence que peut avoir cet accident sur la formation des calculs et sur leur accroissement, mais il est une circonstance qui se rattache à la symptomatologie, et qui doit trouver place ici. A la rétention succède quelquefois l'incontinence ; on comprend donc que ce soit à l'occasion de ce dernier symptôme que la présence de la pierre pourra être recherchée. Dans certains cas, la destruction d'un calcul a mis fin à ces troubles fonctionnels de la vessie, on est donc en droit de supposer que la pierre n'était pas étrangère aux phénomènes pathologiques que nous venons de mentionner.

Plusieurs auteurs ont attaché une grande importance à la manière dont l'urine est rendue, dans les cas où il existe une affection des voies urinaires. On a mentionné un trouble dans la miction qui serait propre aux calculeux. Cette manifestation pathologique est loin d'être constante, et, de plus, on l'observe dans quelques maladies du col de la vessie avec absence de pierre ; cependant, comme dans certains cas, elle peut mettre sur la voie du diagnostic, il est bon d'en connaître l'existence. Voici en quoi consiste le symptôme: le malade se présente pour uriner, bientôt le liquide sort à plein canal ; puis, tout à coup, le jet s'arrête brusquement comme si un obstacle matériel venait s'opposer à la sortie de l'urine ; et, en effet, la pierre, en s'appliquant contre l'orifice interne de l'urètre, peut interrompre immédiatement la miction. Au bout d'un instant, les contractions cessant, la pierre change de situation, et alors l'urine peut s'écouler de nouveau. Un simple spasme du col de la vessie pourrait aussi bien rendre compte de cette intermittence dans le jet de l'urine. Quoi qu'il en soit, lorsque ce signe aura été constaté plusieurs fois par le malade, il faudra songer à l'existence d'un calcul, surtout si l'on a déjà quelques raisons pour se rattacher à ce diagnostic.

Les calculeux sont sujets à des souffrances dont le siége varie, leur durée et leur caractère n'ont rien de constant. Ces douleurs occupent principalement le col de la vessie, elles se propagent assez souvent dans toute l'étendue de l'urètre et viennent déterminer dans le méat des sensations parfois très-pénibles. Quelques malades, principalement les vieillards, se plaignent assez vivement du fondement ; ce qui a fait supposer quelquefois, mais à tort, l'existence d'une lésion de la fin de l'intestin.

Les différentes douleurs, ou plutôt les nombreuses sensations que nous venons d'indiquer varient beaucoup d'intensité. Ce sont des picotements, des chatouillements, des cuissons, de la chaleur, des ardeurs, enfin de véritables brûlures. La situation qu'occupe la pierre paraît en rapport avec ce genre de symptôme. Bien des fois un simple cathétérisme a suffi pour tout calmer : on ne peut guère expliquer autrement que par un déplacement du calcul cette cessation brusque d'un symptôme aussi certain, à moins que le passage de la bougie ne fasse que détruire un spasme douloureux du col.

Les divers mouvements, les courses en voiture provoquent les accidents dont nous venons de parler, mais c'est surtout l'émission de l'urine qui se termine par des sensations quelquefois si pénibles, qu'on a vu des malades se rouler par terre en proie aux plus vives souffrances. La douleur qui accompagne la miction tient évidemment à ce que la vessie, devenue vide, se contracte sur le calcul qui vient alors presser sur le col de l'organe.

Chez certains malades, les phénomènes provoqués par la pierre cessent brusquement, pendant des mois, au point d'inspirer une sécurité trompeuse aux personnes qui environnent le patient. On a invoqué pour expliquer cette rémission, un changement dans la situation du calcul; quelques faits ont pu exceptionnellement autoriser cette hypothèse, mais la cause principale de ce bien-être inattendu, c'est la diminution des contractions du réservoir urinaire. En effet, chez les individus dont la vessie est plus ou moins paresseuse et ne se vide pas complétement, on ne remarque pas de douleurs au moment où les dernières gouttes de liquide sont rendues.

Pour terminer ce qui a trait aux sensations provoquées par l'existence de la pierre, nous mentionnerons certains faits qui ont été indiqués par Civiale. On observe chez les calculeux des douleurs très-aiguës dans les muscles des membres, elles affectent la forme périodique des crises vésicales. Chez un malade ces singuliers phénomènes avaient pris un tel caractère d'acuité, que le patient s'en inquiétait beaucoup plus que de sa pierre. On constate aussi des douleurs plus ou moins vives aux régions sacrée, pubienne et périnéale, dans le pli des aines et à l'hypogastre. Il n'est pas possible de se rendre un compte

exact du mécanisme de ces bizarreries pathologiques;
peut-être pourrait-on trouver un élément pour la solution de ce problème plein d'intérêt, dans l'existence,
chez plusieurs malades, de douleurs articulaires qui
semblent se rattacher aux manifestations de la goutte
ou du rhumatisme.

L'urine rendue par les calculeux présente des caractères qui ont peu de signification pathologique; cependant on serait volontiers disposé à croire que dans
les qualités physiques et chimiques de ce liquide, doivent
se trouver les éléments du diagnostic. Les urines sont
généralement claires et limpides, présentent leur acidité
normale; quelquefois cependant elles sont légèrement
troubles et contiennent une plus ou moins grande quantité de sable ou de gravelle.

Ce qui surtout a provoqué l'attention des médecins et
des malades, c'est la présence du sang dans l'urine. L'hématurie est chose assez commune chez les personnes qui
ont la pierre, mais ce signe, comme les précédents,
est loin d'être constant; nous verrons ailleurs que sa
valeur diagnostique n'a pas toute l'importance que
lui ont attribuée bon nombre de praticiens. Certes, la
présence du sang dans l'urine doit être prise en grande
considération, mais l'affection calculeuse n'est pas la
seule maladie qui s'accompagne de ce symptôme.

L'apparition du sang chez les calculeux a lieu dans
deux conditions différentes : tantôt à la suite d'une
marche longue, d'un séjour prolongé en voiture, le
malade se présente pour uriner et rend un liquide foncé,
qui renferme du sang en grande proportion; d'autres fois

c'est à la fin de la miction que des douleurs vives se montrent, elles sont suivies de l'expulsion d'une quantité variable de sang pur. L'hématurie paraît coïncider souvent avec certaines époques de l'année : ainsi beaucoup d'individus qui ont la pierre pissent du sang vers le printemps.

Les différents symptômes que nous venons d'indiquer avec détail se rattachent aux premières manifestations de l'affection calculeuse ; cette période est extrêmement variable quant à sa durée, mais elle cesse dès que des lésions organiques secondaires sont venues s'ajouter à l'affection primitive. Ce qui caractérise le début de la pierre, c'est l'irrégularité dans les symptômes, et surtout les rémissions complètes survenant après des crises douloureuses. Dans la deuxième période ce sont les mêmes signes, mais un ou plusieurs prédominent, en même temps qu'ils se manifestent sans interruption. Vers la fin surviennent d'autres phénomènes, qui compliquent la maladie, et qui surtout obscurcissent le diagnostic. Les urines deviennent alors foncées, elles laissent déposer une notable proportion de sédiments ; souvent elles présentent une fétidité remarquable même au moment de l'émission, signe qui se prononce surtout avec le refroidissement. Dans quelques cas on constate de la douleur dans la région des reins, et il n'est pas impossible de reconnaître parfois une augmentation dans le volume de ces organes. C'est à cette époque de l'affection calculeuse que se montrent les différentes modifications dont nous avons parlé à l'occasion de la miction ; la rétention et l'incontinence s'observent surtout dans cette dernière phase de la maladie.

Jusqu'ici nous n'avons pas parlé de l'état du pouls ; en effet, ce n'est guère qu'au développement des lésions rénales et vésicales que sont dus les troubles de la circulation que présentent les calculeux. Chez le plus grand nombre des malades arrivés à la deuxième période de l'affection, on constate un mouvement fébrile continu avec un peu d'exacerbation vers le soir ; le pouls est fréquent, la soif augmente, la langue a beaucoup de tendance à se sécher. Dans quelques cas on observe de véritables accès, avec les trois stades parfaitement distincts, mais dont la période de sueur prédomine le plus souvent. Suivant Civiale, il faudrait attacher une grande importance à l'intermittence cardiaque, phénomène qui s'observerait fréquemment lorsque les accidents sont arrivés à un haut degré. Cette intermittence augmenterait, diminuerait, et disparaîtrait même avec les symptômes à la présence desquels elle se rattache.

Les troubles digestifs surviennent à la dernière période de la pierre vésicale : l'appétit diminue progressivement ; la langue est grise, mais sans enduit ; les malades ont un dégoût croissant pour la nourriture ; la digestion devient de plus en plus pénible, la flatulence s'observe souvent chez les calculeux. Enfin, dans les derniers temps, la diarrhée se montre, les forces diminuent, l'amaigrissement fait des progrès rapides, et la mort succède à l'épuisement.

Ce n'est pas toujours ainsi que succombent les individus qui ont la pierre. Les douleurs, dans quelques cas, vont en augmentant, chaque émission de l'urine s'accompagne de phénomènes nerveux, quelquefois convulsifs, qui entraînent des troubles généraux bientôt suivis par la mort.

Les efforts que font les malades pour rendre quelques gouttes d'urine sont quelquefois très-considérables; ainsi on observe des congestions violentes vers la tête ou vers le poumon ; enfin, dans quelques cas, les individus succombent à une véritable apoplexie.

Il y a un certain nombre de calculeux chez lesquels la présence de la pierre n'est indiquée par aucun symptôme; puis, tout à coup, surviennent des troubles graves, soit du côté de la tête, soit du côté de l'appareil digestif, et les malades meurent en quelques jours, sans qu'il soit possible de porter remède aux accidents. Ce n'est que par hasard, en pratiquant le cathétérisme pour faire cesser une rétention subite, que l'on s'aperçoit que la vessie renfermait un calcul volumineux. Quelquefois c'est une hématurie tardive qui attire l'attention vers le réservoir urinaire.

§ II. — Marche, durée, terminaison.

Comme on a pu le voir d'après ce qui précède, rien n'est vague et irrégulier comme la marche, la durée et même la terminaison de la pierre vésicale. Il est assez difficile de savoir combien de temps il faut à une concrétion pour acquérir des dimensions déterminées; aussi ne peut-on conclure du volume de la pierre à l'âge approximatif de la maladie. Enfin comme les divers malades qui réclament les soins du chirurgien portent des calculs dont la grosseur est extrêmement variable, on est obligé de convenir que la période primitive de l'affection nous échappe presque complétement. L'observation commence alors seulement que le malade consulte, et les renseignements qu'il produit sont la plupart du temps si vagues, qu'on ne peut avoir de notions exactes sur la durée de la pierre vésicale. Du reste, si l'incertitude existe aux premiers temps de la maladie, il en est encore ainsi pour les dernières périodes.

Lorsqu'un calculeux se présente, il souffre depuis quelques mois, quelques années, mais nous ne pouvons pas dire exactement depuis quand la pierre existe dans la vessie ; bien plus, il nous est impossible de déterminer quelle sera la durée de la maladie. En effet, ce sont les lésions organiques qui feront périr le sujet ; or, l'observation démontre qu'il faut, suivant les individus, un temps très-variable pour que ces altérations se produisent. On a même vu des calculeux souffrir de la pierre pendant de longues années, et ne succomber qu'à des affections intercurrentes. Mais ce qui est bien plus singulier encore, c'est de voir des individus présenter un état général tellement grave, que toute médication active est absolument contre-indiquée ; puis, tout à coup, les douleurs cessent, les forces renaissent, et la santé devient tellement bonne, que malade et médecin ne songent plus à s'occuper de la pierre. A quoi tiennent ces modifications rapides ? Quelle est la raison de ce bien-être inattendu et quelquefois durable ? C'est ce que nous ne savons pas. Disons seulement qu'il ne faut pas compter sur de pareils miracles ; de tels faits nuisent plus qu'ils ne servent à l'art et à l'humanité.

Ainsi, rien de fixe relativement à la durée de la maladie ; quant à sa marche, nous avons déjà fait voir qu'elle était également variable. Certains calculeux souffrent beaucoup, dorment à peine et résistent longtemps ; d'autres éprouvent des douleurs très-supportables, chez eux le besoin d'uriner est peu fréquent, mais les fonctions digestives s'altèrent et préoccupent en première ligne le médecin observateur.

La pierre vésicale entraîne presque fatalement la mort, mais cette terminaison survient après un temps variable et par un mécanisme qui est loin d'être toujours le même. Toutefois il est acquis à la science, et nous en avons déjà parlé, que certains calculeux récupèrent quelquefois la santé, et finissent même par oublier qu'ils ont été malades ; ce n'est que plusieurs années après qu'ils meurent par suite d'affections tout à fait étrangères aux voies urinaires.

Les faits exceptionnels ne doivent pas arrêter le chirurgien lorsque la destruction de la pierre se présente avec des chances suffisantes de succès ; mais ils démontrent que dans les cas désespérés, il ne faut pas tenter une opération grave ; ce serait compromettre l'art, tout en précipitant l'issue funeste d'une maladie, pour laquelle l'expectation est encore une ressource.

Les malades qui succombent à la pierre présentent des accidents très-variés, ainsi qu'on a pu le voir par ce qui précède, mais la cause de la mort paraît toujours résider dans les reins. Les altérations de ces organes ont pour résultat l'élimination incomplète de l'urée ou la décomposition de cette substance. Un véritable empoisonnement survient, mais les phénomènes varient suivant l'appareil organique qui est le plus influencé.

§ III. — Diagnostic.

La présence de la pierre dans la vessie donne lieu à un certain nombre de manifestations, dont la réunion suffit assez souvent, au praticien exercé, pour supposer l'existence d'un calcul. Mais, comme les différents signes sont loin d'être constants, et surtout comme chacun d'eux s'observe à l'occasion de maladies très-diverses, ce n'est pas dans les symptômes qu'il faut chercher les éléments du diagnostic, mais bien à l'exploration vésicale qu'on doit demander la certitude clinique. Il faut sonder les malades pour savoir s'ils ont ou s'ils n'ont pas la pierre ; et c'est pour ne l'avoir pas *fait* ou pour l'avoir mal *fait*, qu'on a pu se reprocher d'avoir laissé succomber certains calculeux. Souvent, au moins, on a laissé grossir une concrétion dont le volume est devenu plus tard un des principaux obstacles à la thérapeutique.

Le cathétérisme peut seul guider le chirurgien ; mais c'est à l'occasion de certains symptômes qu'il songe à pratiquer l'exploration de la vessie, et c'est dans des circonstances déterminées qu'il doit proposer cette petite opération, qui, souvent, répugne tant au malade. Exposons donc brièvement sous quel aspect général se présentent le plus souvent les calculeux, ou plutôt quelles sont les principales indications qui doivent nous engager à examiner le réservoir urinaire.

Pour les enfants, plusieurs signes se réunissent pour démontrer l'existence d'une pierre vésicale. Chez les petits garçons calculeux on observe assez souvent un développement très-notable du pénis, le prépuce est fort allongé, le méat présente un peu de rougeur; mais ce sont surtout les troubles de la miction qui attirent l'attention des parents : la sortie de l'urine provoque chez ces petits êtres des douleurs très-vives, ils pleurent, s'agitent et trépignent d'une façon vraiment caractéristique.

Dans quelques cas rares, c'est à l'occasion d'une incontinence d'urine nocturne que les parents viennent consulter; si alors la verge est développée, il faut faire pisser le malade, et s'il manifeste de la douleur, fût-elle même légère, on doit le sonder.

L'hématurie est rare chez les jeunes enfants.

Chez l'adolescent et chez l'adulte, la pierre, qui n'est pas très-commune, est annoncée par des symptômes assez précis. En effet, à cette époque de la vie, les malades s'observent assez bien; de plus, les lésions organiques manquent presque complétement. Il n'y a de cause d'erreur que dans les blennorrhagies si communes à cet âge, et surtout si mal guéries.

La fréquence dans le besoin d'uriner, les douleurs qui précèdent et qui suivent l'émission de l'urine, l'hématurie elle-même, accompagnent fréquemment les lésions de la partie profonde de l'urètre et du col de la vessie. Ce sont également là les symptômes de la pierre vésicale : il faut donc, dans ces cas, explorer le malade d'une certaine façon, et bientôt le diagnostic sera fait. On reconnaîtra la présence de la pierre par le cathétérisme, et si elle n'existe pas, la guérison sera obtenue, car les explorations méthodiques sont le meilleur traitement des affections du col de la vessie auxquelles nous faisons allusion.

Deux étudiants en médecine sont venus successivement me consulter pour des besoins fréquents d'uriner, des douleurs périnéales, et surtout pour des hématuries qui les préoccupaient vivement. L'un et l'autre avaient conservé, pendant plusieurs mois, une blennorrhagie qui n'avait cédé qu'avec le temps. J'ai guéri ces deux jeunes confrères, en m'assurant méthodiquement qu'ils n'avaient pas la pierre.

Chez les jeunes gens, la pierre vésicale existe ordinairement depuis longtemps ; en effet, qu'on me passe cette expression, ce sont des calculs de l'enfance qu'on a laissés grandir. Il en résulte qu'à cet âge, un des meilleurs signes de la maladie, c'est son ancienneté et la persistance des symptômes. On apprend que ces individus souffrent depuis leur enfance, et qu'à cette époque ils ont été longtemps réprimandés pour avoir uriné au lit ; chez eux, le volume du pénis est ordinairement augmenté.

Vers cinquante ans, la fréquence de la pierre devient plus grande ; la formation des calculs est alors subordonnée, le plus souvent à des lésions préexistantes de la vessie. Aussi est-il facile de comprendre comment, à cette époque de la vie, les symptômes propres à la maladie, se confondant avec ceux qui dépendent des lésions organiques, le diagnostic devient de plus en plus obscur. On sait combien les troubles divers dans la miction sont ordinaires chez les personnes âgées ; l'hématurie elle-même n'est pas chose rare chez le vieillard qui pisse mal. Il en résulte qu'en interrogeant le malade d'une certaine façon, on peut arriver artificiellement, à lui faire accuser tous les symptômes propres à la pierre, quoique la vessie ne contienne aucune concrétion.

Hippocrate croyait que tous les calculeux avaient eu la gravelle, aussi l'émission de grains calcaires lui semblait-elle un excellent signe pour le diagnostic de la pierre. C'est évidemment là une exagération, mais il faut tenir grand compte de ce symptôme ; on se rappelle, en effet, le rôle multiple que nous avons fait jouer à la gravelle dans la production des pierres de la vessie.

Dans quelques circonstances difficiles il faudra prendre en grande considération l'état des autres organes : les progrès récents de la pathologie générale, ont démontré une relation trop évidente entre les différentes manifestations d'une même diathèse, pour ne pas tenir compte de ces éléments de probabilité. L'identité d'origine entre la goutte, l'asthme, la gravelle et la pierre paraît être démontrée.

La pierre, par sa présence dans la vessie, détermine des troubles fonctionnels qui diffèrent suivant l'état des organes, et suivant l'époque à laquelle le malade est observé; il en résulte que, chez le même individu, le symptôme dominant pourra varier avec le moment où le chirurgien sera consulté. Au début, le calcul provoquera de fréquentes envies d'uriner, mais deux circonstances pourront se présenter : ou bien la vessie se contractera énergiquement, poussera la concrétion contre le col et déterminera des douleurs spéciales; ou bien l'organe sera faible, et les troubles de la miction se résumeront en un peu plus de fréquence dans le besoin de rendre les urines. Plus tard, et en supposant la vessie contractile, il pourra survenir deux sortes de troubles fonctionnels : 1° l'énergie des contractions ira en augmentant, les douleurs seront de plus en plus vives, la cavité diminuera, et l'on arrivera à une époque où la vessie, racornie, sera complétement appliquée sur la pierre. Dans cette circonstance, les malades urineront à chaque instant, goutte à goutte, et pourront même être affectés d'incontinence ; ce dernier signe et les douleurs croissantes seront le symptôme dominant. 2° La vessie, fatiguée de se contracter, cessera de se vider, elle se dilatera progressivement en même temps que les douleurs disparaîtront; le malade viendra alors consulter pour une rétention. Dans ce dernier cas, en remontant à l'origine de la maladie, on trouvera en faveur de l'existence d'un calcul, la fréquence dans le besoin d'uriner et les douleurs accompagnant la miction.

Nous avons dit que dans une certaine catégorie de malades, la pierre venant à se former dans une vessie peu contractile, déterminait des envies plus fréquentes d'uriner, mais qu'elle ne provoquait pas de douleurs. Ces individus arrivent aussi, comme les précédents, à la rétention, mais rien de pénible ne fait soupçonner la concrétion. Ces cas sont insidieux, et c'est dans ces conditions qu'on a méconnu l'existence d'un calcul, faute d'une exploration suffisante.

En résumé, chez les hommes qui ont passé cinquante ans, l'incontinence et la rétention d'urine peuvent être le résultat de la présence d'un calcul ; mais comme nous avons vu que la stagnation du liquide pouvait être la cause d'une formation phosphatique, il faudra, à l'occasion de ces deux états, si communs chez les hommes âgés, rechercher méthodiquement si la vessie renferme ou non un corps étranger.

Le diagnostic doit non-seulement établir l'existence de la pierre vésicale, mais encore fixer le chirurgien sur l'état des organes urinaires. En effet, il ne suffit pas de savoir qu'il y a dans la vessie une ou plusieurs pierres, qu'elles sont petites ou grosses, dures ou friables, etc.; il faut aussi connaître dans quel état se trouvent l'urètre, la vessie et les reins. Le cathétérisme, ou plutôt l'exploration méthodique avec les divers instruments, pourra fournir la plupart de ces notions. Quant aux conditions organiques du rein, elles devront être déterminées d'une façon indépendante : l'examen des urines, la palpation et la percussion des flancs, les manifestations du côté du pouls renseigneront le chirurgien. L'intermittence cardiaque, les accès de fièvre, et avant toutes choses les troubles digestifs, la dyspepsie, sont, suivant nous, l'expression de l'état anatomique des organes sécréteurs de l'urine.

Tout ce qui précède a surabondamment démontré que la pierre vésicale peut donner lieu à des manifestations extrêmement nombreuses et variées, mais qu'aucun de ces symptômes n'a de valeur positive. Chez les jeunes sujets le diagnostic peut acquérir un semblant de probabilité, mais chez les personnes plus âgées, l'indécision est des plus grandes ; il faut donc une exploration directe des organes pour faire un diagnostic. Les annales de la science fourmillent de récits relatifs à des erreurs, souvent bien préjudiciables, et qu'on aurait pu éviter par un examen plus complet. Nous n'insistons sur ces faits que pour faire comprendre combien il est indispensable de toujours sonder les malades; mais, comme cette exploration peut elle-même donner lieu à des méprises et provoquer des accidents quelquefois funestes, il faut que la recherche soit faite suivant des règles précises que nous allons indiquer dans le paragraphe suivant.

§ IV. — De l'exploration méthodique chez les calculeux.

La pratique enseigne que les individus atteints d'une affection quelconque des voies urinaires offrent, le plus souvent, à l'observateur la prédominance de l'un des troubles morbides. Ce symptôme marquant n'est propre à aucune des maladies de l'appareil urinaire, et cependant c'est pour y remédier que les malades consultent. Dans tous les cas, il faut aller plus loin, ne pas s'en tenir à de simples renseignements et faire un diagnostic. Les éléments de ce diagnostic ne peuvent être fournis que par l'exploration de l'appareil, et cette recherche doit toujours se faire, qu'il s'agisse de troubles variés dans la miction, de douleurs plus ou moins vagues, de la présence dans les urines du sang, de la gravelle, ou d'un dépôt muqueux. Certains phénomènes généraux, et en particulier les accès fébriles, ayant résisté à la médication par le quinquina, nécessitent encore l'exploration des organes. Quels que soient les symptômes observés, et quelles que soient les inductions plus ou moins légitimes qu'il aura pu en tirer, le chirurgien devra momentanément faire abstraction de toutes ces choses, lorsqu'il s'agira de pratiquer le cathétérisme. Il faudra procéder du connu à l'inconnu, c'est-à-dire étudier successivement l'urètre, le col de la vessie, et enfin la vessie elle-même.

Exploration de l'urètre.

L'urètre est doué d'une sensibilité normale dont il faut tenir compte ; mais chez les individus qui consultent, il est fréquent de trouver une très-grande irritabilité de ce canal. Pour toutes ces raisons, on devra toujours procéder avec beaucoup de douceur et de lenteur. Les moindres précautions ne sauraient être oubliées : dans tous les cas, la meilleure pensée qui puisse se présenter à l'esprit du chirurgien, c'est de supposer pour un instant, que c'est son propre canal qu'il s'agit d'explorer ; dans cette hypothèse, il ne négligera rien pour faciliter la manœuvre et pour la rendre moins pénible.

Pour étudier l'urètre, il nous a semblé que la position debout devait être préférée. Il faudra donc placer le malade devant soi, le dos appuyé contre un meuble ; le chirurgien sera assis et très-rapproché du patient. Si la sensibilité était vive, et, surtout, si le sujet était très-pusillanime, on devrait opérer dans le décubitus horizontal. L'instrument qu'on emploie dans ces cas doit être pris dans la classe des bougies ; on devra donner le choix aux bougies de cire molle, ou bien encore à celles qui sont terminées par un renflement conique : on sait que ces derniers instruments permettent de constater avec la plus grande facilité les rétrécissements, brides ou valvules du canal de l'urètre. Les bougies de cire rapportent quelques empreintes et certaines déformations qui peuvent servir au diagnostic.

L'instrument doit être d'un volume moyen, de trois à quatre millimètres. Inutile de dire qu'il sera au préalable enduit d'une substance grasse quelconque. Le chirurgien prend la bougie vers sa partie moyenne, entre le pouce et les deux premiers doigts de la main droite, à la façon d'une plume à écrire. Avec la main gauche il saisit la verge de la manière suivante : Le prépuce étant rabattu en arrière, il engage l'organe entre le médius et l'annulaire, puis l'accroche en quelque sorte par la couronne du gland. Le poignet est alors légèrement fléchi, la face palmaire regardant en haut; le pouce et l'index qui sont restés libres servent à écarter les lèvres du méat. Le chirurgien tire la verge modérément vers lui, en même temps qu'il pousse très-légèrement la bougie en sens inverse; l'introduction de l'instrument se trouve être ainsi le résultat de la propulsion de la sonde en arrière et de la traction de la verge en avant. Ces différents mouvements, lorsqu'ils sont bien combinés, permettent un passage doux et facile : on avance alors de proche en proche jusqu'au niveau de l'insertion du scrotum. Arrivé dans ce point, il faut légèrement soulever la verge, ce qui permet d'atteindre la région du bulbe. Dans cette position, l'instrument est assez souvent arrêté, ce qui tient à plusieurs choses : au prolongement bulbaire dans lequel on s'engage, au collet du bulbe qui diminue normalement le calibre de l'urètre, et enfin au changement de direction du canal, qui cesse d'être droit. Il faut faire en sorte de suivre la paro isupérieure, et si la bougie vient à butter, on ne doit pas forcer, mais bien retirer légèrement l'instrument de quelques millimètres en avant; alors son bec se dégagera, et il se présentera tout seul à la lumière du canal. Ce pas franchi, on peut lâcher la verge, car il suffit d'une légère impulsion pour pénétrer dans la vessie.

Nous venons d'indiquer une manœuvre bien simple qui permettra d'exécuter facilement le cathétérisme, dans le cas où l'urètre sera sain. Je dirai même plus, dans les conditions physiologiques, l'introduction de la bougie peut se faire, même en l'absence de ces règles précises; il suffit d'un peu de douceur et de patience pour parvenir au but. En procédant comme nous venons de l'indiquer, on s'apercevra bien vite de la présence d'un obstacle; la manière dont il doit être franchi ne peut pas nous occuper ici, ce serait sortir de notre sujet.

Le passage d'une bougie, quand la manœuvre est régulière, provoque une sensation particulière, mais très-supportable. Il faut cependant savoir que, normalement, il existe trois points qui sont le siége d'une sensibilité plus grande; ce sont la fosse naviculaire, la partie qui correspond à l'insertion scrotale, enfin l'orifice interne de l'urètre.

Le résultat de cette simple manœuvre, qui constitue le premier temps de l'exploration méthodique, est le suivant : le chirurgien est renseigné sur l'état organique du canal et sur le degré de sensibilité de la membrane muqueuse.

Le deuxième temps doit alors commencer : il s'agit de répéter le cathétérisme au moyen d'un instrument métallique qui complétera l'exploration urétrale, et qui donnera des notions exactes sur l'état du col de la vessie. La sonde de trousse pourrait à la rigueur suffire, c'est encore celle qu'on emploie le plus fréquemment ; cependant cet instrument est loin d'être parfait et ce n'est pas à lui qu'il faut s'adresser. Il vaut mieux prendre une algalie dont le bec soit court et courbé assez brusquement par rapport à la tige principale. L'instrument dit

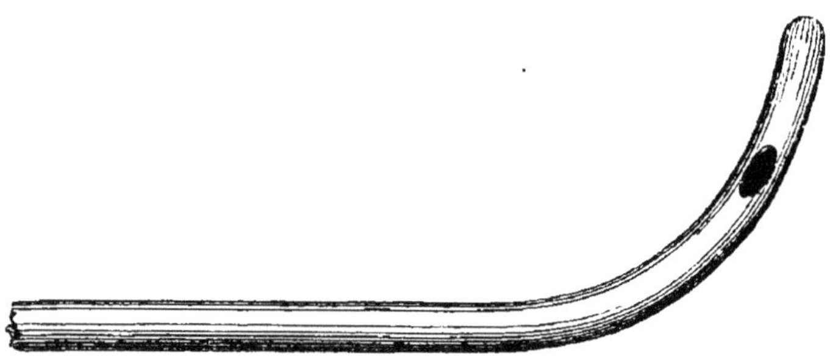

Fig. 1.

sonde coudée devient parfait, quand la petite branche, au lieu de faire un angle droit avec la grande, se continue avec cette dernière par une courbure régulière et moins brusque. L'introduction est ainsi plus facile sans que pour cela l'exploration donne des résultats moins parfaits ; cette courbure est, du reste, celle qu'il faut donner à tous les instruments lithotriteurs (voy. fig. 1). On trouve dans l'ouvrage de Tolet (4ᵉ édition, page 95, 1689), une planche qui représente bien la sonde qu'il faut employer.

Le cathétérisme avec les instruments à courbure brusque est une chose assez généralement difficile, et, comme à cette introduction se rattachent presque toutes les opérations qui ont pour but, soit l'exploration des organes urinaires, soit la destruction de la pierre par les procédés de la lithotritie, nous allons décrire la manœuvre une fois pour toutes.

Le malade étant couché sur un lit, le siége un peu élevé, le chirurgien se place à sa droite. De la main gauche il saisit la verge comme pour l'introduction de la bougie, et de l'autre main il fait pénétrer dans le méat l'instrument préalablement graissé; alors tirant la verge légèrement en avant et vers l'aine droite du malade, en même temps qu'il pousse la sonde ou le brise-pierre en sens opposé, il arrive bientôt à la courbure de l'urètre. Dans ce premier temps et dans ceux qui vont suivre, l'explorateur doit avoir une direction telle, que sa petite branche se trouve toujours dans la même inclinaison que la portion du canal dans laquelle elle va pénétrer. A la partie antérieure, il suffit que la sonde soit tenue parallèlement au pli de l'aine pour que la petite courbure corresponde à la direction de l'urètre; mais, arrivé au niveau du bulbe, il faut que l'instrument soit dirigé presque verticalement, pour que sa portion coudée puisse s'engager dans la région membraneuse. Vient ensuite le moment d'abaisser le pavillon du cathéter, et alors commence la véritable difficulté, qui est d'autant plus grande que la courbure de la sonde est plus brusque.

En effet, le mouvement de bascule a pour résultat l'application du bec de l'algalie contre la paroi supérieure du canal, en même temps que le talon en déprime la face inférieure ; si l'inclinaison est faite trop brusquement, il y aura une lésion inévitable de la paroi supérieure. Lorsqu'au contraire, l'abaissement de l'extrémité externe de la sonde se fera lentement, on pourra lui ajouter une légère propulsion vers la vessie, et le résultat final sera la dépression de l'urètre par le coude de l'instrument, sans que pour cela la paroi supérieure soit labourée par le bec.

En résumé, l'introduction des sondes à courbure brusque se fait par un mouvement combiné d'abaissement et de propulsion. Dans cette manœuvre, le bec de la sonde chemine en avant, pendant que le talon déprime légèrement l'urètre, et glisse à sa surface. D'où il suit que le moindre obstacle siégeant à la paroi inférieure du canal sera facilement constaté, quand le cathétérisme sera exécuté avec tout le soin nécessaire ; c'est le talon de l'instrument qui fait la voie au bec, c'est ce même talon qui viendra heurter contre les obstacles qui pourraient exister.

Lorsque la sonde a pénétré dans la vessie, il reste alors à étudier l'état de ce réservoir, c'est-à-dire à exécuter le troisième temps de l'exploration méthodique. Pour se livrer à ces recherches, il faut autant que possible choisir un instant pendant lequel l'organe contient une notable proportion d'urine ; nous supposerons cette condition remplie. Aussitôt que la sonde a franchi le col, elle doit être portée lentement jusque vers la paroi postérieure de la cavité, en ayant soin de tenir l'instrument parfaitement horizontal. Ce simple mouvement, exécuté avec douceur, permettra à un chirurgien attentif de reconnaître si le viscère a une étendue antéro-postérieure suffisante ; dans le cas, par exemple, où la vessie serait racornie, le cathéter, en quittant le col, serait presque aussitôt arrêté dans sa marche vers la profondeur.

La sonde, parvenue à la paroi postérieure de l'organe, on la retire légèrement à soi en même temps que, par de petits mouvements de rotation autour de son axe, on porte successivement le bec, tantôt à gauche, tantôt à droite; cette exploration des parties latérales de la vessie se répète ensuite successivement, en ayant soin de rapprocher du col l'instrument qui primitivement, était en arrière. Cela fait, on reporte le lithoclaste contre la paroi postérieure, on l'incline alors sur l'un des côtés, puis on tire le pavillon à soi; on recommence ensuite du côté opposé, et ainsi on a complétement exploré les régions latérales de la vessie.

Il ne reste plus qu'à examiner le bas-fond, c'est-à-dire la portion la plus importante. Pour arriver à ce dernier résultat, plusieurs manœuvres doivent être conseillées. On peut d'abord relever légèrement l'extrémité externe de l'instrument, le talon repose alors sur la partie déclive de la vessie et peut y rencontrer un calcul; il est bon de joindre à la recherche quelques petits mouvements de droite et de gauche. Un autre moyen d'exploration consiste, l'instrument étant horizontal, à lui faire exécuter un mouvement complet de rotation; dans ces conditions, le bec occupe successivement la partie latérale, le bas-fond, puis l'autre côté de la poche urinaire. En répétant cette manœuvre plusieurs fois, en même temps qu'on tire la sonde vers le col, on complétera l'examen de l'organe.

Pour terminer l'exploration méthodique de l'appareil urinaire, on peut encore avoir recours, dans les cas difficiles, à des moyens qui facilitent la recherche de la pierre. Nous avons dit que l'examen du malade devait être fait dans un moment où le réservoir renfermait une notable proportion d'urine ; mais lorsque les manœuvres précédemment indiquées n'ont pas donné de résultats, il faut les répéter de nouveau, en laissant écouler graduellement la quantité de liquide incluse dans la vessie. L'organe, en se débarrassant de son contenu, perd de sa capacité, et ainsi se trouve limité l'espace où doivent porter les recherches. Une injection d'eau froide, en déterminant des contractions énergiques, a pu, dans quelques cas, faciliter le diagnostic d'un calcul. On a recommandé d'explorer le malade dans la station verticale : on supposait que la pierre viendrait forcément s'appliquer sur l'orifice interne de l'urètre, et qu'elle rencontrerait nécessairement le cathéter ; nous ne saurions conseiller cette manœuvre, elle est loin d'avoir toute la valeur qu'on lui a accordée.

Le contact entre la sonde et la pierre étant la condition essentielle du diagnostic, on a dû, pour les cas difficiles, se préoccuper de multiplier les occasions de rapprochement entre les deux objets. L'emploi du trilabe, et mieux d'un petit brise-pierre explorateur, répond à cette indication ; en effet, le lithoclaste étant ouvert dans la vessie, il y aura deux points au lieu d'un, qui pourront entrer en rapport avec la concrétion. La recherche, telle que nous l'avons indiquée, se fait alors dans d'excellentes conditions, surtout en ayant soin, dans les différentes positions occupées par l'instrument ouvert, de rapprocher lentement les deux branches, pour s'assurer s'il n'existerait pas un corps étranger dans l'intervalle qui les sépare.

Ici se présente l'indication d'une manœuvre qui a pour but de faciliter, ou plutôt de compléter l'exploration de la vessie : je veux parler du toucher rectal. Pour les anciens, ce mode d'examen était des plus précieux ; on sait en effet qu'ils n'avaient point recours au cathéter. Celse et ses successeurs pratiquaient l'incision du périnée sur la pierre, qu'ils faisaient saillir au moyen des doigts introduits dans le rectum. Suivant nous, le toucher rectal est loin de fournir toujours un résultat positif ; voici, du reste, ce que l'expérience a démontré. Pour les enfants et les jeunes garçons on parvient à sentir, par l'intestin, les pierres les plus petites. Chez eux, la recherche d'un calcul par cette voie est tellement facile, que le doigt peut, dans quelques cas, faciliter les manœuvres de la lithotritie. Pour un petit malade que j'ai opéré avec le concours de Marjolin, le résultat a été des plus satisfaisants.

Lorsqu'il s'agit des adultes, et à plus forte raison des vieillards, il faut des conditions exceptionnelles pour sentir un calcul par le rectum ; il est alors nécessaire que la pierre soit très-volumineuse, ou bien qu'elle ait envoyé un prolongement jusque dans la cavité du col de la vessie. Or, dans tous ces cas, le cathétérisme en démontrera très-facilement la présence. Concluons donc que le toucher rectal, que nous sommes loin de proscrire, a une valeur diagnostique très-secondaire, et que cet examen ne peut être considéré que comme un complément du cathétérisme bien fait.

Nous avons longuement décrit la manière d'examiner les malades chez lesquels on soupçonne la pierre ; nous devons maintenant revenir sur les différents temps de cette exploration, en préciser les résultats, et déterminer les indications thérapeutiques qui en surgissent. Nous voulons guider le praticien pas à pas, et résoudre les principales difficultés qui peuvent se présenter.

Le premier temps de l'exploration méthodique, c'est l'introduction d'une bougie molle d'un volume moyen.

Si le cathétérisme se fait facilement et sans provoquer des douleurs autres que celles qui résultent du contact d'un instrument avec les tissus sains, on peut immédiatement passer au second temps, c'est-à-dire introduire une sonde métallique jusque dans la vessie. Tel n'est pas l'état dans lequel se présentent le plus ordinairement les calculeux ; quoi qu'il en soit, je dirai qu'il serait désirable qu'on pût, dans tous les cas, différer l'exploration vésicale. En effet, si la simple introduction d'un instrument flexible détermine quelquefois des accidents, à plus forte raison faut-il admettre que le passage de l'algalie est de nature à produire une réaction plus énergique. Il y a des malades chez lesquels le séjour d'une bougie molle dans l'urètre a causé la mort ; pour d'autres les manœuvres les plus violentes ne déterminent jamais la moindre réaction. Dans l'incertitude où se trouve le chirurgien, il doit toujours procéder comme s'il s'agissait d'un sujet appartenant au premier groupe d'individus, que nous venons d'indiquer.

Le plus souvent les calculeux présentent une sensibilité considérable de l'urètre ; la bougie pénètre à peine de quelques centimètres que déjà le patient se plaint amèrement ; il faut, dans tous les cas, faire la part de la douleur réelle, et de la crainte que fait éprouver au malade l'idée d'un examen. Si la sensibilité est très-vive, on doit s'arrêter, et remettre au lendemain l'exploration commencée. Un bain, quelques lavements, des cataplasmes suffisent pour faire disparaître ces obstacles, et bientôt on pourra reprendre la manœuvre. Impossible de dire combien de temps il faudra pour arriver jusque dans la vessie, mais on ne doit y pénétrer que lentement, progressivement, et sans provoquer de douleurs vives.

Le passage répété de la bougie, joint aux moyens simples que nous avons indiqués, permet le plus souvent d'émousser la sensibilité de l'urètre. Dans les cas compliqués, il faut introduire, pendant plusieurs jours de suite, des sondes dont on augmente progressivement le volume. On se guide toujours sur les sensations éprouvées par le malade pour avancer vers le but qu'on se propose : c'est-à-dire un canal moins sensible et ayant cessé de se contracter sur les instruments. Les phénomènes généraux doivent être surtout pris en grande considération ; là, comme toujours, doit intervenir la sagacité du praticien.

Le premier temps de l'exploration fera dans quelques cas reconnaître la présence d'un ou de plusieurs rétrécissements de l'urètre : le passage journalier de bougies de plus en plus volumineuses aura, ordinairement, pour résultat la dilatation des points rétrécis, et alors seulement on devra songer à l'introduction de la sonde. Dans ces nouvelles conditions, le cathétérisme sera des plus simples, au moins dans la portion antérieure du canal, puisque nous supposons la sensibilité de l'urètre nulle ou émoussée par le traitement préalable.

Exposons actuellement quels sont les résultats que fournira le deuxième temps de l'exploration méthodique.

L'instrument métallique doit renseigner le chirurgien sur la souplesse plus ou moins grande de la portion antérieure du canal : en effet, l'algalie peut pénétrer avec la plus grande aisance, mais quelquefois sa propulsion exige une certaine force qui est due à la rigidité du conduit. Lorsque la sonde à petite courbure arrive dans la portion profonde de l'urètre, elle le fait quelquefois facilement ; mais il n'est pas rare, surtout chez les hommes qui ont passé cinquante ans, de découvrir, par le cathétérisme, certaines lésions organiques, qui peuvent constituer à elles seules toute la maladie ; ces dernières, lorsque la pierre existe, doivent être prises en grande considération, eu égard au traitement qu'il faudra mettre en usage.

Les déviations, à gauche ou à droite, du pavillon de l'instrument, sont l'indice de déviations en sens inverse du canal qu'on explore ; la grande liberté de la sonde indique une dilatation de la partie profonde de l'urètre ; si le talon du cathéter éprouve une résistance brusque et bien nette au col de la vessie (nous supposons toujours l'introduction faite suivant les règles que nous avons indiquées), c'est la preuve de l'existence d'une valvule musculaire ; si, au lieu de s'arrêter brusquement, l'instrument s'élève lentement, comme sur un plan incliné, pour pénétrer dans la vessie, on doit en conclure qu'il y a là une barrière formée par l'hypertrophie de la portion sus-montanale de la prostate : dans ce dernier cas, le cathéter, en franchissant le col, se dévie ordinairement, soit d'un côté, soit de l'autre. Ces différentes conditions pathologiques peuvent quelquefois s'opposer au cathétérisme ; nous reviendrons plus tard sur la conduite à tenir en présence de semblables difficultés. Rien n'est important comme l'existence d'un de ces derniers obstacles ; on a bien fait comprendre leur rôle mécanique, en les désignant sous le nom de seuil de la vessie.

Dès que la sonde a pénétré dans le réservoir urinaire, nous avons indiqué les différentes manœuvres qu'il fallait lui faire exécuter pour arriver à constater la présence de la pierre : l'exploration doit en outre renseigner le chirurgien sur plusieurs circonstances qui ont une grande valeur. Il faut se rendre compte de la sensibilité du col et du corps de la vessie ; de la capacité du réservoir de l'urine ; de l'état de ses parois, et secondairement du degré de contractilité de l'organe ; enfin, de la présence de tumeurs occupant l'un des points quelconques de la cavité.

En santé, la face interne du corps de la vessie est peu sensible, et le frottement de la sonde cause peu de gêne, pourvu qu'on procède avec ménagement. Dans l'état morbide tout est changé : quelquefois la sensibilité est telle , que le moindre attouchement détermine d'atroces douleurs suivies bientôt de réaction grave sur l'économie tout entière.

On observe, plus souvent, une foule d'états intermédiaires à l'égard desquels on ne saurait rien préciser, mais que le praticien exercé juge facilement. De tous les points de la vessie, celui qui est le plus influencé, c'est le col ; la simple introduction d'un cathéter suffit pour constater ces diverses particularités.

Un symptôme important à étudier , c'est la manière dont le liquide s'écoule par la sonde. Quelquefois l'urine sort avec la légère impulsion qui constitue l'état normal ; d'autres fois elle s'échappe en bavant, et encore faut-il comprimer l'hypogastre ; dans d'autres circonstances, le jet sort avec violence, l'injection est projetée quelquefois jusque sur les assistants, de sorte que la vessie est presque instantanément vidée de son contenu. Ces dernières conditions coïncident ordinairement avec une grande exacerbation de la sensibilité, aussi toute exploration devient-elle difficile, et si on la prolongeait, il y aurait danger pour la vie.

Les différentes circonstances que nous venons de passer en revue permettent de juger si la vessie a sa capacité normale, si celle-ci est augmentée ou diminuée ;

on est surtout parfaitement renseigné sur le degré de contractilité du réservoir. La sonde promenée doucement à la surface interne de la vessie, détermine aussi la présence de colonnes, de cellules; enfin on peut reconnaître l'existence de tumeurs siégeant sur le trigone, soit vers l'embouchure des uretères, soit même au niveau du col. Les difficultés qu'on éprouve à faire exécuter un mouvement de rotation complet au bec du cathéter sont le meilleur signe de l'existence d'une tumeur ou d'une déformation de la vessie.

Le but principal de la recherche pendant le troisième temps de l'exploration méthodique, c'est de reconnaître l'existence d'une concrétion; nous devons à ce sujet entrer dans quelques développements. Le choc de l'instrument métallique sur la pierre vésicale produit toujours une sensation spéciale perçue par la main, et dans quelques cas, un bruit qui peut être entendu par les assistants et même par le malade.

Un fait digne de remarque est le suivant : lorsque l'exploration est faite avec douceur et ménagements, on peut observer que le choc de la pierre par l'instrument détermine une douleur dont le malade se plaint; il arrive fort souvent que les calculeux avertissent d'eux-mêmes le chirurgien, qu'à un certain moment l'algalie doit être en contact avec la concrétion. Cette circonstance sera prise en considération dans les cas douteux. En effet, la rencontre entre la sonde et le calcul ne donne pas toujours une sensation nette; quelquefois la pierre est environnée de mucus, alors la sensation est molle, élastique; il faut même une grande habitude pour ne pas s'y tromper. Inutile de dire que, dans ces conditions, le bruit qui résulte du choc des deux corps manque complétement.

Entre la pierre dure qui résiste et qui sonne, et la concrétion molle ou couverte de mucus, il y a un grand nombre d'intermédiaires; on peut, cependant, avec de l'exercice, dire assez exactement qu'il s'agit d'un calcul plus ou moins dur.

Les sensations fournies par l'algalie ont parfois donné lieu à des erreurs de diagnostic : c'est ainsi qu'on a pu être trompé par un bruit particulier qui se passait entre les différentes pièces mal ajustées d'une sonde de trousse. Dans un cas, on aurait pris pour un calcul le refoulement des membranes de la vessie par la tête du fémur sortie de la cavité cotyloïde. On parle aussi d'une méprise ayant eu pour cause la saillie de l'angle sacro-vertébral. Enfin, les colonnes de la vessie, de petites tumeurs plus ou moins fermes, ont pu faire croire à l'existence d'un calcul. Ces causes d'erreur sont rares, et l'on peut affirmer qu'il est incomparablement plus fréquent d'observer des malades chez lesquels l'affection a été méconnue, que de croire à la présence d'une pierre alors que celle-ci n'existe pas.

En promenant la sonde à la surface d'un calcul, on peut encore se faire une idée de la régularité ou de l'irrégularité de sa surface. Les pierres granulées, et, en particulier, celles d'oxalate de chaux, peuvent être reconnues par les sensations qu'elles fournissent.

Théoriquement, on a pu croire que l'exploration au moyen de la sonde pourrait renseigner sur le volume approximatif du corps étranger, rien n'est cependant plus trompeur; un petit grain calculeux, par exemple, peut fournir la sensation d'une grosse pierre. Chez un malade que j'ai opéré avec Marjolin, nous avions pensé, à la suite du simple cathétérisme, que la concrétion avait au moins 3 centimètres; mais lorsque cette dernière eut été saisie entre les deux branches d'un lithoclaste, il est devenu évident que son diamètre mesurait à peine 1 centimètre.

Lorsque la pierre est grosse, ou bien si la vessie, fortement contractée, applique le corps étranger vers l'orifice interne de l'urètre, la première sensation que l'on éprouve, lors de l'introduction de la sonde, c'est celle de son contact avec le calcul; mais si la pierre est petite en même temps que la vessie spacieuse, lorsque surtout les parois sont molles et peu contractiles, alors l'urine sort en bavant, et rien n'est plus facile que de méconnaître la concrétion calculeuse.

D'après ce qui précède, on doit conclure que l'emploi de la sonde métallique peut fournir des données importantes pour le diagnostic de l'affection calculeuse, mais que cet examen seul, dans les circonstances ordinaires, et, à plus forte raison, dans les cas difficiles, est insuffisant pour résoudre plusieurs questions importantes qui se rattachent à la thérapeutique L'exploration de la vessie au moyen du brise-pierre complétera le diagnostic. Nous avons déjà montré qu'un instrument dont les deux branches peuvent s'écarter et se rapprocher, réunissait des conditions beaucoup plus parfaites que la sonde, pour explorer les différentes parties du réservoir de l'urine.

Cet instrument peut, en outre, fournir des renseignements qu'on ne pourrait obtenir sans lui : ainsi, on
peut prendre la pierre, et celle-ci fixée, le lithoclaste
n'en reste pas moins libre de se mouvoir dans la
vessie. Les tumeurs et autres saillies peuvent également
être pincées, mais on conçoit tout de suite que, dans ce
cas, l'instrument ne pourra pas être porté en sens contraire, à cause même des connexions de la partie saisie
avec le reste de l'appareil.

Une fois la pierre fixée, on peut mesurer exactement les
dimensions du corps étranger au moyen de l'échelle graduée qui se trouve à l'extrémité externe du lithoclaste.
Pour avoir une notion aussi exacte que possible, il sera
bon de saisir le calcul à plusieurs reprises, afin de la
mesurer suivant plusieurs diamètres; il faudra dans
tous les cas supposer que la pierre s'est présentée suivant son plus petit diamètre, on s'exposerait sans cela
à agir sur une masse beaucoup plus volumineuse que
ne l'indiquerait l'exploration. Nous avons dit que l'instrument chargé de la pierre pouvait être porté soit à
droite, soit à gauche; ces mouvements répétés en plusieurs sens pourront avoir pour résultats une nouvelle
sensation de contact avec un autre corps étrangers, et
c'est ainsi que naîtra la possibilité de diagnostiquer les
calculs multiples de la vessie.

Le rapprochement des deux branches du lithoclaste
permettra de reconnaître par la pression quelle est la
densité probable de la pierre; enfin l'instrument, après
l'exploration terminée, rapportera dans sa cuiller quelques fragments qui serviront à l'analyse chimique du

calcul. Cette dernière constatation n'a pas une très-
grande importance.

Dans le paragraphe précédent, nous avons longuement
détaillé la manière d'examiner les calculeux ; nous avons
dit comment on devait exécuter les différents temps de
l'exploration méthodique, et enfin quels étaient les divers renseignements qu'on devait en obtenir. Avant
d'aller plus loin, il faut revenir sur un bon nombre
de difficultés qui se rencontrent trop souvent dans la
pratique. Nous avons déjà parlé de l'extrême sensibilité
que peut présenter le canal de l'urètre, et nous avons
indiqué que le meilleur traitement de cette complication,
c'était le passage répété, avec beaucoup de précautions,
des bougies molles. Cependant ce moyen est loin d'être
infaillible; il y a des individus chez lesquels l'introduction répétée des instruments exaspère la sensibilité de
l'urètre au lieu de la calmer ; il en résulte même, dans
quelques cas, heureusement rares, des accidents généraux qui empêchent de continuer le traitement.

Plusieurs chirurgiens ont été conduits à conclure de
certains cas spéciaux, qu'il fallait toujours, lorsqu'on
soupçonnait un calcul, introduire de prime abord une
sonde métallique jusque dans le réservoir de l'urine.
Nous ne partageons pas cette manière de voir; nous
l'avons déjà dit, si l'introduction d'une simple bougie
molle peut déterminer des accidents graves, on doit con-

clure que, dans les mêmes conditions, un instrument rigide aurait provoqué par sa présence des troubles au moins aussi sérieux. Certes, on introduit chaque jour des sondes métalliques sans qu'il en résulte de réaction ; mais on nous accordera que, dans ces cas, le passage d'une bougie aurait été tout aussi innocent. Lorsque chez un malade atteint de la pierre, on aura employé deux ou trois jours de suite une bougie sans déterminer de fièvre, nous croyons qu'on pourra sans inconvénient lui substituer la sonde métallique, et ne pas insister davantage sur la dilatation du canal.

Pour nous, le passage de deux ou trois bougies molles a pour but unique de renseigner sur l'état matériel de l'urètre, en même temps qu'il permet, qu'on excuse l'expression, de tâter la susceptibilité organique du malade. Si l'on rencontre une sensibilité exagérée du canal, il faut la faire cesser ; on emploie dans ce but le cathétérisme, les bains et les lavements opiacés. Les accès de fièvre, qui s'observent fréquemment au début, cèdent ordinairement d'eux-mêmes ; la muqueuse semble s'habituer au contact des instruments. Les purgatifs, et fort rarement le sulfate de quinine, mettent fin aux accidents qui peuvent résulter de l'exploration. L'urétrotomie superficielle rend quelquefois service, dans les cas de rétrécissement spasmodique ayant résisté à la dilatation lente.

Au bout d'un certain temps, qui pourra varier en raison de l'état organique de l'urètre, et surtout de la réaction provoquée par les premières manœuvres, la sonde pourra être introduite jusque dans la vessie ; c'est

alors que viendra le moment de constater la présence
d'une pierre. Qu'on sente immédiatement le contact du
calcul, ou que la recherche soit infructueuse, on doit,
dans tous les cas, séjourner très-peu de temps dans la
vessie. Si la réaction est nulle, on pourra recommencer
dès le lendemain; si, au contraire, du malaise, un
léger frisson ont été la suite du cathétérisme, il faudra
attendre. On aura recours aux moyens simples que nous
avons indiqués précédemment, et l'on ne répétera la
manœuvre que lorsque tout sera rentré dans l'ordre.

Si plusieurs explorations sont demeurées sans résultat sous le rapport du diagnostic de la pierre, on
devra faire précéder la recherche de plusieurs injections
d'eau fraîche; dans quelques cas, en stimulant ainsi les
contractions de la vessie, on parviendra à constater la
présence d'un calcul. Ce n'est qu'après avoir répété et
varié ces différentes manœuvres qu'il faudra introduire
le petit lithoclaste et procéder à une dernière recherche
qui sera décisive. En employant cet ensemble de moyens,
il est rare qu'une pierre, même petite, puisse échapper
à un chirurgien attentif.

Dans un bon nombre de circonstances, la sonde est à
peine introduite, que le malade accuse le besoin d'uriner;
il se plaint vivement et demande qu'on suspende l'opération. Dans ces conditions il ne faut pas insister; on
retirera l'instrument avec douceur, et après un repos de
quelques jours on pourra recommencer. En répétant
le cathétérisme, en substituant à l'urine de petites quan-
tités d'eau tiède, on arrive, le plus souvent, à rendre la
vessie plus tolérante, et alors, seulement, on peut renou-

veler la tentative. On doit remettre à plus tard le soin de s'assurer si la pierre est seule, si elle est grosse ou petite, et enfin si sa densité est considérable ou si elle est faible.

Dans quelques cas particuliers, on observe une surexcitation considérable de la vessie ; à peine la sonde franchit-elle le col, que l'urine s'écoule entre les parois du canal et la face externe de l'instrument. D'autres fois l'algalie pénètre sans accidents, mais instantanément le liquide est projeté au loin avec une grande force ; la situation est alors grave, le malade crie, s'agite, et il est matériellement impossible d'aller plus loin.

Si nous avons fait de ces derniers cas une série à part, c'est que, quoi qu'on fasse, moyens locaux ou moyens généraux, on n'arrive jamais à neutraliser l'action de la vessie ; quelquefois même il survient des troubles si considérables, que la vie de l'opéré est fortement compromise. Cependant le diagnostic n'est pas fait, et les phénomènes graves exigent qu'on prenne un parti. On pourrait croire qu'en soumettant les malades à l'influence du chloroforme, on parviendrait plus facilement à faire une exploration ; il n'en est rien, mais nous pensons qu'il y a lieu de nous arrêter sur une question aussi importante.

On a dit que le chloroforme supprimant la douleur, il serait facile d'introduire un instrument dans la vessie, et même d'y détruire un calcul en une seule séance. On a été plus loin, on a prétendu que la réaction qui peut accompagner la manœuvre, manquait, ou qu'elle était considérablement atténuée lorsque l'on soumettait les individus aux vapeurs anesthésiques. Quatre malades, traités

par la lithotritie, présentèrent des accès de fièvre à la
suite des premières séances; on administra le chloro=
forme, et les opérations furent désormais sans réaction.

Avant de soumettre à la critique ces affirmations et
ces faits, il faut étudier d'abord quels sont les résultats
physiologiques de l'anesthésie par rapport aux manifestations de la vessie. — Le chloroforme, administré suivant les règles, paralyse successivement l'intelligence, la sensibilité générale, puis la contractilité musculaire des organes de la vie de relation ;
mais son action paraît très-limitée sur les appareils
organiques. Les contractions utérines persistent, et l'ac-
couchement peut avoir lieu pendant l'anesthésie. Les
évacuations intestinales et vésicales s'observent fréquemment pendant la chloroformisation : au début, on peut
invoquer la contraction très-énergique des muscles abdo-
minaux et du diaphragme, mais, dans une période plus
avancée de l'anesthésie, les réservoirs organiques semblent bien se débarrasser d'eux-mêmes des matières
qu'ils contiennent. Pour la vessie, nous allons exposer
quelques observations cliniques qui nous sont personnelles, et qui paraissent démonstratives.

Un calculeux supportait la lithotritie très-pénible-
ment; chez lui le cathétérisme était rendu difficile
par la contraction du col vésical, il fut soumis au chloroforme. La résolution étant obtenue, nous avons remarqué que l'introduction du brise-pierre rencontrait
toujours les mêmes difficultés; quant à la lithotritie, il
fut impossible de la pratiquer, car la vessie se vidait
spasmodiquement et l'instrument était comme em-

prisonné et immobilisé par les contractions de l'organe. — Un autre jour, pour le même individu, un de
nos collègues employa le chloroforme, mais il ne fut pas
plus heureux; il ne parvint même pas jusque dans la
vessie. Depuis, un traitement approprié a rendu les
manœuvres plus faciles, et le malade a dû sa guérison
à la lithotritie.

A l'hôpital Saint-Louis, j'ai observé un jeune homme qui
présentait une excessive sensibilité de la vessie. Désirant
lui inciser une valvule du col vésical, je le soumis aux
vapeurs anesthésiques, dans l'espoir de rendre l'organe
plus tolérant. Cependant, malgré une résolution parfaite, il fut impossible de faire conserver l'injection :
la section de la valvule fut néanmoins opérée, et le malade n'accusa aucune douleur.

Chez un autre sujet qui urinait tous les quarts d'heure
et avec douleurs, je voulus employer les injections comme
moyen de traitement, mais il fut impossible d'introduire
deux cuillerées de liquide, tant la vessie se contractait
avec énergie. Je soumis le malade au chloroforme,
néanmoins les mêmes difficultés se présentèrent, et je
ne pus distendre le réservoir.

De ces faits et de quelques autres encore, on peut
conclure que le chloroforme semble avoir peu d'influence sur la sensibilité de la muqueuse vésicale.
L'anesthésie supprime la douleur du cathétérisme, mais
elle ne s'oppose pas ordinairement aux contractions de la
vessie. Dans les cas graves il nous paraît inutile de tenter
une exploration difficile, grâce à l'influence du chloroforme : le résultat serait douteux et l'indication resterait

la même. Songer à la lithotritie serait méconnaître les enseignements de la clinique, et en supposant même qu'à la faveur de l'insensibilité, on pût saisir et fragmenter une pierre, on n'éviterait pas les conséquences d'une manœuvre longue et laborieuse dans une vessie irritable.

Ce qui précède nous conduit à étudier l'influence du chloroforme sur les suites probables des opérations. L'expérience démontre tous les jours que les applications de la lithotritie deviennent de plus en plus simples chez un même individu, à mesure qu'on avance vers la guérison. C'est la première séance qui est la plus douloureuse, et c'est elle qui est ordinairement accompagnée de la réaction la plus vive ; les autres sont mieux supportées. Par conséquent, si les quatre malades dont on a parlé, opérés sans chloroforme, eurent la fièvre, et si ces accidents cessèrent dans la suite du traitement, ce n'est pas parce qu'ils furent soumis à l'anesthésie, mais bien parce qu'ils étaient, vers la fin de la cure, dans des conditions plus favorables pour supporter la manœuvre.

Pour nous résumer, nous dirons que le chloroforme rend des services très-limités à la thérapeutique des maladies des voies urinaires, que son emploi ne change en rien les conséquences naturelles et probables des opérations, et qu'il ne faut pas se laisser entraîner à une tentative qui, pour n'être pas perçue par le malade, n'en aurait pas moins toute son importance et parfois toute sa gravité. Nous reviendrons du reste sur ce sujet, à l'occasion de la lithotritie appliquée chez les enfants. Pour ces derniers, comme nous le dirons, a pratique doit être un peu modifiée ; c'est pour remédier à l'indocilité de ces petits êtres qu'on est souvent dans la nécessité de les soumettre à l'anesthésie.

Revenons maintenant à ces cas difficiles où l'exploration est rendue impossible par l'extrême sensibilité des parties profondes de l'appareil urinaire, car il est nécessaire de spécifier quelle doit être la conduite du chirurgien. Dans des circonstances aussi graves il ne faut pas songer à la lithotritie, on doit chloroformiser le malade et le débarrasser séance tenante, si le cathéter rencontre un calcul dans la vessie.

Formulons brièvement les conséquences qui découlent des diverses considérations qui ont été successivement exposées. Toutes les fois qu'un malade viendra consulter pour une affection des voies urinaires, le chirurgien devra supposer l'existence d'une pierre, et se comporter, dans tous les cas, comme si elle existait. Lorsque l'homme de l'art arrivera à constater mécaniquement l'existence d'un calcul, il possédera nécessairement, à cause de la manière dont il aura procédé, une connaissance exacte de l''appareil tout entier ; de plus, il aura triomphé des nombreux obstacles et des différentes réactions qui peuvent entraver l'exploration méthodique. La pierre reconnue, il faudra la mesurer et apprécier sa densité ; aucune opération ne doit être entreprise sans la connaissance exacte de toutes ces données.

Nous avons longuement détaillé la manière dont on devait examiner les calculeux ; les différents temps de la manœuvre sont motivés par l'existence de complications fréquentes du côté de l'appareil urinaire. C'est parce que l'urètre peut être trop étroit, trop irritable, qu'il faut y faire passer des bougies ; c'est parce que le col de la vessie et la portion profonde du canal peuvent être le siége d'altérations pathologiques, qu'il faut explorer ces parties d'une manière particulière, etc., etc. Mais, nous devons bien l'avouer, toutes ces précautions sont d'autant moins utiles, que les organes sont dans des conditions voisines de l'état physiologique. L'absence de lésions s'observe dans le jeune âge, et ce n'est qu'avec les années que surviennent les complications organiques ; c'est pourquoi lorsqu'on traite des petits enfants, chez lesquels les manœuvres sont toujours difficiles, il faut, dès la première séance, débuter par l'introduction d'une sonde métallique. Nul doute que pour les adolescents comme pour un grand nombre d'adultes, la conduite à tenir ne puisse être analogue, mais il vaut toujours mieux pécher par un excès de prudence et commencer par les bougies.

Dans le sexe féminin, les lésions de l'urètre et du col de la vessie sont tellement rares, qu'on peut introduire la sonde métallique sans exploration préalable. A ce sujet, nous présenterons une remarque : on a constaté, et avec raison, combien sont peu fréquents, pour la femme, les accidents fébriles qui succèdent aux manœuvres pratiquées sur les voies urinaires ; mais l'imagination s'en mêlant, on a dit que la portion spongieuse de l'urètre était l'origine de ces réactions, qui devaient nécessairement faire défaut chez la femme, elle qui n'a que la région membraneuse du canal. On a été trop loin, et si les accidents ne sont pas fréquents, ils ne s'en

présentent pas moins dans quelques circonstances difficiles à spécifier. J'ai observé des accès de fièvre en
opérant une dame à laquelle j'ai pratiqué la lithotritie
avec succès. J'ai également constaté ces troubles après
des tentatives nombreuses et infructueuses faites dans
le but d'extraire une aiguille qui s'était incrustée dans
la vessie d'une jeune fille. En somme, si la manœuvre
est simple chez la femme, elle exige néanmoins de la
prudence et de la douceur de main. On ne saurait trop
le répéter, avec une extrême lenteur on obtient, dans
la pratique des maladies des voies urinaires, des succès
qui sont parfois surprenants, et qui seraient moins rares
si tout le monde procédait ainsi.

DEUXIÈME PARTIE

La thérapeutique de la pierre est certainement la question la plus grave, la plus difficile et la plus importante que nous devions résoudre. Nous arriverons à la conclusion suivante : Le traitement médical a peu ou pas d'importance relativement à la cure de l'affection calculeuse de la vessie ; il faut autant que possible employer la lithotritie, mais dans un bon nombre de cas il est sage et parfois absolument nécessaire de recourir à une autre opération que nous proposons d'appeler la *lithotritie périnéale*. Cette conclusion générale devra nécessairement surprendre bien des personnes ; mais on verra, en lisant notre travail, que c'est successivement, et en nous basant sur l'observation clinique et sur l'expérimentation cadavérique, que nous sommes arrivé à rejeter presque absolument la cystotomie. Toutefois, et en attendant la sanction de tous les chirurgiens, nous avons exposé les seuls procédés de taille dont l'emploi nous a paru le plus justifié. Il serait superflu, et en dehors du but pratique que nous désirons atteindre, d'exposer les innombrables opérations de lithotomie proposées à diverses époques, et qui, pour la plupart, n'appartiennent plus qu'à l'histoire de l'art.

Cette deuxième partie du traité pratique, consacrée tout entière à la thérapeutique de la pierre, comprendra quatre sections, savoir :

1° La lithotritie.

2° La taille.

3° La lithotritie périnéale.

4° Le traitement médical de la pierre.

Nous n'avons pas cru devoir faire un parallèle entre les diverses manières de traiter les calculeux. Cette discussion a pu présenter de l'intérêt à une autre époque, mais actuellement elle n'a pas de raison d'être ; nous en savons assez pour faire à chaque opération la part qui lui revient. Dans notre manière de voir, tous les efforts doivent tendre aujourd'hui, à déposséder de plus en plus la taille, qui désormais ne doit plus être qu'une méthode d'exception.

SECTION PREMIÈRE.

DE LA LITHOTRITIE.

Lorsqu'on a saisi entre les mors d'un lithoclaste un calcul renfermé dans la vessie, le projet suivant se présente naturellement à l'esprit : — réduire le corps étranger en petits fragments, puis en poussière, afin d'en obtenir l'expulsion par les efforts de la miction. — L'opération qui a pour but la destruction mécanique de la pierre par les voies naturelles porte le nom de *lithotritie*. Cette manière de traiter les calculeux, dont on retrouve les vestiges dans les livres les plus anciens, et en particulier dans la chirurgie d'Albucasis, a été régulièrement appliquée vers 1824 ; toutefois ce n'est que depuis 1832, époque où l'on proposa les instruments courbes, que cette opération est entrée définitivement dans la pratique générale.

La lithotritie, comme méthode de traitement des calculeux, comprend : 1° l'étude des instruments et le manuel opératoire, lithoclastie (de λίθος, pierre, et κλάειν, rompre, écraser) ; 2° l'application du broiement dans les cas simples et dans les cas compliqués. Nous aurons donc à étudier une question de pure médecine opératoire, puis à résoudre un problème important de chirurgie clinique.

CHAPITRE PREMIER.

DE LA LITHOCLASTIE, OU MANUEL OPÉRATOIRE DU BROIEMENT DE LA PIERRE VÉSICALE.

Ce chapitre comprendra : 1° la situation qu'il faut donner au malade et celle que doivent occuper le chirurgien et ses aides ; 2° l'étude des instruments ; 3° la préhension et la fragmentation de la pierre, c'est-à-dire le manuel opératoire proprement dit.

§ 1er. — Situation des malades, du chirurgien et des aides.

Saisir la pierre et la morceler paraît chose très-élémentaire; il y a cependant dans cette manœuvre plus d'une difficulté. La moindre faute, la plus petite négligence, peuvent rendre la recherche longue, douloureuse, et par conséquent compromettre le résultat. La lithotritie est certainement une opération simple, mais tous les temps qui la constituent doivent être exécutés avec une entière régularité; le succès est sous la dépendance presque absolue de la manœuvre, bien plus que dans la plupart des autres opérations chirurgicales. L'importance du sujet comportant les détails les plus élémentaires, nous nous y arrêterons un instant.

Lorsqu'on sonde un malade, et à plus forte raison quand on explore le réservoir urinaire au moyen du brise-pierre, il faut tenir compte de la position du sujet; bien des fois, en modifiant l'attitude, on a pu introduire un instrument qui rencontrait un obstacle absolu au col de la vessie. Voici quelle doit être la situation des calculeux lorsqu'on veut pratiquer la lithoclastie.

Le malade est étendu sur son propre lit; on place sous le sacrum un coussin résistant, dont la présence a pour résultat de mettre le périnée sur un plan élevé et plus accessible; alors rien n'est plus facile que d'abaisser le pavillon des instruments lorsque le moment en est venu. Les jambes et les cuisses sont placées dans une flexion très-légère, et l'on fait en sorte que les deux talons arrivent au contact. Le tronc est horizontal et la tête modérément élevée. Il est bon que le malade soit un peu incliné sur le côté droit, c'est-à-dire vers l'opérateur. Tout dans cette position doit être combiné pour que le patient se fatigue peu, pour que les besoins d'uriner ne soient pas provoqués par la pression des viscères sur le réservoir, et enfin pour que la partie la plus déclive de la vessie se trouve en regard de l'orifice interne de l'urètre. Le chirurgien se place à la droite du malade; il faut s'assurer que la hauteur du lit est en proportion avec la taille de l'opérateur: plus ce dernier est à l'aise, plus la manœuvre s'exécute facilement. L'aide principal se tient à la droite du chirurgien, vers les pieds du patient. Une petite table supporte les cuvettes, l'eau tiède, un corps gras et les instruments.

§ II. — Des instruments.

Déjà, à plusieurs reprises, nous avons parlé de l'instrument qui sert à détruire les calculs. Pour ne rien préjuger, c'est sous le nom de *brise-pierre* que nous le désignerons. Il existe un grand nombre de ces lithotriteurs qui varient avec les inventeurs, et suivant même les fabricants d'instruments de chirurgie; la variété de ces lithoclastes est si considérable, qu'on éprouve de prime abord, un certain embarras dans le choix de celui qui doit être employé. Nous n'avons nullement l'intention de faire l'énumération, et encore bien moins la critique, de tous les brise-pierre qui encombrent l'arsenal de la chirurgie; nous nous contenterons de décrire l'instrument qui nous paraît le plus convenable, celui que nous employons habituellement.

Le brise-pierre a des dimensions qui varient suivant les cas, mais sa forme est toujours la même. Il est constitué de deux parties : une branche femelle, dans laquelle glisse, mais sans frottement, la branche mâle. Ces deux pièces se composent d'une portion droite qui est la plus longue, elle a environ 30 centimètres, et d'une portion courbée sur la première, qui constitue le bec, c'est-à-dire la partie importante de l'instrument. Les deux segments du brise-pierre doivent former entre eux un angle déterminé; nous avons déjà dit quelques mots à ce sujet lorsque nous avons décrit la sonde exploratrice. Une courbure trop faible ne permet pas de saisir solidement le calcul ; une inclinaison à angle droit rend l'introduction de l'instrument douloureuse, difficile et quelquefois dangereuse. La figure n° 2 fera mieux comprendre que la description, la disposition qui favorise le mieux les manœuvres de la lithotritie, ainsi que la conformation générale des brise-pierre.

L'extrémité de la branche femelle doit être plate et les bords qui la contournent assez élevés pour que dans le rapprochement des deux pièces, l'une soit exactement embrassée par l'autre. Lorsque l'instrument est fermé, ces deux portions ne font qu'un seul tout parfaitement uni, mais il faut faire en sorte qu'il existe un espace de 1 millimètre dans l'intervalle qui sépare le contour de

la branche mâle du rebord de la branche femelle. Il
suffit, pour obtenir ce résultat, de donner à la première
pièce un peu moins de largeur qu'à la seconde. Les

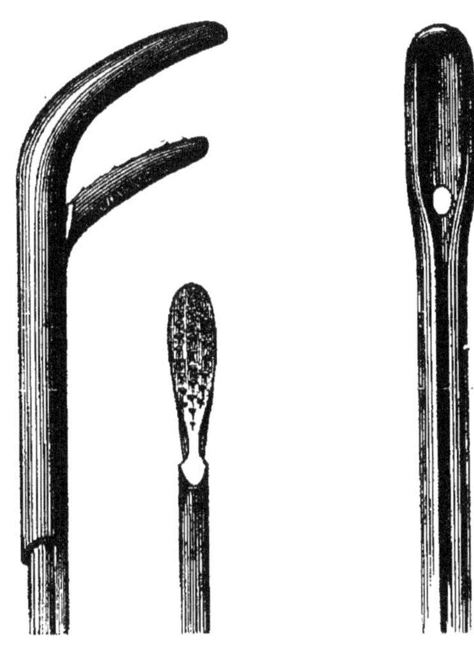

Fig. 2.

faces qui se correspondent ne doivent pas être confor-
mées de la même manière : la branche femelle doit
avoir une surface lisse ne présentant aucune aspérité ;
vers son talon il existe une petite fenêtre ovalaire qui
laisse échapper le détritus calculeux. La branche mâle,
au contraire, est surmontée de petites saillies angu-
laires qui facilitent son action sur la pierre. Enfin, on
y remarque un coin qui correspond à la fenêtre ménagée sur l'autre pièce.

Il résulte de toutes ces dispositions, et c'est là ce qu'on
doit demander à un bon instrument, que lorsque les

deux branches sont en contact, il ne peut rester dans la cuiller qu'une quantité insignifiante de débris calculeux. En effet, la branche femelle n'a pas de cavité où puisse s'accumuler le détritus ; elle ne présente pas d'aspérités qui puissent retenir ce même détritus, et la petite quantité de pierre qui peut s'interposer entre les deux mors s'échappe latéralement, grâce à l'intervalle qui a été ménagé de chaque côté de la pièce mâle.

Le bec du brise-pierre doit être le plus large possible ; il faut qu'il soit camard, suivant l'expression consacrée. Cette grande largeur facilite beaucoup la préhension du calcul et nuit bien peu à l'introduction de l'instrument. Nous avons dit que les deux tiges devaient glisser l'une dans l'autre et sans frottement ; si la branche mâle déborde légèrement la gouttière que lui présente la branche femelle dans sa portion droite, il peut en résulter une difficulté. En effet, pendant la manœuvre, le col se contracte sur l'instrument, mais son action, en se concentrant sur la branche femelle, lorsque le lithotriteur est bien exécuté, ne s'oppose pas au va-et-vient de la branche mâle dans sa canule. Si, au contraire, cette branche fait une saillie, alors elle subit seule l'action du col vésical, et sa locomotion se trouve très-manifestement gênée. Il suffit de signaler cette imperfection pour qu'elle soit évitée.

A l'extrémité externe des brise-pierre se trouve le système si bien combiné de l'écrou brisé, qui, seul, doit être employé comme moyen de fixer la pierre et de faciliter l'action de la vis. C'est au niveau du pavillon que se rencontre encore une graduation qui permet de mesurer l'écartement des deux branches, et, par conséquent, les différents diamètres d'un calcul. La figure 3 ci-jointe nous dispense d'une description plus étendue.

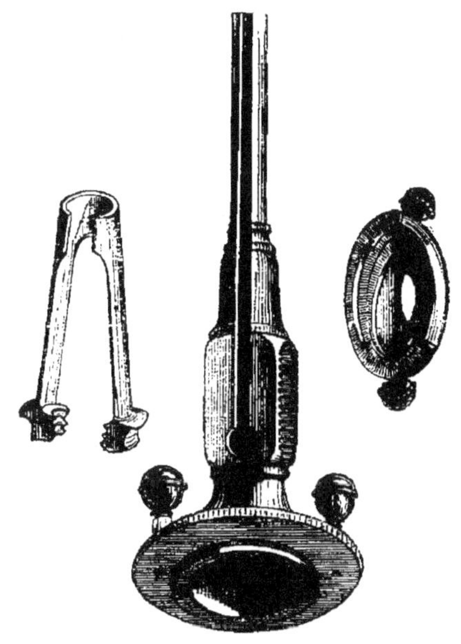

Fig. 3.

Il ne faudrait pas croire qu'il suffit d'avoir un brise-pierre pour pratiquer la lithotritie : nous avons indiqué quelles sont les conditions que doit réunir un lithoclaste pour constituer un bon instrument, il nous faut actuellement entrer dans quelques détails. Prenez les livres classiques, consultez les catalogues des fabricants, vous verrez que pour faire l'opération, il faut un lithotriteur, mais on n'ajoute pas qu'il est nécessaire d'en avoir plusieurs pour mener le plus souvent à bonne fin le broiement d'un calcul, et surtout on ne dit nulle part quelles doivent être

DOLBEAU. 7

les dimensions des divers lithoclastes. Chez les fabricants, il y a des brise-pierre de grosseurs différentes, des numéros correspondent à chacun d'eux ; mais en y regardant d'un peu près, on voit qu'il y a des variétés pour le même numéro ; il en résulte une confusion et surtout un embarras extrême pour le jeune praticien qui veut composer son arsenal. Nous avons fait un choix parmi tant de spécimens, et nous avons constitué une série de brise-pierre répondant à tous les besoins de la pratique. Contenter tous les opérateurs serait chose difficile, mais notre propre expérience nous permet d'affirmer qu'avec les instruments que nous allons indiquer, on pourra toujours faire la lithotritie, si toutefois on désire rester dans les limites de la prudence.

Les deux points importants pour la formation d'une série de brise-pierre sont : 1° les dimensions du bec de l'instrument, en longueur et en largeur ; 2° les dimensions en diamètre de la canule, c'est-à-dire la grosseur de la tige de la branche femelle, vers la partie moyenne de son étendue.

Il faut pour pratiquer la lithotritie six instruments : Le premier est le brise-pierre explorateur ; il sert, ainsi que son nom l'indique, pour faire les recherches nécessaires au diagnostic de la pierre, pour les explorations terminales et même pour détruire les très-petits calculs. Cet instrument, qui sera le zéro de notre série, doit avoir un bec assez large relativement à la canule ; cette dernière présentera un très-petit diamètre. Voici les mesures que nous recommandons :

Diamètre de la canule............   5 millim.
Largeur du bec.............. ..   8   —
Longueur du bec.............. .. 20   —

L'explorateur peut, à la rigueur, ne point être pourvu d'un écrou brisé, mais il est préférable d'avoir l'instrument complet. La figure n° 4 montre le bec du zéro dessiné grandeur naturelle.

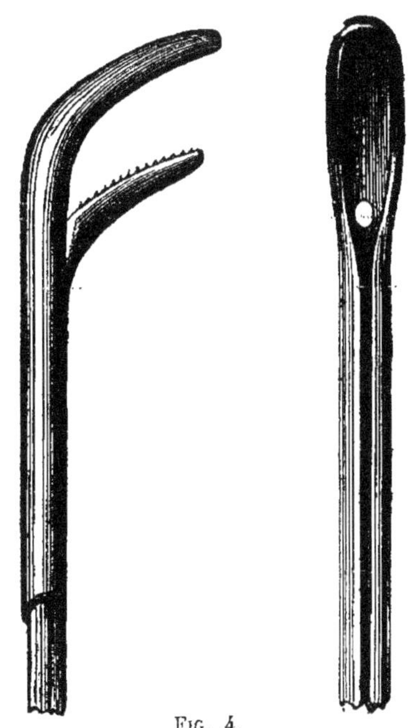

FIG. 4.

Le deuxième lithoclaste, c'est-à-dire celui qu'on emploie pour les pierres moyennes de 1 à 3 centimètres a : plus, porte le n° 1 ; il diffère peu du précédent. Voici quelles sont les dimensions qu'il faut lui donner (voy. fig. 2) :

Diamètre de la canule. ....   6 millim.
Largeur du bec.................   8   —
Longueur du bec...............   24   —

Le n° 1 est l'instrument ordinaire, mais pour les

gros calculs il faut un brise-pierre plus volumineux, le n° 2 (voy. fig. 5) ; enfin, pour quelques cas exceptionnels de pierres grosses et dures, on emploie l'instrument fenêtré, le n° 3 (voy. fig. 6). Voici les diamètres qu'il faut donner à ces deux derniers instruments : nous y joignons les figures grandeur naturelle.

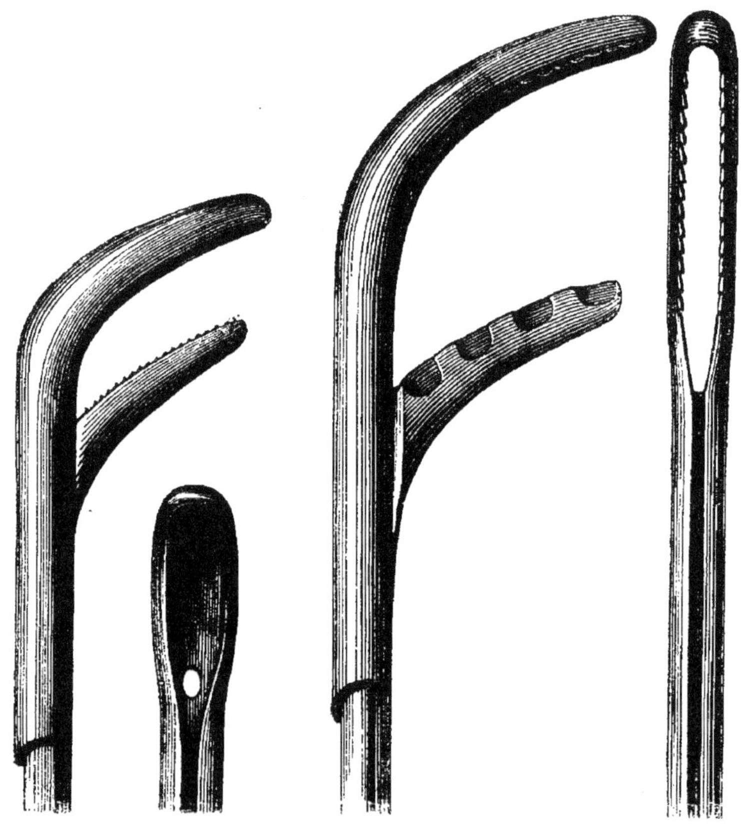

FIG. 5 et 6.

N° 2. Largeur de la canule............   7 millim.
     Largeur du bec....................   10 —
     Longueur du bec...................   30 —
N° 3. Largeur de la canule............   7 millim.
     Largeur du bec....................   8 —
     Longueur du bec...................   37 —

Il nous reste à donner les dimensions de deux autres lithoclastes : l'un est le brise-pierre urétral (voy. fig. 7), l'autre le brise-pierre pour enfants ; leur tige a une longueur de 20 à 22 centimètres.

Brise-pierre urétral.

Largeur de la canule. . . . .   4 millim.
Largeur du bec.   5   —
Longueur du bec.   8   —

Brise-pierre d'enfant.

Largeur de la canule. . . . .   5 millim.
Largeur du bec.   6   —
Longueur du bec.   18   —

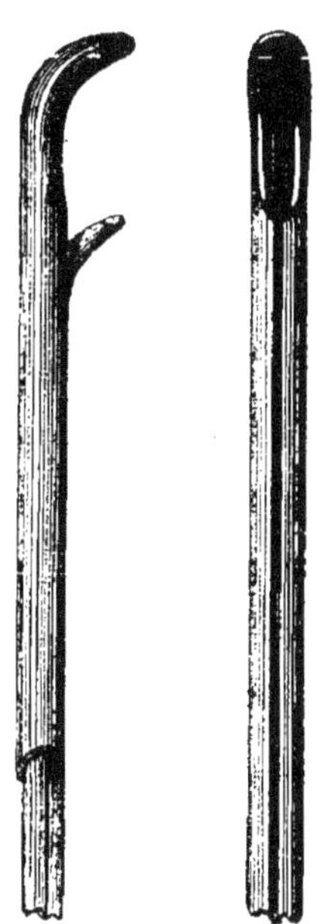

Fig. 7.

En résumant les détails qui précèdent, on peut dresser le tableau suivant qui montre la série de brise-pierre telle que nous l'employons. Ces instruments sortent des ateliers de notre habile fabricant M. J. Charrière.

Tableau d'une série de brise-pierre.

Numéros.	Noms.	Largeur du bec.	Longueur du bec.	Largeur de la canule.
0	Explorateur...	8	20	5
1	Ordinaire	8	24	6
2	Gros........	10	30	7
3	Fenêtré......	8	37	7
»	Urétral......	5	8	4
»	D'enfant.	6	18	5

Pour compléter l'appareil instrumental de la lithotritie, il faut encore une bonne seringue à anneaux en melchior, une grosse sonde métallique de 8 millimètres, dite sonde évacuatrice, et au besoin une sonde à double courant.

§ III. — Préhension et fragmentation de la pierre, manuel opératoire.

Au moment d'introduire un brise-pierre dans la vessie, le chirurgien doit choisir, dans la série, celui dont les dimensions sont le plus propices au cas particulier. Plus l'instrument présentera un moindre volume, plus la manœuvre sera simple ; c'est donc sur les diamètres présumés de la pierre qu'on doit se guider. Au moyen du cathétérisme, un chirurgien expérimenté peut savoir si la pierre est très-petite ou très-grosse : Pour les petites concrétions, c'est l'instrument *zéro*, le brise-pierre explorateur qu'il faut introduire ; pour les grosses, c'est le n° 2. Dans les cas douteux, c'est-à-dire le plus fréquemment, c'est le n° 1 dont il faut se servir. A la première séance il peut arriver, et il arrive souvent que l'instrument n'est pas proportionné au calcul ; c'est ainsi qu'une grosse pierre ne peut être saisie par le lithoclaste explorateur, ni par le n° 1. Il ne faudrait pas se troubler par cet insuccès momentané ; en effet, la première tentative n'a d'autre but que de fixer le chirurgien sur le volume exact du corps étranger. Si donc le calcul ne peut être saisi par l'instrument ordinaire n° 1, c'est que ses dimensions sont grandes : on est renseigné, et à la séance suivante, il faudra employer un gros lithoclaste. Au contraire, quand la pierre est moyenne, on réussit à la mesurer avec le petit instrument, de sorte que l'exploration devient nécessairement la première séance de lithotritie.

Avant de faire pénétrer un brise-pierre jusque dans la vessie, il faut, au préalable, distendre modérément ce réservoir au moyen d'une injection d'eau tiède : à cet effet on pratique le cathétérisme, on laisse écouler une portion de l'urine contenue, tout en constatant de nouveau la présence du calcul ; puis on pousse l'injection légèrement, en ayant soin de s'arrêter à une certaine limite. C'est le chirurgien lui-même qui devra faire agir le piston de la seringue, lui seul sait apprécier les obstacles que pourrait rencontrer l'introduction. La résistance éprouvée par la main qui presse, le besoin exprimé par le malade de rendre les urines sont, dans ces conditions, les meilleurs signes de la réplétion suffisante du réservoir où va se passer la manœuvre ; on comprend donc qu'il soit impossible de confier prudemment à un aide cette partie de l'opération.

Le chirurgien, placé à la droite du malade, fait pénétrer l'instrument comme nous l'avons déjà indiqué

pour le cathétérisme avec la sonde à petite courbure. Nous rappellerons seulement que c'est grâce à
un mouvement combiné d'abaissement et de propulsion que le brise-pierre peut entrer dans la vessie.
Lorsque la manœuvre est bien exécutée, on s'aperçoit
sans peine que l'extrémité courbe est arrivée jusque
dans la poche urinaire ; il n'y a plus de résistance, et
l'on peut faire exécuter au brise-pierre des mouvements de latéralité. A ce moment, il faut abandonner
le lithoclaste et se renseigner sur certaines dispositions qui ne sont pas sans influence sur l'opération et
sur ses résultats divers.

Si les organes sont sains, la tige de l'instrument sera
exactement parallèle au plan du lit ; au contraire, dans
les engorgements du col de la vessie, l'extrémité externe
du brise-pierre sera relevée vers le ventre, en même
temps qu'elle se déviera soit d'un côté, soit de l'autre.
Ces notions acquises, on fixe la branche mâle avec le
pouce et les premiers doigts de la main droite ; puis la
main gauche, saisissant la partie cubique de la tige
femelle, pousse cette dernière en avant, c'est-à-dire
vers la paroi postérieure de la vessie, et détermine ainsi
entre les deux mors un écartement de 4 centimètres
environ. Il faut alors rechercher la pierre en faisant
exécuter à l'instrument de petits va-et-vient qui en
portent l'extrémité, soit à gauche, soit à droite, ce qui
s'obtient en imprimant à la rondelle des quarts de
mouvement de rotation autour de son axe.

Très-souvent, disons-le, on tombe spontanément sur
le calcul, mais, dans quelques cas, la recherche présente

de notables difficultés. Quoi qu'il en soit, lorsque la pierre et l'instrument se trouvent en contact, on doit s'assurer que le talon du lithoclaste correspond à la face antérieure du rectum, c'est-à-dire que le bec regarde vers le sommet de la vessie. A ce moment, il faut rapprocher lentement les branches afin de saisir le calcul; si ce résultat n'est pas obtenu, on peut en conclure que l'écartement n'a pas été suffisant; on devra donc le modifier et de nouveau répéter la manœuvre.

Il n'y a pas que l'exiguïté de la pince qui puisse s'opposer à ce que la pierre soit saisie; d'autres circonstances peuvent encore faire échouer le chirurgien. Si le bec de l'instrument regarde directement en haut, le rapprochement des branches peut avoir pour résultat le refoulement du calcul contre la paroi correspondante de la vessie, soit à gauche, soit à droite. Pour réussir, il faudra donc incliner la rondelle du lithoclaste du côté de la concrétion; mais un nouvel écueil doit alors être indiqué : si la rotation est trop considérable, la portion courbe du brise-pierre sera à plat, et, en se rapprochant, les deux mors, au lieu de saisir le calcul, le soulèveront sans le fixer. Rien n'est plus facile que d'éviter cette faute, une très-légère inclinaison convient dans la plupart des cas.

La pierre peut être située à gauche ou à droite de la vessie, mais il est plus aisé d'opérer de ce dernier côté. Il suffit ordinairement d'abaisser le bassin du malade légèrement vers l'opérateur, pour que le corps étranger se place dans la situation que nous venons d'indiquer. Si, comme cela s'observe, la pierre occupait quand même le côté gauche de la vessie, il faudrait tourner l'instrument dans cette direction ; le manuel s'exécuterait toujours de la même manière.

En résumé, voici en quoi doit consister la manœuvre : une fois l'instrument ouvert, si l'on touche un corps dur, on rapproche les branches ; si, au contraire, on arrive jusqu'à la paroi postérieure sans rien sentir, on incline légèrement le bec, soit à droite, soit à gauche, et l'on ferme le lithoclaste aussitôt que celui-ci se trouve en contact avec la concrétion.

Ce qui précède s'applique aux petits calculs et à ceux dont les dimensions sont moyennes. Lorsque la pierre est grosse, ou bien lorsque la capacité du réservoir est relativement petite, il faut agir un peu différemment. Dans ces conditions, l'instrument, en franchissant le col, rencontre immédiatement le corps étranger ; on doit alors, avant d'ouvrir le lithoclaste, incliner légèrement son extrémité vers la partie gauche de la vessie, puis pousser la branche femelle en arrière le plus loin possible ; cela fait, on reporte le bec de l'instrument qui est ouvert, de la partie gauche vers la partie droite, au moyen d'un mouvement de rotation sur l'axe, et l'on peut ainsi parvenir à fixer le calcul. La manœuvre que nous venons d'indiquer a pour but d'insinuer la branche femelle en arrière de la pierre, tout en contournant la paroi gauche de la vessie ; la branche mâle restant immobile.

Le plus ordinairement, c'est du rapprochement simultané des deux mors du forceps que résulte la préhension du calcul ; pour les cas de grosses pierres, c'est la branche mâle qui seule doit progresser. Dans quelques circonstances exceptionnelles, lorsque la pierre s'engage dans le col de la vessie, la branche mâle reste alors fixe, tandis que la branche femelle, devenue postérieure, doit s'avancer sur la concrétion pour la saisir d'arrière en avant.

Habituellement, pendant tout le temps qu'on opère, le lithoclaste est presque constamment horizontal; son bec regarde, soit à gauche, soit à droite. Il résulte de ces conditions du manuel que si, par suite d'une hypertrophie de la prostate ou à cause de la présence d'une tumeur, la pierre se trouvait située dans une dépression du bas-fond de la vessie, elle serait inaccessible à l'instrument, surtout si les mors de ce dernier étaient courts. Dans ces circonstances, il faut tourner le bec complétement en bas; la branche mâle s'applique alors contre le col de la vessie, et c'est encore la branche femelle qui s'empare, en quelque sorte, du calcul par une progression d'arrière en avant. Ce mouvement de rotation est toujours difficile et douloureux, il doit donc être exécuté avec beaucoup de soin, en même temps qu'on abaisse le pavillon du lithoclaste.

Dans tout ce qui précède, on a pu voir que les manœuvres de la lithotritie doivent consister à aller prendre la pierre là où elle se trouve, et non pas à modifier la situation du calcul pour le faire tomber entre les branches de l'instrument.

Il est nécessaire maintenant de revenir un peu sur le temps de l'opération qui a pour but de fixer la pierre. Nous l'avons dit, et nous ne saurions trop le répéter, il faut rapprocher lentement les deux mors du lithoclaste. En effet, avec de l'habitude, on s'aperçoit bientôt si la muqueuse ou des productions organiques viennent s'interposer, et l'on évite très-facilement de confondre les parties molles. On doit aller doucement, sentir ; mais si, à la suite d'une manœuvre bien faite, on constate que la concrétion seule est engagée, il faut alors rapprocher les deux branches l'une vers l'autre par un petit mouvement brusque qui ne permettra pas au calcul de s'échapper.

La pierre saisie, on peut tenter de l'écraser de la manière suivante : Pendant que de la main gauche on tient immobile la branche femelle, on prend avec l'index et le médius de la main droite la rondelle de cette même branche, en même temps qu'on place dans la paume de la main l'extrémité de la tige mâle ; il suffit alors d'un simple mouvement de flexion alternatif des doigts vers le creux palmaire pour que la pierre soit éclatée.

Ce procédé est surtout d'un emploi commode lorsqu'il s'agit d'écraser des fragments de calcul. Ordinairement il vaut mieux, lorsque le corps étranger se trouve bien engagé entre les deux mors du forceps, le fixer définitivement en faisant tourner l'écrou ; on peut alors abandonner l'instrument, constater que son extrémité vésicale est parfaitement mobile, et que, par conséquent, la pierre a été seule saisie ; c'est aussi dans ce moment qu'on doit consulter l'échelle pour déterminer le diamètre de la concrétion. Ces renseignements obtenus, on fait marcher la vis, et l'on écrase le calcul. Si ce dernier est dur, il résiste d'abord, puis, le plus ordinairement, il éclate, et l'instrument se trouve libéré, ce dont on s'aperçoit à la facilité qu'on éprouve à mouvoir la vis. D'autres fois la pierre moins dense s'écrase, et sa substance se tasse à mesure que les deux branches du lithoclaste se rapprochent; il en résulte qu'à un certain moment les mors sont remplis et écartés par une partie du détritus. Si l'on en restait là, il y aurait ce qu'on appelle engorgement; il serait dangereux d'extraire ainsi le lithotriteur. Du reste, le brise-pierre est construit de telle manière, qu'il suffit d'une manœuvre simple pour le dégorger; voici en quoi elle consiste : on serre fortement la vis, puis on la desserre; ensuite on lui fait exécuter plusieurs tours alternatifs de va-et-vient. Tous ces mouvements, exécutés avec une grande rapidité et répétés un certain nombre de fois, permettent finalement de rapprocher les branches presque au contact.

Pour terminer ce qui a rapport aux manœuvres de la lithotritie, il faut retirer l'instrument avec lenteur; puis introduire la grosse sonde, évacuer le contenu de la vessie, pousser fortement une nouvelle injection, et enlever la sonde en laissant dans la cavité une petite quantité de liquide. Cette injection, qui a pour but d'expulser les fragments calculeux, doit être faite d'une certaine manière : on ne doit pas pousser du premier coup tout le contenu de la seringue; on en injecte un tiers, puis on laisse sortir le liquide, et alors on recommence. L'entrée et la sortie alternatives de l'eau déterminent des contractions énergiques de la poche urinaire, qui se débarrasse ainsi des débris qu'elle pouvait contenir. Nous ne saurions conseiller d'exécuter cette dernière manœuvre pendant la station debout; il y aurait dans cette pratique plus d'inconvénients que d'avantages réels.

CHAPITRE II.

DE L'APPLICATION DE LA LITHOTRITIE DANS LES CAS SIMPLES.

Lorsque l'exploration méthodique aura permis de constater l'existence d'une ou plusieurs pierres dans le réservoir de l'urine, le traitement de l'affection se réduira à faire disparaître les corps étrangers. Si les différents temps de cette exploration ont pu s'exécuter sans rencontrer de complications, le dernier terme de toutes ces recherches sera l'engagement d'une concrétion entre les deux branches du lithoclaste. On comprend tout de suite qu'il y a nécessairement des pierres dont le volume considérable ne permettra pas l'application de la méthode; mais, sans nous arrêter à ces faits, qui rentrent dans la catégorie des cas compliqués, nous supposerons que le calcul puisse être saisi et que sa consistance ne soit pas au-dessus de la puissance des instruments usuels.

L'introduction du lithoclaste doit être présentée aux malades comme une tentative destinée à mesurer la pierre et à en reconnaître la densité. Dans cette première séance, deux circonstances peuvent se rencontrer : 1° la pierre est très-petite; 2° elle est grosse, quoique ne surpassant pas l'étendue qui existe entre les deux mors de l'instrument. Dans le premier cas, on rapproche les deux branches, et l'on écrase le calcul. Cette simple manœuvre suffit quelquefois à procurer une guérison complète et immédiate.

La conduite diffère pour les calculs plus volumineux, c'est-à-dire pour ceux du deuxième groupe. Le plus ordinairement on fixe la pierre, et, par la pression de la main, on estime quelle est la dureté du calcul; si celle-ci est faible, la fragmentation s'opère; si elle est considérable, on s'arrête. Dans tous les cas, la séance doit être très-courte, mais elle aura été suffisante pour compléter le diagnostic. On peut calculer quelles seront la durée probable, la facilité de la lithotritie; on sait si l'opération est inapplicable; en un mot, on a tous les éléments du pronostic.

Cette première séance d'exploration est d'ordinaire, quand elle est habilement conduite, peu douloureuse; l'instrument rapporte le plus souvent quelques débris qui sont montrés au malade, ce qui suffit pour convaincre ce dernier de l'existence de la pierre. Le patient prend courage, en même temps qu'il juge de la nature de l'épreuve à laquelle il doit être soumis. Cela fait, il faut attendre pour savoir quels seront les résultats de cette tentative.

L'opération, toute simple qu'elle est en apparence, peut avoir des conséquences sérieuses. A ce moment on ignore quel sera le degré de réaction des organes, et s'arrêter, c'est se placer dans les meilleures conditions pour observer et pour décider la conduite ultérieure. Disons donc quelles sont les suites possibles et probables de cette première recherche ; on comprendra par la suite pourquoi il faut rejeter une manœuvre qui consisterait à broyer complétement la pierre en une séance unique et prolongée.

Après une exploration avec le lithoclaste, on remarque assez souvent une légère réaction générale, et quelquefois un véritable accès de fièvre. Du côté de la vessie, les choses sont variables : on constate un peu plus de fréquence dans le besoin d'uriner, et la miction s'effectue avec une somme de douleurs qui n'est pas toujours la même ; les urines, quelquefois teintes de sang, redeviennent bientôt normales.

Les différents phénomènes généraux et locaux qui succèdent à l'application de lithotritie varient beaucoup, et cette opération expose à des accidents qu'il n'est pas toujours facile de prévoir. L'accès fébrile peut être nul ou se montrer avec une violence qui soit capable de compromettre la vie du malade. La vessie présentera une réaction faible, ou bien elle se contractera avec une violence considérable et déterminera alors des douleurs qui pourront être atroces. Enfin, dans quelques circonstances rares, insolites, on a observé une véritable hémorrhagie vésicale. Le plus souvent, il faut bien le dire, quand on a procédé avec soin et sans négliger aucune des précautions que nous avons indiquées, tout se passe bien, et la fragmentation du calcul est suivie d'un soulagement notable, quoique inexpliqué. La clinique démontre cependant qu'il existe des cas insidieux où, quelque prudence qu'on ait apportée, il y a une réaction formidable : or, comme on ne peut jamais prévoir si l'on aura affaire à l'un de ces derniers cas, il faut toujours se comporter avec une extrême prudence. Plus la manœuvre sera longue, plus la recherche sera douloureuse, plus les accidents seront à craindre; on devra donc, autant que possible, simplifier la première séance.

Il y a quelques soins qu'on doit donner au malade, ou plutôt il y a certaines règles à suivre en vue des circonstances qui peuvent se présenter. Il est assez dans les habitudes de faire prendre un bain immédiatement après l'opération, beaucoup de malades s'en trouvent bien. Cependant on a remarqué qu'assez souvent l'accès de fièvre se déclarait pendant que le patient était dans l'eau; c'est une raison, suivant nous, pour remettre au lendemain l'emploi de ce moyen. Nous conseillons de lithotritier les calculeux environ deux heures après la sortie du bain; l'opération terminée, on appliquera sur le bas-ventre et sur le périnée de larges cataplasmes émollients; on administrera une infusion de tilleul ou de thé léger, et, quelques heures plus tard, on permettra un peu de bouillon. Dans le cas où la fièvre surviendrait, il faudrait favoriser la transpiration par tous les moyens usités en pareil cas; en effet, l'expérience a démontré que, lorsque l'accès a son cours régulier et qu'il se termine par une sueur abondante, ordinairement il ne se reproduit pas. On devra recommander au malade d'éviter tous les efforts, qui auraient pour résultat de favoriser l'engagement des fragments calculeux dans le col vésical; il faudra donc lui prescrire de n'uriner que dans la position horizontale et de faciliter ses garderobes au moyen de lavements émollients.

Au bout de vingt-quatre ou trente-six heures, tout est rentré dans l'ordre, et bientôt pourra se faire la deuxième opération. Dans les cas simples et par prudence, on doit mettre quatre ou cinq jours d'intervalle entre les séances. Lorsqu'on opère le malade pour la deuxième fois, celui-ci se trouve habituellement dans des conditions plus favorables : il a d'abord la connaissance de ce qui doit se passer, les dispositions morales sont donc meilleures; on agit dans une vessie moins irritable; enfin la pierre étant fragmentée, on en trouve plus facilement une des portions, et, comme il n'est pas besoin d'obtenir un grand écartement des branches du brise-pierre, la manœuvre est moins douloureuse. Il résulte de tout ceci que la deuxième séance doit être plus simple et plus fructueuse que la première; l'expérience démontre qu'elle est suivie d'une réaction presque nulle.

Tous les temps de la lithoclastie doivent s'exécuter avec précaution; mais, si le chirurgien en a l'habitude, aucun d'eux ne doit être inutile. Il en résulte qu'en fort peu de temps et sans provoquer trop de douleurs, on peut détruire une notable quantité de la pierre. La durée moyenne de chaque séance doit être de quatre à cinq minutes environ.

La destruction complète d'un calcul s'obtient après un nombre variable d'opérations; plus on avance, plus la manœuvre est simple, et mieux elle est supportée. Les précautions à prendre deviennent presque insignifiantes; on peut rapprocher l'époque des séances et même en prolonger la durée de quelques minutes. A mesure que les symptômes pénibles de la pierre disparaissent, le sommeil revient, l'appétit se régularise, et l'on assiste à un tableau vraiment plein d'attraits : on voit un malade dont la santé s'améliore rapidement en même temps que le moral se transforme ; le calculeux, triste, préoccupé au début, devient successivement moins soucieux, puis d'une joie parfaite.

Pendant la durée de la cure, il y a quelques modifications à la manière de faire, et qui ne sont pas sans utilité. L'instrument employé primitivement doit être changé contre un de dimension plus petite ; l'introduction du brise-pierre et la manœuvre sont ainsi plus faciles, sans que pour cela le résultat ait à en souffrir. Lorsque les malades ont déjà subi plusieurs séances, on les engage à conserver leur urine pour le moment de l'opération ; cette précaution permet de supprimer le cathétérisme avec la sonde, ainsi que l'injection préalable.

Quand on est arrivé à la fin du traitement, l'instrument cesse de rencontrer des débris calculeux ; on n'est cependant pas autorisé à conclure qu'il n'y a plus de pierre. Il faut, pour se prononcer sur la guérison, multiplier les moyens de recherches, car on ne doit pas oublier que tous les symptômes de la maladie pourraient avoir disparu, quoique la vessie renfermât encore un ou plusieurs fragments.

Les explorations terminales s'effectuent avec le *zéro*, le réservoir urinaire étant modérément distendu. Si l'on ne trouve rien, on fait deux ou trois injections coup sur coup avec de l'eau fraîche, on provoque ainsi des contractions et l'on arrive à déplacer un fragment qui passait inaperçu. En cas d'insuccès et pour terminer, on devra exécuter l'exploration la vessie étant presque vide ; mais on comprend tout de suite combien cette dernière recherche doit être faite avec lenteur et ménagements. Une petite modification du brise-pierre permet à volonté la sortie du liquide, il en résulte qu'on peut commencer l'opération avec la vessie remplie, et la continuer pendant tout le temps que s'écoulera l'injection ; la manœuvre s'exécute ainsi dans toutes les conditions que présente successivement le viscère. On fera bien de multiplier ces explorations à des intervalles plus ou moins rapprochés, et ce n'est qu'après plusieurs tentatives restées sans résultat qu'on pourra affirmer que la guérison sera complète.

La durée du traitement par la lithotritie est infiniment variable, elle est subordonnée au nombre des séances nécessaires à la destruction complète de la pierre. Le volume du calcul et sa densité ont ici une grande importance ; la réaction qui suit chacune des opérations permet de rapprocher les séances, ou bien elle oblige à les éloigner de plus en plus ; autant de raisons qui empêchent de fixer le terme de la maladie. Enfin, dans quelques cas, les troubles successifs déterminent un ébranlement qui exige qu'on suspende indéfiniment, ou qu'on ait recours à la taille.

Les grosses pierres ont été considérées comme au-dessus des ressources de la lithotritie ; elles coïncident ordinairement, mais pas toujours, avec des lésions vésicales et des complications de différentes natures. Il y a des calculs dont les dimensions sont telles, que les plus grands instruments ne peuvent les embrasser ;

le plus souvent alors la taille seule peut délivrer les malades. Cependant, dans quelques cas heureux, on a réussi à appliquer la lithotritie : en effet, lorsque le calcul n'est pas dur, on peut, non pas le saisir, mais le prendre incomplétement, l'écorner, comme on dit ; de cette façon on parvient quelquefois, avec beaucoup de patience, et surtout, s'il ne se développe pas d'accidents, à détruire une pierre que l'instrument ne pouvait comprendre entre ses branches. C'est dans ces cas difficiles où le chirurgien doit mettre en œuvre toute son habileté et toute sa sagacité.

La multiplicité des concrétions est encore un grave obstacle à l'application de la lithotritie ; mais ce serait à tort qu'on formulerait d'une manière absolue, qu'un malade atteint de pierres multiples ne peut en être débarrassé par la méthode du broiement. Comment, dans ces conditions, juger du mode de traitement qui doit être appliqué ? Il faut, qu'on nous permette l'expression, tâter les individus. On se comportera comme s'il n'y avait qu'une seule pierre, et si l'on parvient à broyer la première sans déterminer des accidents sérieux, on continuera l'œuvre de destruction. La science renferme un certain nombre d'observations qui démontrent qu'on a pu faire disparaître jusqu'à cent calculs contenus dans la même vessie. Ces résultats heureux exigent, pour se produire, des sujets qu'on pourrait appeler de choix ; c'est en opérant qu'on peut seulement les reconnaître, mais il faut savoir, en cas d'insuccès, prendre à temps une détermination de laquelle dépend le salut du malade.

L'extrême dureté des concrétions est une des contre-indications les plus positives au broiement. On a multiplié les instruments et les machines pour triompher de cet obstacle, mais ces tentatives ont si souvent été suivies d'accidents, que la prudence exige qu'on y renouce. La percussion seule peut être appliquée, dans quelques cas favorables, chez des sujets jeunes et dont les organes sont sains; mais il est vrai d'ajouter que, dans ces circonstances, la taille se présenterait avec des chances presque aussi nombreuses de succès. En présence d'un calcul saisi, et qui résiste à l'action de la vis, on doit essayer de le fragmenter en percutant légèrement à coups petits et multipliés; mais si le corps étranger ne cède pas, il est inutile d'insister.

On peut avec de l'habileté, du bonheur quelquefois, guérir par la lithotritie, des malades qui avaient une grosse pierre, des concrétions multiples, ou une pierre très-dure, etc.; mais il est juste de dire que, dans ces conditions, ce serait aux dépens de la méthode qu'on appliquerait le broiement. Il serait même plus rationnel, si l'on était toujours libre de choisir, de débarrasser les individus par la taille, ou mieux encore, par la lithotritie périnéale, ainsi que nous l'exposerons dans un chapitre à part.

L'observation suivante a trait à l'un des plus beaux résultats que puisse donner la lithotritie, et cependant il eût peut-être été plus sage d'y renoncer. On verra qu'il est question de pierres multiples et dures, compliquées de lésions vésicales; l'opération a été difficile, elle a souvent été entravée par des accidents sérieux.

Observation Ire. — *Calculs multiples d'oxalate de chaux ;
valvule du col. Vingt séances de lithotritie ; accidents
divers. Guérison après un traitement de six mois.*

S..., âgé de dix-neuf ans, journalier, d'une position
peu aisée, n'a pas de parents qui aient eu la pierre ; il a
un frère qui se porte bien. Il rapporte qu'à l'âge de
dix ans il commença à souffrir en urinant : les douleurs
allèrent en augmentant, elles survenaient après la miction, et se continuaient ensuite pendant une demi-
heure. A plusieurs reprises les urines ont été rendues
mélangées avec du sang. Au mois d'octobre 1862,
S..., ignorant la nature de son mal, fit le voyage de
Marseille à Paris pour trouver du travail. Les fatigues
de ce déplacement augmentèrent de beaucoup les accidents, et, vaincu par la douleur, le malade se présenta
à la consultation de l'hôpital Saint-Louis, où je le fis
admettre dans le service que je dirigeais.

Le lendemain, je commençai l'exploration méthodique par l'introduction de bougies molles ; il fut facile
de constater que le canal était libre, mais que le méat
présentait un peu d'étroitesse. Quelques jours plus tard
je fis pénétrer une sonde à petite courbure ; le cathétérisme fut facile, quoique assez douloureux ; au col de la
vessie je rencontrai un obstacle brusque, qui fut franchi en abaissant le pavillon de la sonde, c'était une
barrière musculaire. L'instrument arrivé dans la vessie,
je constatai que le réservoir de l'urine était petit, irré-

gulier, et qu'il renfermait un corps étranger dur et rugueux. Le diagnostic fut ainsi formulé : calcul d'oxalate de chaux, avec plusieurs complications organiques (valvule urétro-vésicale, étroitesse du méat, vessie sensible et anfractueuse).

La grande jeunesse du malade me fit hésiter à pratiquer la taille, tout en reconnaissant que cette grave opération offrait, à cet âge, beaucoup de chances de succès, tandis que la lithotritie était peu indiquée dans un cas aussi complexe.

Je résolus de tenter le broiement, bien décidé que j'étais à tailler le sujet, si des accidents inquiétants se montraient.

Une première difficulté se présentait, c'était les obstacles existant aux deux orifices de l'urètre. Le méat fut débridé au moyen de l'urétrotome à bascule, et nous essayâmes la dépression de la barrière par le passage des sondes d'étain. En quelques jours le cathétérisme devint plus facile, quoique la bougie fît toujours un saut brusque en arrivant jusque dans la vessie.

Vers la fin d'octobre eut lieu la première séance de lithotritie ; elle fut simple, peu douloureuse et très-courte. En deux minutes je pus saisir, avec l'instrument n° 1, une pierre de 3 centimètres et demi, et constater qu'elle n'était pas seule. La pression de la vis fit éclater le calcul, dont la densité était considérable ; enfin quelques débris démontrèrent que c'était bien l'oxalate de chaux qui entrait dans la composition du corps étranger.

Cette première séance ne fut suivie d'aucun accident, et quelques jours après je fis une deuxième opération.

La manœuvre fut cette fois plus longue, et le malade rendit de nombreux fragments calculeux; on nota un peu de douleur, mais pas de réaction générale. Tout alla bien jusque vers la sixième séance : ce jour-là, S.... souffrit beaucoup, et ne permit pas de continuer l'opération. A la suite de cette tentative, on observa tous les signes d'une cystite, mais pas d'accès de fièvre. Je pensai alors à faire la taille, mais le malade refusa. Le repos, les bains, les émollients, les opiacés en lavements, furent employés sans beaucoup de succès. Après trois semaines, les accidents ayant diminué, la lithotritie fut reprise. L'introduction du brise-pierre fut alors très-difficile; une contracture du col de la vessie nous fit regretter de n'avoir pas incisé la barrière vésicale, au début du traitement. Cette nouvelle séance fut pénible, mal supportée, et les jours suivants quelques fragments s'engagèrent dans le col, où ils déterminèrent de vives douleurs. Une autre séance fut accompagnée de l'inflammation du testicule droit.

A partir de ce moment, c'est-à-dire vers le milieu de décembre 1862, tout traitement fut suspendu; mais les accidents généraux faisant défaut, je ne crus pas devoir tailler ce pauvre garçon, qui avait déjà tant souffert, et dont la vie n'était pas absolument menacée.

Un mois plus tard, l'état du malade était bien meilleur : l'appétit et le sommeil étaient revenus, les douleurs vésicales étaient moins vives, et les besoins d'uriner moins fréquents. La lithotritie fut reprise et menée à bonne fin; mais ce fut seulement à la vingtième séance que l'instrument cessa de rencontrer des fragments. Des explorations variées ont permis d'affirmer que la vessie ne contenait plus rien. Du reste, à sa sortie, 20 avril, S... ne souffrait plus, et conservait ses urines quatre heures. Malgré ce résultat heureux, il faut dire que l'opération fut toujours difficile et douloureuse; le malade souffrait tellement, que les séances étaient nécessairement très-courtes, et par conséquent peu productives. Une seule chose nous a soutenu dans cette entreprise, que souvent nous avons regrettée, jamais l'opéré n'a eu un seul accès de fièvre.

Cette observation montre ce que peut la lithotritie lorsqu'on l'applique avec prudence; nous avons détruit ainsi, au moins trois pierres grosses et dures, malgré un obstacle au col vésical, et dans une vessie anfractueuse. Cependant il est résulté pour nous de ce fait que, malgré le succès, la tentative était trop hasardeuse, et que nous nous exposions à provoquer des accidents très-redoutables. En pareille circonstance, il serait peut-être plus sage de recourir tout de suite à la cystotomie, ou mieux à la lithotritie périnéale.

Jusqu'ici nous avons toujours supposé que la lithotritie était appliquée dans des organes sains; la grosseur du calcul, la densité et la multiplicité des pierres ont été les seules difficultés matérielles du traitement. Nous avons étudié la lithotritie pour la série des cas simples, c'est-à-dire favorables à la destruction de la pierre, quoique à des degrés différents; il reste à traiter de l'application de la méthode pour les cas compliqués. Dans ces circonstances particulières, le broie-

ment est environné de difficultés multiples et quelquefois insurmontables; mais nous démontrerons que cette
opération, toute difficile qu'elle est, demeure, dans
certains cas, la seule applicable; que plus d'une fois
elle soulage et guérit même des individus, auxquels
la taille n'offrirait que des chances de mort.

CHAPITRE III.

DE LA LITHOTRITIE DANS LES CAS COMPLIQUÈS.

§ 1er. — De la lithotritie chez les individus atteints de rétrécissements de l'urètre.

Le début de l'exploration méthodique est fréquemment entravé par une étroitesse plus ou moins considérable du canal de l'urètre. Dans ces cas, le passage répété
de bougies, dont les dimensions vont en augmentant,
permet le plus souvent d'arriver à une dilatation suffisante pour l'introduction de la sonde métallique. Mais,
la pierre constatée, il faut, avant de songer à la lithotritie, obtenir un élargissement du canal tel, que la
pénétration du lithoclaste soit assez facile. Tout ceci
est de la plus parfaite évidence, car ce qui précède se
réduit à dire que, pour pratiquer le broiement de la
pierre, il faut que l'urètre soit perméable aux instruments lithotriteurs. Cependant on n'a pas craint de
formuler que les rétrécissements étaient une contre-

indication absolue à l'application de la méthode. L'expérience a fait justice de ces objections peu fondées; la clinique a fait voir que, même dans les cas les plus compliqués, on finissait par guérir les malades. Ordinairement la dilatation lente et successive suffit; d'autres fois, il faut, pour rendre à l'urètre ses dimensions normales, avoir recours à l'urétrotomie.

L'observation nous a démontré qu'on réussissait très-bien dans ces circonstances ; seulement il faut agir avec une extrême prudence, car on doit toujours craindre que les accidents qui peuvent résulter des manœuvres sur l'urètre, venant à s'ajouter à ceux qui sont la conséquence de la pierre elle-même, forment un total qui entraînerait un ébranlement au-dessus des forces de l'organisme.

Il y a une disposition assez fréquente du méat qui, tout en permettant le passage des grosses sondes, est souvent un obstacle à la sortie du brise-pierre renfermant encore quelques débris calculeux. La distension brusque de l'orifice externe de l'urètre donnant lieu à des accidents, il est toujours sage de le débrider, lorsqu'il présente même un léger degré d'étroitesse.

On pense généralement que la dilatation par les bougies, successivement plus volumineuses, suffit pour obtenir un élargissement du méat; il n'en est rien cependant. Cette étroitesse de l'orifice antérieur de l'urètre tient à une disposition individuelle; c'est, en quelque sorte, un vice de conformation, et la dilatation est insuffisante pour rendre au canal des dimensions convenables. On arrive, il est vrai, à introduire de force des bougies volumineuses au travers du rétrécissement, mais la manœuvre est extrêmement douloureuse; de plus, l'orifice revient sur lui-même, et à la séance suivante les difficultés sont semblables. En agissant ainsi, on fait endurer au malade des douleurs inutiles, et souvent accompagnées d'accidents.

L'obstacle doit être détruit par l'incision; règle générale, le débridement du méat doit précéder l'exploration méthodique de l'appareil urinaire, et en constituer, en quelque sorte, le temps préliminaire. Cette petite opération est des plus simples; elle peut être faite de bien des façons, mais on doit donner la préférence au procédé qui a été indiqué par Civiale. Pour pratiquer ce débridement, on prend un instrument qui a la forme d'un lithotome caché; la gaîne est droite, et l'urétrotome se découvre par un mouvement de bascule; un mécanisme très-simple permet de graduer la saillie de la lame, et par conséquent l'étendue de l'incision qui devra être faite.

La manœuvre est encore plus simple que l'instrument qu'elle nécessite. Le chirurgien saisit la verge de la main gauche, entre le pouce et l'index, de manière à présenter le méat directement en avant; de la main droite il introduit l'urétrotome à la profondeur de 2 à 3 centimètres; la bascule est en bas, et le dos de l'instrument correspond à la face supérieure du canal. Cela fait, on découvre lentement la lame, on la maintient immobile, et l'on tire brusquement à soi, en ayant soin que la gaîne soit toujours en rapport avec la face supérieure de l'urètre. De cette façon, on fait une incision dont les dimensions sont réglées à l'avance, et l'opération s'exécute avec une simplicité et une rapidité telles, que le malade se doute à peine de ce qui vient d'être fait.

Le débridement du méat s'accompagne d'un écoulement sanguin, ordinairement de peu d'importance, quoique, dans quelques cas, il ait pris par son abondance et sa persistance tous les caractères d'une véritable hémorrhagie. Dans les jours qui suivent, il faut s'opposer à la cicatrisation des lèvres de l'incision par le passage de corps dilatants.

Avant d'appliquer la lithotritie chez les individus atteints de rétrécissements, il faut que le canal ait recouvré ses dimensions; de plus, on doit avoir rendu aux tissus indurés le plus de souplesse possible. En effet, il ne s'agit pas seulement du passage des instruments, il faut songer à l'expulsion des fragments calculeux, et craindre leur arrêt dans l'une des portions de l'urètre. Les rétrécissements du canal sont assez souvent suivis ou accompagnés de désordres du côté des fonctions de l'appareil : on observe l'inertie plus ou moins complète de la vessie, avec ou sans hypertrophie des parois de l'organe ; la membrane muqueuse est souvent épaissie ; l'urine renferme une notable proportion de matière catarrhale. Lorsque la pierre, qui est souvent la conséquence de tous ces désordres, est constatée par la sonde, il faut, dans l'application du traitement, tenir grand compte de toutes les complications, ainsi que nous le dirons dans la suite.

L'observation suivante démontrera comme quoi la

lithotritie peut guérir les malades chez lesquels toutes ces difficultés se trouveraient réunies.

OBSERVATION II. — *Pierre phosphatique de 3 centimètres et demi de diamètre, molle; catarrhe purulent; rétrécissement de toute la portion spongieuse de l'urètre; étroitesse considérable du méat. Urétrotomie, lithotritie, guérison.*

M. X..., âgé de cinquante-six ans, bien constitué, mais profondément amaigri par des souffrances qui remontent à plusieurs années, nous fut adressé dans le courant de février 1862 par M. le docteur Duchesne, qui nous a assisté, ainsi que son fils, pendant toute la durée du traitement.

X... donne les renseignements suivants sur l'histoire de sa maladie. Étant jeune, il a eu plusieurs blennorrhagies qui ont duré fort longtemps et dont la guérison n'a jamais été bien parfaite; il s'est marié, n'a point eu d'enfant. Depuis plusieurs années, il est sujet à des souffrances dans les organes urinaires.

Il a suivi divers traitements du ressort de la médecine. Depuis bien longtemps, ses urines laissent déposer une quantité variable de mucus; il y a sept à huit mois que les douleurs sont devenues beaucoup plus **vives**. L'amaigrissement très-prononcé, et surtout l'impossibilité d'exécuter le moindre mouvement sans souffrir, ont déterminé le malade à se faire soigner.

Voici quel était l'état dans lequel se trouvait X... au début du traitement : amaigrissement notable, appétit faible, digestions bonnes, constipation habituelle, pas de fièvre, mais grand affaiblissement ayant pour cause de vives souffrances et la perte de tout sommeil. Le jour et la nuit, le malade urine à chaque instant; la miction est difficile et s'accompagne de douleurs dans toute l'étendue du canal.

On procède immédiatement à l'exploration des parties. On constate : 1° une étroitesse considérable du méat; 2° une grande rigidité de toute la portion spongieuse de l'urètre, qui laisse passer avec peine une bougie de 3 millimètres de diamètre; les urines déposent considérablement et exhalent une odeur très-fétide.

Le traitement suivant fut aussitôt mis en usage : purgatif, lavements deux fois le jour, bains, et dilatation avec les bougies molles.

Après dix jours, on constate que l'urètre est toujours dans le même état, quoique la miction soit plus facile; on introduit alors une petite sonde d'argent, qui fait reconnaître l'existence d'un calcul dans la vessie. On continue la dilatation pendant une semaine encore; mais le canal étant demeuré étroit et roide, il est décidé qu'on aura recours : 1° au débridement du méat; 2° à une incision interne pratiquée dans toute l'étendue de la portion spongieuse de l'urètre. Cette double opération fut exécutée sans trop de difficulté, et, séance tenante, on put placer dans la vessie une sonde de 6 millimètres. Les jours suivants, il n'y eut pas de fièvre, et l'on reprit la dilatation au moyen des grosses sondes d'étain. En l'espace de quinze jours, on arriva au passage facile du n° 46, c'est-à-dire près de 7 millimètres.

Les résultats de cette première partie du traitement furent une diminution notable dans les douleurs et dans la fréquence des besoins d'uriner ; la miction s'effectuait alors sans trop d'efforts et en quantité plus abondante. Quelques injections d'eau tiède furent faites dans la vessie, pendant plusieurs jours de suite, puis je commençai la lithotritie. Cette nouvelle opération fut simple ; elle n'eut de remarquable que la présence, à la surface de la concrétion, d'un enduit muqueux qui fit hésiter un instant à écraser la pierre, dans la crainte qu'il n'y eût entre les branches de l'instrument une production organique. Six séances furent nécessaires pour délivrer le malade, et, pour terminer plus vite, on eut recours à l'extraction directe des derniers fragments calculeux. A mesure que l'on avançait vers la guérison, on remarquait une amélioration extrêmement rapide de la santé générale, ce qui coïncidait avec la suppression des douleurs et le retour du sommeil.

Le dépôt des urines alla sans cesse en diminuant, et la vessie, presque inerte au début, reprit en partie ses fonctions, sous l'influence des manœuvres et des injections froides. Nous avons engagé le malade à continuer les injections, et nous lui avons prescrit de boire un peu d'eau de Contrexéville.

Les rétrécissements de l'urètre s'accompagnent, dans quelques cas, de fistules siégeant au périnée ; il n'est pas très-rare de voir des individus, placés dans de semblables conditions, arriver à ne plus uriner que par les orifices anormaux ; la partie antérieure du canal est devenue imperméable même aux bougies les plus ténues. Certains de ces malades peuvent avoir la pierre, et chez eux le calcul est ordinairement la conséquence des troubles dans la miction. On a proposé et exécuté la lithotritie à travers les voies accidentelles que parcourait l'urine ; on faisait la dilatation préalable de l'un des trajets fistuleux. Dans des circonstances semblables, et en supposant que les accidents permissent de temporiser, car autrement il faudrait tailler les malades, nous croyons qu'il serait préférable de rétablir d'abord la continuité du canal, pour pratiquer ensuite le broiement de la pierre par les voies naturelles.

Les cas auxquels nous faisons allusion sont, du reste, extrêmement complexes; on ne peut tracer de règles bien fixes, il faut laisser à la sagacité du chirurgien le soin de modifier son intervention, suivant les différentes complications qui peuvent résulter des conditions anatomiques présentées par les organes urinaires. Ainsi, sans rejeter d'une manière absolue la lithotritie pratiquée par des voies accidentelles, nous croyons devoir poser en principe de rétablir la liberté de l'urètre comme opération préliminaire au broiement des calculs. Nous prenons acte des heureux résultats obtenus, car si la lithotritie peut être menée à bonne fin en introduisant le brise-pierre par un trajet anormal, on peut en conclure que le morcellement de la pierre s'effectuera au moins aussi facilement par une boutonnière établie régulièrement au périnée. La lithotritie par les conduits fistuleux devient, par conséquent, un argument en faveur de la lithotritie périnéale ; nous nous expliquerons plus tard à ce sujet.

§ II. — De la lithotritie dans les cas de lésions du col de la vessie et de la partie profonde de l'urètre.

La pierre coïncide fréquemment avec des altérations de l'orifice interne de l'urètre et de la partie profonde de ce canal; ces lésions sont souvent la cause des formations calculeuses. On se rappelle, en effet, que nous avons fait jouer un grand rôle aux obstacles que peut rencontrer l'urine, pour expliquer le développement de la pierre vésicale. Dans bien des cas, cependant, c'est l'existence du corps étranger qui donne lieu aux modifications organiques. Quoi qu'il en soit, que les altérations soient primitives ou secondaires, le calcul coexiste souvent avec diverses complications qui sont : 1° une très-grande sensibilité de la portion membraneuse de l'urètre et du col de la vessie, avec spasme et quelquefois même contracture des fibres circulaires qui enveloppent l'orifice interne et la portion du canal qui lui fait suite ; 2° les valvules musculaires et prostatiques du col de la vessie; 3° les affections de la prostate.

Ces différentes lésions, qui ne sont peut-être que les divers degrés d'une même maladie, ont pour conséquence immédiate la difficulté dans l'introduction des instruments, et une gêne plus ou moins notable à l'émission de l'urine. Il faut nous arrêter sur ces complications, dire comment on doit essayer d'en triompher, et, en un mot, poser les indications de la lithotritie dans ces cas difficiles.

L'accroissement de la sensibilité avec spasme de la partie profonde de l'urètre se traduit par des envies fréquentes d'uriner, et, dans ces circonstances, l'émission du liquide s'accompagne de douleurs souvent cruelles au commencement et à la fin de la miction. Enfin, lorsque le bec de la sonde exploratrice arrive au niveau de la courbure du canal, elle provoque une sensation que les malades comparent à la brûlure. Ce symptôme va sans cesse en augmentant d'intensité à mesure que l'algalie pénètre plus avant, et son maximum s'observe au niveau de l'orifice interne de l'urètre.

Cette affection très-commune, et qui a été désignée sous des noms bien divers : névralgie du col de la vessie, spasme, contracture, etc., est très-assimilable à une autre maladie bien connue, la fissure à l'anus. Lorsqu'elle est récente, on en triomphe facilement; mais, plus tard, elle s'accompagne d'une rigidité du col et de la partie membraneuse, lésions très-difficiles à faire disparaître.

Dans les cas où ce genre de complication coïnciderait avec la présence d'un calcul dans la vessie, il ne faudrait pas songer à entreprendre la lithotritie avant d'avoir triomphé des obstacles. La dilatation successive de la partie profonde de l'urètre est le moyen presque unique de faire cesser le spasme. Les cathéters d'étain ont, dans ces cas, un avantage réel; ces instruments sont préférables à tous les autres, ils existent en série graduée, et leur introduction est plus facile, car leur résistance permet de triompher de la rigidité du canal. On doit arriver progressivement, et sans provoquer trop de douleur, à introduire un cathéter de 8 et 9 millimètres.

Cette dilatation est assez pénible, mais ordinairement le passage successif de ces bougies d'étain finit par émousser la sensibilité du canal et par faire cesser l'élément spasmodique; dans d'autres cas moins favorables, ces manœuvres provoquent des accidents, les accès de fièvre se succèdent, et les envies d'uriner, au lieu de devenir plus rares, augmentent de fréquence.

Nous avons dit que la dilatation était le seul moyen de rendre la lithotritie possible dans ces circonstances. En effet, tous les médicaments sont sans influence sur cette complication; l'opium, la belladone, les sangsues, les douches, les balsamiques à haute dose, échouent presque constamment. La conséquence qu'on doit tirer de tout ceci, c'est qu'il faut agir avec une extrême précaution : avec de la lenteur et de la patience, la dilatation pourra donner d'excellents résultats; mais employée sans ménagement, cette manœuvre déterminerait des accidents, et ainsi disparaîtrait la seule ressource capable de triompher des obstacles. La taille, malgré sa gravité, deviendrait alors le seul moyen curatif de l'affection calculeuse.

Nous avons dit que le spasme des parties profondes du canal s'accompagnait quelquefois de la rigidité des parois de l'urètre. Dans ces conditions, les contractions incessantes de la vessie donnent naissance au soulèvement du rebord postérieur du col de la vessie, c'est-à-dire à ces valvules dont la présence est parfois si gênante pour l'introduction de la sonde de trousse.

Dans quelques cas, il se forme des replis plus épais que les précédents, et ceux-ci renferment une certaine proportion d'éléments prostatiques; mais la présence de ces barrières, qu'elles soient musculaires ou glandulaires, entraîne toujours les mêmes difficultés dans le cathétérisme. Les bougies molles, les algalies ordinaires, pénètrent assez bien, mais plus la courbure du bec de l'instrument est brusque, plus l'introduction en est gênée. C'est même pour cette raison que les sondes dites coudées sont les plus propices pour constater la présence des valvules; en effet, c'est en présentant leur talon que ces instruments franchissent le col de la vessie.

La lésion que nous venons de mentionner, le développement extrême de la barrière urétro-vésicale, entraîne quelquefois une conséquence fâcheuse, c'est l'impossibilité absolue d'introduire un instrument à courbure brusque, et par conséquent un brise-pierre. Nous avons vu des chirurgiens les plus exercés aux manœuvres de la lithotritie échouer complétement dans des cas analogues. Ainsi il peut exister des valvules qui s'opposent absolument à l'introduction des instruments courbes; mais, le plus souvent, le cathétérisme est encore possible, tout en s'accompagnant de difficultés très-notables. Voici comment il faut procéder : l'instrument parvenu au niveau de l'obstacle, on abaisse lentement son extrémité externe; le talon s'élève alors, et finit par franchir le repli. On conçoit que l'inclinaison considérable

du pavillon de la sonde s'accompagne de tiraille-
ments et de pressions en sens inverse sur les parois du
canal, et qu'il en résulte, comme conséquence forcée,
de la douleur et souvent de la fièvre. Dans ces conditions, la lithotritie peut devenir impossible, surtout si
les séances devaient être nombreuses, et si chacune
d'elles s'accompagnait d'une réaction qui, en s'ajoutant
à celle des séances précédentes, déterminerait un ébranlement au-dessus des ressources de l'organisme. Outre
ces inconvénients graves, les barrières urétro-vésicales
ont encore le triste privilége de mettre un obstacle à la
sortie de l'urine, et, par conséquent de s'opposer à
l'expulsion des fragments calculeux ; nouvelle circonstance qui peut contre-indiquer l'emploi de la lithotritie.

De ce qui précède on peut conclure, en théorie du
moins, que l'indication, dans les cas spéciaux que nous
étudions, serait de faire précéder la lithotritie de la
destruction des obstacles que nous avons mentionnés.
Cependant l'expérience a démontré surabondamment
que ce n'est pas sans danger qu'on incise la partie profonde de l'urètre, et qu'on excise les valvules du col de
la vessie ; ces opérations entraînent presque fatalement
des accidents locaux et généraux dont l'intensité varie
beaucoup. Dans les cas où, par sa présence, le calcul
détermine les douleurs de la dysurie, avec un léger
mouvement fébrile, il y aurait, suivant nous, un immense inconvénient à compliquer la situation par les
accidents probables d'une opération préliminaire, aussi
n'hésitons-nous pas à la proscrire dans toutes ces circonstances. Si au contraire la pierre ne s'accompagne

pas de réaction bien notable, on peut faire précéder le broiement de la destruction des brides qui existent au col de la vessie. Il est bon d'ajouter que, dans ces conditions favorables, on ferait tout aussi bien de franchir les obstacles, de se dispenser d'exciser la barrière et de ne pas faire l'urétrotomie.

Pour nous résumer, voici quelle doit être la conduite du chirurgien, eu égard à l'application de la lithotritie dans les cas de valvules du col. Il faut commencer par dilater la partie profonde de l'urètre au moyen des bougies d'étain ; leur introduction est assez facile, et permet d'opérer le plus souvent la dépression de la barrière urétro-vésicale. Si ces tentatives déterminent de la réaction, il faudra tailler le malade ; si au contraire tout se passe bien, l'introduction des grosses bougies sera de plus en plus facile, et la lithotritie pourra être employée. Enfin l'excision de la valvule, comme opération préliminaire, devra être pratiquée très-exceptionnellement, c'est-à-dire dans les cas où, en l'absence de toute réaction du côté de la pierre, la barrière serait le seul obstacle à l'application de la lithotritie.

Quoi qu'il en soit, le broiement des calculs sera, dans ces circonstances, une opération délicate qui demandera à être conduite avec beaucoup de prudence et de ménagements ; l'évacuation des fragments devra être favorisée par des injections multipliées, et c'est dans ces cas que la sonde à double courant pourrait trouver son application. Ajoutons que si la pierre était grosse, il y aurait contre-indication absolue.

Parmi les obstacles à la lithotritie qui peuvent avoir

leur siége vers l'orifice interne du canal, il faut noter les
maladies de la prostate. Ces affections coexistent fréquemment avec les calculs de la vessie, et l'on peut dire que les
indications de la lithotritie, dans les cas de maladies de
cette glande, sont le problème le plus difficile peut-être
qu'on ait à résoudre pour l'appréciation du mode de
traitement applicable aux calculeux.

Une des conséquences les plus immédiates de l'hypertrophie de la prostate (la seule affection de cet
organe dont il puisse être question ici), c'est une
gêne plus ou moins considérable au cours de l'urine.
Ces troubles de la miction entraînent à leur suite des
phlegmasies chroniques de la vessie, et souvent même
des maladies du rein ; autant de causes d'insuccès pour
les opérations même faciles à exécuter.

Le réservoir de l'urine se vide mal, son bas-fond se
déprime, et au lieu de se trouver sur la même ligne
que l'orifice interne de l'urètre, il forme quelquefois
une cavité considérable au-dessous et en arrière du
col vésical. C'est dans cette espèce de loge que vient se
cantonner la pierre ; il en résulte de très-grandes difficultés pour saisir le calcul avec le lithoclaste, et même
pour en faire l'extraction dans les cas où l'on pratiquerait la taille périnéale ; les tenettes courbes ont dû
leur origine à l'existence de cette condition spéciale.

Les différentes tuméfactions qui portent sur la prostate tout entière ou sur l'un de ses lobes, peuvent
déterminer une série d'obstacles à l'introduction des
instruments jusque dans la vessie. Il suffit de rappeler :

1° La déviation du canal par le développement de

l'un des lobes latéraux, déviation qui, dans quelques cas peut être double; 2° la formation des tumeurs de l'orifice interne de l'urètre tenant à l'hypertrophie de la portion sus-montanale de la prostate, et quelquefois de l'un de ses lobes latéraux. Lors donc qu'on tentera le broiement de la pierre dans ces cas compliqués, il faudra compter sur un cathétérisme toujours difficile, et craindre les réactions que peuvent entraîner des manœuvres exécutées dans des organes qui ne sont plus sains et chez des individus dont la santé peut être plus ou moins altérée. Pour toutes ces raisons, la lithotritie devrait théoriquement être rejetée dans les cas d'engorgement considérable de la prostate ; mais, si l'on songe combien, dans les mêmes conditions, la taille offrirait peu de chances de réussite, on sera encore tenté de recourir au broiement. Nous ne voulons pas parler des sollicitations des pauvres patients, qui forcent souvent la main à l'opérateur.

Nous l'avons déjà dit, la conduite du chirurgien est ici pleine d'incertitude; il n'existe pas de règles positives, et cependant il faut intervenir le plus souvent. Dans ces circonstances, on doit pour ainsi dire tâter les malades : après quelques jours employés à passer des bougies et à faire des injections avec de l'eau tiède, on introduira l'instrument, et l'on se contentera de saisir la pierre. Si la recherche est difficile, il ne faudra pas insister ; si au contraire le calcul peut être fixé, et qu'il ne soit pas gros, on le morcellera. Dans tous les cas, les suites de cette manœuvre, toujours très-courte, montreront si l'on doit continuer la lithotritie.

Ce qu'il faut savoir, et ce qu'on ne pourrait trop répéter, c'est que, dans ces conditions, la manœuvre est toujours difficile, toujours douloureuse. Quant au degré de réaction, l'expérience seule peut nous l'apprendre, et une première tentative doit nécessairement être faite, d'autant plus que, suivant nous, on ne doit pas pratiquer la taille sans avoir préalablement mesuré la pierre. Si cette recherche préliminaire est simple, pourquoi ne pas essayer du broiement?...

Si au contraire l'instrument se dévie en entrant dans la vessie; si, pour saisir le calcul, il faut porter le bec en bas, derrière le col; si enfin la concrétion est grosse et dure, les indications de la taille sont alors trop évidentes; à moins que, instruit par la clinique, le chirurgien sache repousser toute opération, pour avoir simplement recours au traitement palliatif.

Règle générale, toutes les fois qu'on aura affaire à des grosses pierres ou à des pierres multiples, il nous paraît plus sage de renoncer à la lithotritie, si la prostate est notablement engorgée.

§ III. — De la lithotritie dans les cas d'affection de la vessie.

Les différentes maladies de la vessie peuvent compliquer de bien des manières l'application de la lithotritie; et, dans ce qui va suivre, il sera bon de se rappeler que les diverses lésions que nous étudierons successivement, loin d'exister indépendamment les unes des autres, se trouvent le plus souvent réunies. Si nous les avons séparées, c'est dans le but d'en faciliter l'exposition.

Lorsque nous avons mentionné les perturbations qui accompagnent la présence de la pierre, nous avons fait remarquer que la vessie des calculeux pouvait présenter des états fort différents : chez les uns, l'organe se contracte continuellement, reste sans cesse appliqué sur la pierre, et subit une hypertrophie aux dépens de sa cavité ; chez les autres, le réservoir urinaire, après avoir lutté, semble s'être fatigué, et bientôt il présente une dilatation qui va croissant. Dans ces conditions si opposées, les malades conservent néanmoins la faculté de rendre leurs urines ; mais, dans une catégorie qui doit être placée à part, le réservoir ne se débarrasse plus de son contenu. D'autres circonstances entraînent encore avec elles l'inertie de la vessie ; la pierre en est souvent la conséquence, mais, dans tous ces cas, le traitement du calcul se trouve influencé par cette complication grave.

Outre les trois états que nous venons de rappeler, il faut encore mentionner que la pierre peut occuper une vessie déformée, présentant des cellules, ou renfermant des tumeurs dont la constitution anatomique varie. Nous aurons donc à étudier successivement l'application de la lithotritie : 1° dans les cas de racornissement de la vessie avec hypertrophie des parois ; 2° dans les cas de dilatation de la vessie avec amincissement des parois ; 3° dans les cas de paralysie de la vessie ; 4° dans les cas de déformation avec ou sans tumeurs de la vessie ; 5° dans les cas de catarrhe de la vessie.

1° De la lithotritie dans les cas de racornissement de la vessie
avec hypertrophie des parois.

Dans les circonstances auxquelles nous faisons allusion, les malades urinent continuellement et sont dans des angoisses incessantes. Si l'on introduit la sonde, à peine a-t-elle franchi le col, que le liquide se trouve projeté au loin; la vessie s'applique sur la pierre, et tout mouvement de l'instrument devient impossible. C'est dans ces cas qu'on a proposé avec raison de profiter de la présence de l'urine dans le réservoir, et de supprimer ainsi l'injection. Qu'on remarque néanmoins que cette ressource est presque illusoire, car l'organe est si irritable, qu'il se débarrasse à chaque instant de son contenu. La lithotritie est donc, de prime à bord, peu applicable; toutefois il n'y faut renoncer qu'après avoir fait certaines tentatives que nous allons indiquer. On doit tâcher d'introduire chaque jour une petite quantité d'eau tiède; ce moyen simple, lorsqu'il est employé avec douceur et persistance, donne souvent des résultats. On y joindra les quarts de lavement opiacé, répétés plusieurs fois dans la journée, les cataplasmes sur le bas-ventre; on arrive ainsi parfois à diminuer les envies d'uriner et à rendre la vessie plus tolérante.

Lorsque le calme semble renaître, il faut mesurer le calcul, car ses dimensions et sa densité ont ici une importance plus grande que jamais. On peut dire que les pierres dures et grosses, placées dans de semblables conditions, sont absolument du ressort de la taille; mais ces notions indispensables ne peuvent être acquises qu'après l'introduction du brise-pierre. Voici comment on procédera à cette manœuvre délicate. On choisira le moment où la vessie renfermera un peu d'urine ; la sonde introduite avec lenteur, et sans attendre que le liquide s'écoule, on injectera doucement de l'eau tiède en ayant soin de s'arrêter aussitôt que le besoin d'uriner se manifestera. Le brise-pierre de petite dimension, n° 1, sera porté dans la vessie le plus habilement possible, car les moments sont précieux, et l'injection menace de s'échapper ; ordinairement même le liquide s'écoule : aussi la manœuvre doit-elle être très-rapide, ce qui exige, dans tous les cas, une main fort exercée. Si la pierre est grosse, il sera presque impossible de la saisir avec le n° 1, et d'ailleurs il n'est pas besoin d'insister ; si au contraire elle est petite, 2 ou 3 centimètres, elle sera prise et morcelée immédiatement. Là doit se terminer la tentative, il serait dangereux de prolonger davantage. Du reste, l'expérience démontre que c'est tout ce qu'on peut faire, car, quelle que soit la douceur qu'on y mette, le malade souffre, s'agite, vide sa vessie, et chaque mouvement du brise-pierre expose à des dangers.

Que se passera-t-il à la suite de cette exploration ?... Impossible de le prévoir. Souvent l'irritation de la vessie s'accroît, les contractions deviennent très-énergiques, et bientôt les débris de la pierre sont projetés jusque dans le col de la vessie. Lorsque ces accidents surviennent, il faut tailler le malade immédiatement, dans les vingt-quatre heures, et l'opération sera pratiquée dans d'aussi bonnes conditions que possible. D'autres fois, les souffrances augmentent beaucoup, les besoins d'uriner sont incessants, mais les fragments ne s'engagent pas, et l'état général reste assez bon. Alors, si la pierre n'est pas grosse, si l'on peut débarrasser le malade en une ou deux séances, trois au plus, il faut persister dans la lithotritie, mais à condition de répéter chaque jour l'opération du broiement. En effet, il ne faut pas attendre que le calme renaisse, ce serait en vain ; c'est une lutte entre la vessie et le chirurgien : l'indication est d'achever la destruction de la pierre avant que les troubles généraux ou locaux soient venus rendre la manœuvre impossible.

Dans des cas plus heureux, et qui ne sont pas absolument très-rares, le morcellement du calcul est suivi d'un amendement très-notable ; on peut alors temporiser, chaque séance est plus facile, et l'on obtient une guérison qui paraissait inespérée.

Nous avons dit quels étaient les moyens capables de diminuer les contractions vésicales, il faut y recourir avant et pendant le traitement ; si nous revenons actuellement sur ce sujet, c'est pour indiquer, dans les cas difficiles, l'emploi d'un moyen qui paraît destiné à rendre quelques services. Plusieurs observations démontrent qu'on a pu calmer les contractions vésicales, et les douleurs qui les accompagnent. au moyen des injections d'acide carbonique ; peut-être les propriétés anesthésiques de cet agent sont-elles appelées à venir en aide à l'application de la lithotritie dans les cas compliqués, c'est un sujet d'étude. Nous ne saurions, dans des circonstances analogues, conseiller d'avoir recours à des injections de nitrate d'argent, ainsi que cela a été proposé et exécuté.

2° De la lithotritie dans les cas de dilatation de la vessie
avec amincissement des parois.

Un certain nombre de calculeux présentent un état de la vessie qui contraste singulièrement avec celui qui vient d'être décrit, et qui lui succède fréquemment. Tantôt la vessie, après avoir réagi longtemps sur la pierre qui l'irrite, finit par se fatiguer; tantôt les contractions du col, allant en augmentant, deviennent supérieures à celles du corps, et l'organe subit une distension progressive ; enfin on observe encore cette dilatation vésicale dans les cas d'hypertrophie de la prostate.

La catégorie des calculeux à laquelle nous faisons allusion se présente à l'observateur dans des conditions assez bien définies : les malades urinent seuls, mais la sortie du liquide se fait attendre, et la vessie se vide mal; chez eux les douleurs de la pierre sont peu intenses, c'est plutôt en commençant qu'en finissant la miction, que les souffrances se manifestent; les besoins de rendre les urines sont rares. Si l'on introduit la sonde, le liquide s'échappe lentement; son évacuation nécessite l'intervention des muscles de l'abdomen ou la douce pression de la main.

La lithotritie, dans ces circonstances, paraît d'une application simple et facile; en effet, l'introduction des instruments, la recherche et le morcellement de la pierre, s'opèrent avec très-peu de douleurs. La tolérance est telle, que souvent les chirurgiens s'y laissent prendre, et prolongent de beaucoup la manœuvre; ce sont, cependant, des cas insidieux, l'opération est souvent suivie d'accidents graves. En effet, l'action des instruments réveille les contractions de la vessie, mais en même temps la contractilité du col augmente; il en résulte une lutte dans laquelle la vessie succombe, et bientôt succèdent les accidents. Les malades ont plus souvent besoin de rendre leurs urines, mais chaque fois qu'ils se présentent, il ne sort que quelques cuillerées de liquide; en un mot, la rétention et toutes les réactions qu'elle entraîne, sont la conséquence de la lithotritie mal appliquée. Dans quelques circonstances, on a vu des phlegmasies latentes du rein se développer brusquement, et les opérés succomber après une première séance.

De tout ce qui précède il ne faudrait pas conclure que la lithotritie n'est pas applicable dans ces cas particuliers, mais il est utile, pour réussir, de prendre certaines précautions. Avant de songer au broiement de la pierre, on devra faire d'abord la dilatation du col de la vessie au moyen des bougies d'étain; on sondera chaque jour les malades, afin d'accoutumer le réservoir à se vider complétement; on injectera successivement de l'eau tiède, puis froide, et au moyen de cette sorte de gymnastique, aidée des lavements froids, on rendra à l'organe une contractilité suffisante : alors seulement on pourra entreprendre l'opération, sans craindre la rétention d'urine et tous les accidents que nous avons mentionnés plus haut.

L'expulsion des fragments doit ici nous arrêter. Dans les cas de contractions exagérées de la vessie, aussi bien que dans ceux qui nous occupent actuellement, il faut prendre la précaution de réduire en poudre les petits morceaux calculeux ; c'est à ceux-ci plutôt qu'à la pierre elle-même qu'il faut s'adresser. Une fois le calcul éclaté, on arrive facilement à ne saisir que les débris, il suffit de donner aux deux branches du lithoclaste un faible écartement. En procédant ainsi, on évite, quand la vessie pousse trop fort, l'introduction de fragments dans la partie profonde de l'urètre ; et, lorsque les contractions sont insuffisantes, on favorise l'expulsion des débris au travers des yeux d'une grosse sonde.

En résumé, la lithotritie est d'une bonne application dans les circonstances que nous venons d'étudier ; quant à ses résultats, ils sont variables, et il est bon de les connaître pour éviter des mécomptes. Dans les cas les plus heureux et à mesure que la destruction de la pierre s'avance, les fonctions du réservoir se rétablissent ; de sorte que le malade récupère en même temps la santé et la contractilité de la poche urinaire. D'autres fois, le broiement s'accomplit sans accidents, mais la faiblesse des parois vésicales augmente graduellement, et lorsque l'opéré se trouve débarrassé de son calcul, il lui reste une paralysie de la vessie qui nécessite pendant longtemps l'usage continuel de la sonde, et qui souvent demeure incurable. Ces notions pratiques sont très-utiles à connaître lorsqu'il s'agit d'établir le pronostic de l'affection calculeuse.

3° **De la lithotritie dans les cas de paralysie complète de la vessie.**

Les hommes d'un certain âge sont fréquemment affligés d'une rétention complète des urines. Quelle que soit la cause, souvent variable, de ce trouble dans une fonction importante, les malades en sont réduits au cathétérisme pour vider régulièrement leur vessie. Chez les individus de cette catégorie, les conditions pour la formation d'un calcul se trouvent souvent réunies ; il faut donc tracer la conduite du chirurgien dans ces circonstances spéciales.

La pierre qui est consécutive aux lésions vésicales a des dimensions variables, mais sa densité est presque toujours peu considérable ; le cathétérisme journalier rend facile l'introduction du brise-pierre ; l'opération du broiement trouve donc réunies d'excellentes conditions pour son exécution. Cependant l'application de la lithotritie demande ici beaucoup de prudence, par cela même que la vessie est paralysée ; en effet, ses parois peuvent être molles, et se présenter entre les branches de l'instrument ; il faut donc opérer, le réservoir étant préalablement distendu par une injection.

Lorsque la pierre est broyée, il faut songer à l'expulsion complète des fragments calculeux ; c'est évidemment la partie la plus difficile de la cure, car ces vessies inertes peuvent présenter des cellules, des anfractuosités, dont il est difficile de faire sortir les débris. L'introduction des instruments étant chose facile et exempte de douleurs, voici la conduite que nous recommandons de tenir : une fois la pierre morcelée, reprendre chaque portion, rapprocher modérément les deux branches du lithoclaste, et le retirer largement rempli. Cette extraction directe des fragments, exécutée plusieurs fois de suite dans une même séance, donne d'excellents résultats lorsqu'on opère avec précaution ; elle permet d'abréger la durée du traitement. Dans ces cas la sonde à double courant pourrait encore trouver son application.

Les malades, avons-nous dit, ne peuvent rendre leurs urines, il faut donc vider régulièrement la vessie. Mais doit-on laisser une sonde à demeure, ou répéter le cathétérisme ? La détermination variera suivant les cas. Si l'opération s'accompagne d'une phlegmasie de la muqueuse vésicale, si les besoins d'uriner deviennent plus fréquents, il vaut mieux laisser la sonde en place ; mais, le plus ordinairement, c'est-à-dire, lorsqu'il y a peu de réaction locale, le cathétérisme pratiqué régulièrement doit être préféré.

4° De la lithotritie dans les cas de déformation avec ou sans tumeurs de la vessie.

Les phlegmasies qui se rattachent à la présence de tumeurs dans le réservoir urinaire, peuvent être accompagnées ou suivies de la formation d'une pierre ; on conçoit aisément, les autopsies le démontrent du reste, que la forme du viscère puisse alors être considérablement modifiée. Dans ces cas, auxquels on peut joindre les défauts de conformation originelle de la vessie, la manœuvre des instruments est essentiellement difficile et compliquée. L'application de la lithotritie n'est plus soumise à des règles positives; l'introduction du lithoclaste est moins simple, et ses mouvements dans l'intérieur de la cavité sont à chaque instant arrêtés, soit par les tumeurs contenues, soit même par une des parois qui se trouve déformée. Dans ces conditions, on cherche la pierre comme on peut, et il est évident que sa préhension est plutôt le résultat du hasard que d'une manœuvre régulière. Bien souvent l'opération est matériellement difficile, et c'est grâce à une grande habitude et à une grande finesse de tact qu'on arrive à saisir la concrétion sans comprendre en même temps, entre les branches de l'instrument, la tumeur ou une portion de la vessie. Pour éviter les méprises, il faut, comme toujours, procéder lentement, surtout pour rapprocher les deux mors du lithoclaste; enfin, lorsqu'on tient la pierre, il faut savoir distinguer si les deux branches sont également en rapport avec le calcul, ou si l'une d'elles le touche seulement par l'intermédiaire de tissus organisés. Dans cette dernière circonstance, le chirurgien éprouve une sensation bien nette qui ne lui échappera pas, s'il l'a déjà perçue une fois, et qui doit suffire pour l'arrêter au moment de faire agir la vis de pression.

L'expérience suivante est de nature à rendre des services aux personnes qui manquent d'habitude. Il faut recouvrir l'une des branches du brise-pierre avec un lambeau de peau doublée d'un peu de graisse, puis s'exercer à prendre et à laisser successivement une pierre de dimension moyenne; au préalable, on aurait déjà saisi le calcul avec un lithoclaste non préparé ; ces deux petites manœuvres répétées et variées plusieurs fois donnent assez bien l'idée de la sensation particulière qui doit guider la main du chirurgien.

Nous avons dit précédemment que lorsque la vessie était déformée, soit par elle-même, soit à cause de l'existence d'un fongus, l'opération régulière était quelquefois impossible ; il est bon d'ajouter que la recherche est, dans tous les cas, fort difficile, et qu'elle s'accompagne toujours de douleurs vives, et de l'émission d'une quantité variable de sang. C'est assez dire que le broiement n'est guère applicable que pour les pierres petites et friables.

Chez certains malades dont la vessie renferme un calcul, on peut pratiquer la lithotritie sans trop de difficultés matérielles, mais une circonstance insolite accompagne toujours l'opération ; quelle que soit l'habileté des manœuvres, le malade souffre et rend du sang. Ces résultats doivent faire craindre au chirurgien expérimenté une lésion organique des parois de l'organe ; il doit alors redoubler de prudence, et ce n'est que vers la fin de la cure qu'il pourra reconnaître que de petites végétations molles viennent souvent s'interposer entre les branches du brise-pierre. Cette notion importante qu'on peut soupçonner, mais qui ne devient évidente que pendant les explorations terminales, offre cependant son utilité ; elle permet de porter un pronostic moins favorable, et d'annoncer que la récidive de la pierre est une chose très-probable.

Dans les cas de déformation des parois de la vessie avec altération organique, ou bien encore lorsque le viscère présente une anomalie de conformation, la taille offre peu de chances de réussite, les suites sont toujours graves et les accidents immédiats s'observent souvent ; il faut toujours craindre l'hémorrhagie, et s'attendre à des difficultés quelquefois insurmontables, non-seulement pour extraire la pierre, mais encore pour la trouver. Il y a dans la science des observations qui démontrent que les chirurgiens les plus habiles ont commencé l'opération sans pouvoir la terminer.

Pour ces diverses raisons, et tout en reconnaissant les nombreux écueils dont est semée l'application de la lithotritie, nous croyons qu'il faut multiplier les tentatives pour débarrasser les malades par les voies naturelles. Avec un petit instrument on peut saisir la pierre au milieu du fongus, et même aller la chercher jusque dans ces sortes de diverticulums qu'on rencontre dans certains cas exceptionnels.

L'évacuation des débris calculeux sera toujours difficile, aussi faudra-t-il surveiller et faciliter la sortie des fragments. Les injections d'eau froide doivent amener ce résultat, mais lorsqu'elles sont lancées avec trop de force, elles peuvent rappeler l'hémorrhagie. On se trouvera bien de la manœuvre que nous avons déjà conseillée, et qui consiste à saisir le calcul, à l'écraser incomplétement, et à retirer l'instrument chargé de débris. Cette extraction est surtout avantageuse quand la pierre est molle et ne présente pas de fragments anguleux susceptibles de blesser le canal.

Les fongus, les cancers de la vessie peuvent coïncider avec l'existence d'une ou plusieurs concrétions ; nous venons de dire ce que pouvait l'intervention chirurgicale dans ces cas toujours fort graves. Quant à la pratique, elle peut être ainsi formulée : lorsque l'état général est mauvais, il faut s'abstenir; mais si la santé est assez bonne, on doit tenter la lithotritie, dans le but d'éviter l'opération de la taille.

La clinique démontre qu'il est une série de cas spéciaux dans lesquels il n'y a guère que la lithotritie qu'on puisse employer. Je veux parler des malades chez lesquels les parois vésicales épaissies, ou même les tumeurs de la cavité, s'incrustent de matières calcaires, sans que pour cela il existe réellement une pierre dans le réservoir. Ces individus souffrent beaucoup, quelquefois cruellement; ils urinent à chaque instant, et le sang entre toujours pour une notable proportion dans la quantité de liquide rendu.

Dans ces circonstances insolites, le cathétérisme donne lieu au choc caractéristique; mais le chirurgien qui s'en tiendrait là serait exposé à commettre une erreur grave. En effet, la sonde touche une masse calcaire qui paraît immobile; on pourrait donc conclure à l'existence d'un calcul volumineux, puis pratiquer la taille, et ne trouver qu'une tumeur. Nous l'avons dit plusieurs fois, on ne doit rien entreprendre avant d'avoir mesuré les dimensions de la pierre; or, dans le cas particulier qui nous occupe, cette recherche démontrera que l'instrument saisit une masse qui n'est pas dure dans tous ses points, et surtout qu'il n'existe pas dans la vessie une concrétion susceptible d'être prise et isolée des parois.

Que faire, dans ces cas de colonnes vésicales incrustées, de tumeurs recouvertes d'un dépôt lithique; les
malades souffrent, et souvent une parcelle de ces concrétions s'engage dans le col de la vessie, où elle détermine de la dysurie avec des douleurs quelquefois atroces.
Les injections d'abord, puis l'ablation successive de
tous ces dépôts au moyen d'un petit lithoclaste qu'on
charge et qu'on retire plusieurs fois dans la même
séance, permettent de soulager les malades pour un
temps qui varie. La lithotritie, qui, suivant nous, est
seule applicable dans ces cas, rend d'immenses services,
pourvu que, exécutée sagement, elle ne s'accompagne
pas de la contusion plus ou moins violente des tumeurs
ou des parois de la vessie.

La manœuvre qui consiste à enlever l'écorce calcaire d'un fongus irrégulier nécessite une très-grande
habitude ; on arrive à un résultat avec du temps et de
la patience. Le soulagement qui succède à chaque
séance va croissant, et lorsqu'il n'existe plus de concrétions, bien des opérés se croient guéris. Le chirurgien doit se garder de partager ces illusions, car la
maladie se reproduira, et l'intervention deviendra utile
à des époques successives et plus ou moins éloignées.
Malgré ces récidives fréquentes, la lithotritie n'en est
pas moins une ressource immense qui permet de prolonger la vie de bien des vieillards en leur épargnant
des douleurs parfois très-cruelles.

5° De la lithotritie dans les cas de catarrhe de la vessie.

Le catarrhe vésical, c'est-à-dire la présence dans les urines d'une certaine quantité de mucus et de muco-pus, est rarement une affection primitive de la vessie. Ce symptôme, dont la fréquence est telle qu'on en a fait une maladie, n'a pas toute l'importance qu'on lui a généralement accordée; c'est le signe d'une phleg-masie spéciale et très-tenace de la membrane mu-queuse qui tapisse l'appareil.

La présence dans l'urine d'une grande quantité de mucus s'accorderait assez bien avec l'exagération patho-logique d'une sécrétion normale : on a dit et l'on a im-primé que ces mucosités étaient fournies par des glandes particulières qui existeraient dans la texture de la muqueuse, principalement au voisinage du col ; il n'en est rien cependant. J'ai fait de nombreuses recherches pour savoir si la vessie renfermait réellement, dans l'é-paisseur de ses parois, un appareil glandulaire capable d'expliquer la sécrétion pathologique désignée sous le nom de catarrhe; je ne crains pas d'affirmer qu'il n'entre pas dans la structure de l'organe, et principale-ment dans les dépendances de la muqueuse, de glandes ni de glandules, ainsi qu'on le répète journellement. Aussi, sans pouvoir donner l'explication positive de la présence exagérée du mucus dans les urines, je crois qu'il faut la chercher ailleurs que dans l'hypothèse de l'hypersécrétion glandulaire.

Les rétrécissements de l'urètre et les différents obstacles au cours de l'urine finissent par déterminer une inflammation de la vessie, à laquelle succède fort souvent le catarrhe. La présence d'une concrétion peut aussi donner naissance à la formation du mucus, mais le plus ordinairement le calcul succède à la phlegmasie catarrhale. Quoi qu'il en soit, on constate fréquemment la pierre chez des individus qui rendent des urines chargées de matières glaireuses. La lithotritie trouvera-t-elle son application dans ces cas particuliers?

L'expérience démontre que le catarrhe vésical n'a aucune influence sur l'exécution et sur les résultats du broiement de la pierre. Il faut, comme toujours, préparer les voies, et pratiquer ensuite la destruction du corps étranger. Les calculs qui se forment dans les conditions organiques que nous venons d'indiquer, sont ordinairement peu volumineux, mais presque toujours friables. Il en résulte que la fragmentation de la pierre est chose très-facile; aussi ne peut-on s'expliquer la proscription qu'on a voulu faire de la lithotritie dans des cas qui lui sont aussi favorables.

Il faut mentionner quelques particularités dignes de fixer l'attention, et qui se rattachent au traitement de l'affection calculeuse compliquée de catarrhe. Le mucus s'accumule quelquefois de manière à former une couche périphérique à la pierre; il peut en résulter, surtout si le calcul est peu consistant, une sensation de mollesse toute particulière qui ferait croire qu'on a saisi une portion vivante en même temps que la concrétion phosphatique. Dans les cas d'hésitation, il faut fixer la partie, et si la pierre seule est comprise entre les branches de l'instrument, il sera possible de porter celui-ci dans tous les sens, sans éprouver la moindre résistance. (Voyez observation II, p. 127.)

La pierre fragmentée, on doit savoir que les débris peuvent rester agglutinés par le mucus le long des parois de la vessie, l'expulsion en sera donc plus difficile que dans les circonstances ordinaires. Il est nécessaire, pour arriver au résultat, de multiplier les injections et d'employer l'eau froide projetée avec force.

Une des conséquences heureuses de l'application de la lithotritie dans ces cas spéciaux, c'est, le plus souvent, le rétablissement de la contraction vésicale et la diminution, quelquefois même la disparition complète du catarrhe de la vessie. La récidive de la maladie, catarrhe et pierre, n'est pas chose rare, et mérite la sollicitude du chirurgien.

Il faudrait bien se garder de confondre avec le catarrhe vésical les altérations de l'urine qu'on observe dans des affections beaucoup plus sérieuses que les précédentes. Chez bon nombre de malades, les urines sont troubles, boueuses, comme on dit ; leur coloration varie du brun au noir ; leur odeur est d'une fétidité dont rien n'approche ; enfin la quantité en est petite, et dans leur composition il entre une notable proportion de sang altéré et de pus. Il ne s'agit plus d'un catarrhe, ce sont là les résultats matériels de l'existence prolongée d'un calcul dans la vessie. Lorsque ces symptômes s'observent, la pierre est ordinairement grosse et dure, il faut renoncer à faire la lithotritie ; la taille elle-même ne doit être pratiquée que lorsque l'état général est encore assez satisfaisant, ou bien dans les cas où les souffrances sont telles qu'il faut y apporter un remède immédiat.

C'est probablement des faits analogues, considérés à tort comme des catarrhes de la vessie, qui ont accrédité cette opinion, que le catarrhe vésical est une complication très-grave de l'affection calculeuse. Il faut tenir compte de la présence du mucus dans les urines, mais cette circonstance n'a rien de comparable à la décomposition qu'on observe lorsqu'il s'agit de grosses pierres portées par des individus qui sont restés longtemps sans traitement et sans soins.

Nous placerons ici une observation qui mérite de fixer l'attention ; il s'agit d'un vieillard qui s'est présenté à nous, rendant à chaque instant et avec de cruelles douleurs, des urines épaisses, colorées et fétides. La vessie, très-anfractueuse, contenait des incrustations multiples. On verra comment la lithotritie était devenue inapplicable, et comment la taille a procuré au malade, nonseulement un soulagement immédiat, mais encore une guérison complète et presque inespérée. Ce fait est une exception heureuse, il ne doit pas servir d'enseignement pour la pratique générale.

OBSERVATION III. — *Affection ancienne de la vessie; productions calculeuses. Taille médio-bilatérale. Guérison complète sans fistule.*

M. D..., âgé de soixante-dix ans, d'une forte constitution, bien musclé, souffre de la vessie depuis six ans au moins. Il a été traité successivement par tous les spécialistes de Paris pour un catarrhe de la vessie. On ne peut attacher une grande valeur aux renseignements que donne le malade, car, ainsi que nous le dirons, sa raison paraît avoir été altérée par les longues souffrances qu'il a endurées. Nous montrerons plus tard qu'il y a des probabilités pour croire que la lithotritie avait été essayée, mais que l'état des organes, le peu de docilité du sujet avaient dû y faire renoncer.

Quoi qu'il en soit, lorsque nous fûmes appelé, dans le courant de mars 1862, nous trouvâmes M. D... dans des conditions tellement exceptionnelles, que nous nous y arrêterons un instant. Le malade était en proie à une grande agitation ; il parlait beaucoup, ne présentait aucune suite dans les idées ; enfin il mélangeait ses récits de plaisanteries de mauvais goût, de jurons de toute espèce. Il était évident que ce malheureux n'avait plus la plénitude de sa raison ; son visage présentait les traces de la souffrance, mais sa robuste santé semblait avoir résisté à cette longue maladie et à ces insomnies de plusieurs années.

A notre première visite, le malade était complétement nu ; il était couché, mais, le plus souvent, il restait assis sur un grand vase de fer-blanc. Dépourvu de vêtements et immobile sur cette chaise percée, M. D... pouvait, à chaque instant, satisfaire aux envies d'uriner et au ténesme rectal qui le tourmentaient continuellement. Un foyer ardent de charbon de terre le mettait à l'abri de tout refroidissement. Ces diverses dispositions étaient combinées en vue de supprimer le moindre déplacement ; en effet, chaque mouvement était l'occasion de douleurs vives qui arrachaient des cris au pauvre malade. En évitant de changer de place, M. D... n'avait plus à compter qu'avec les inconvénients de la miction qui se présentaient tous les quarts d'heure environ.

Privé de sommeil depuis plusieurs années, fatigué des moyens qui lui étaient conseillés, M. D... avait renoncé à tout traitement; il se contentait de quelques fumigations aromatiques sur le périnée. Son appétit était presque nul; du reste, il prenait à peine quelques potages, car il croyait que les aliments étaient cause de ses souffrances. Cependant ce malade n'avait pas de fièvre, et la langue restait rosé et humide.

J'abandonnais bientôt l'espoir de tirer à clair les antécédents d'une maladie aussi ancienne. Le malheureux était fou, ainsi que je l'ai dit; son entourage se réduisait à sa vieille femme tombée en enfance, et à des domestiques peu dévoués.

Après bien des discours sans fin, je commençai l'exploration méthodique, c'est-à-dire que je fis traverser le canal par une bougie molle. Le méat était rouge, et le canal, quoique libre, me parut le siége d'une vive sensibilité. Le cathétérisme fut très-douloureux, si j'en juge par les cris du patient qui demandait des armes pour tuer son chirurgien; je m'en tins là à la première visite. L'urètre avait été exploré; les urines étaient rouge brun et renfermaient une notable proportion de pus.

J'avais fort envie de ne plus revenir, mais M. D..., qui fondait sur mon traitement tout son reste d'espérance, me supplia de ne pas l'abandonner.

Le lendemain, je constatai que le cathétérisme avait

déterminé un mouvement fébrile. Je prescrivis un purgatif, des lavements et une boisson tiède.

La fièvre se calma, et je repris le cathétérisme avec les bougies; la sensibilité était toujours vive, mais la réaction presque nulle; aussi, après une semaine d'hésitation, j'introduisis une sonde métallique qui rencontra un corps dur, dont il me fut impossible de déterminer les dimensions, même probables. Cette exploration, quoique très-simple et très-courte, fut suivie d'une nouvelle crise de douleurs et de fièvre. Le caractère du malade s'irritait, et sa docilité paraissait n'être pas à toute épreuve. La lithotritie me semblait contre-indiquée par la grande sensibilité des organes, par le peu de raison du sujet, et par l'ignorance où j'étais de la durée que pourrait avoir le traitement. Mon intention était de mesurer la pierre, et surtout de m'assurer si réellement je n'avais pas rencontré avec la sonde, soit une colonne, soit un fongus incrustés de sels calcaires. On comprend combien je devais être sur mes gardes dans un cas aussi difficile, surtout si l'on veut bien se rappeler que M. D... avait demandé sa guérison à plusieurs chirurgiens compétents.

Cependant ce dernier terme de l'exploration ne fut pas obtenu, M. D... se refusa à l'introduction du brise-pierre. Je compris alors qu'il n'avait pas de confiance dans un instrument qui très-probablement avait été employé un certain nombre de fois sans qu'il en eût retiré un grand bénéfice. J'étais placé dans une alternative difficile, ou de laisser le malade, ou de pratiquer la taille sans posséder les renseignements qui sont indis-

pensables pour entreprendre une opération aussi grave.
Cependant je me décidai pour ce dernier parti : M. D...
m'en priait, et j'avais la conviction que la taille pourrait
le soulager ; la langue était bonne, le pouls tranquille,
l'état des reins ne semblait pas très-mauvais.

Le 11 avril, aidé de MM. Labbé et Tillaux, prosec-
teurs à la Faculté, de MM. Armand, Perrier et Daix,
internes des hôpitaux, je pratiquai la taille médio-bilatérale sans avoir recours au chloroforme. Le malade fut
d'un courage absolu, il se plaignit à peine et sa docilité
fut très-grande.

Cette opération fut loin d'être simple. Les incisions
furent heureuses, mais la section du col de la vessie, au
moyen du lithotome, détermina une hémorrhagie arté-
ielle abondante, qui dura pendant tout le temps de
l'extraction. La recherche fut très-longue ; en effet, la tenette, loin de rencontrer une pierre, ramenait seulement
de nombreuses concrétions phosphatiques réunies par
des végétations de la membrane muqueuse. Au milieu de
cette masse, on put reconnaître trois fragments ayant
certainement appartenu à une pierre d'acide urique,
morcelée antérieurement.

J'estime que la quantité retirée égalait à peu près
100 grammes ; mais il fallut y revenir à plusieurs
reprises, gratter la face interne de la vessie avec une
curette, et faire de nombreuses injections. Cependant
je ne laissai le patient que lorsque j'eus acquis la conviction que la cavité ne renfermait plus de corps étrangers. La manœuvre fut longue, pénible ; le malade souffrait, le sang coulait en abondance, et chacun désirait

la terminaison. Le sentiment du devoir a pu seul nous soutenir dans cette entreprise délicate.

Pour arrêter l'hémorrhagie, je tamponnai la plaie sur une canule à chemise, et le malade fut remis au lit. Aussitôt il fut pris d'un frisson violent. On le couvrit beaucoup, et on lui administra du vin chaud. Un aide fut laissé en permanence.

Aux détails qui précèdent, je dois ajouter que l'ouverture de la vessie donna issue à un flot de pus, qui sortit comme si l'on avait incisé un abcès.

12 avril. — Je trouvai le malade en bon état; son pouls était à 90; le sang n'avait pas paru, et la sonde laissait passer l'urine; le malade avait bu du vin, du bouillon, et il avait dormi. La sonde fut enlevée, et j'insistai pour que M. D... prît de la viande.

Les jours suivants furent passés sans accidents; le pouls resta à 90, et l'appétit se soutint.

17. — Bon état général; la plaie est rose, mais il sort par le trajet une grande quantité de pus qui vient de la vessie; l'urine brûle en passant. Injections vésicales qui ressortent par la plaie.

22. — L'urine ne sort plus continuellement; le malade ne mouille son lit que lorsqu'il pisse; la vessie se vide mal, aussi je pratique le cathétérisme.

23. — Toutes les quatre heures le malade se lève, il urine par le trajet de la taille seulement. Je l'engage à se sonder. La plaie est bonne, suppure abondamment. État général bon. Le malade maigrit beaucoup.

Les jours suivants, le malade se lève, et va dans son

jardin, malgré mes recommandations. Du reste, il ne souffre pas, dort bien et mange un peu.

30. — M. D... a eu plusieurs fois déjà des malaises suivis de sueurs abondantes; mais hier soir il a été pris d'un frisson qui a duré une demi-heure. La plaie est noire, béante; le pouls fréquent. — Purgatif.

2 *mai*. — La fièvre n'est pas revenue, mais le malade s'affaiblit. M. D... se décourage, refuse de manger. La maigreur est si grande, que la peau de son corps fait des plis très-considérables.

14. — M. D..., qui a été un peu mieux les jours précédents, m'annonce qu'il a rendu de l'urine par la verge. Très-heureux de ce signe, qu'il considère comme favorable, il reprend courage, et acceptera des aliments. Cautérisation de la plaie avec le nitrate d'argent.

19. — L'amélioration continue. La moitié de l'urine sort par le canal. L'appétit est bon. M. D... passe la journée dans son jardin.

12 *juin*. — M. D... prend de l'embonpoint; sa plaie se ferme de la profondeur vers la superficie; l'urine suit sa voie naturelle; enfin mon malade a repris ses anciens vêtements, ce qui le rend méconnaissable pour nous; il est gai, parle de monter à cheval et de sortir en visites.

Le 20, j'ai revu M. D... Sa plaie était fermée complétement; il urinait toutes les quatre ou cinq heures, ses urines étaient claires, la miction était sans douleur; l'appétit était bon et le sommeil excellent.

Je terminerai en disant que M. D..., qui est d'un caractère singulier, est actuellement très-raisonnable.

Une grande politesse, des prévenances pour les étrangers ont succédé aux sottises de toutes sortes qu'il adressait à tout le monde, même à son chirurgien. C'est maintenant un original, mais ce n'est plus un aliéné.

Avec un peu de complaisance, on pourrait intituler l'observation que nous venons de rapporter : *cure radicale de la folie par l'opération de la taille.*

J'ai revu M. D... il y a quelques semaines, c'est-à-dire quinze mois après son opération. La cure est restée parfaite, et c'est à peine si M. D... a conservé le souvenir des épreuves cruelles qu'il a traversées.

CHAPITRE IV.

DES ACCIDENTS DE LA LITHOTRITIE.

Après avoir étudié comment se fait le diagnostic de la pierre vésicale, après avoir indiqué comment il faut procéder pour détruire les calculs dans les cas simples et même dans les cas compliqués, il nous paraît très-important de nous arrêter sur les accidents qui peuvent être le résultat des différentes opérations que nécessite le broiement de la pierre. De ces complications, les unes se rapportent à l'introduction, même bien faite, des instruments à travers les voies urinaires; les autres sont la conséquence de la fragmentation des calculs; enfin, il y en a qui tiennent à l'imperfection des manœuvres elles-mêmes. Ces dernières, qui sont actuellement plus rares, ont pour cause l'emploi des instruments défectueux, ou la connaissance insuffisante des moyens de broyer la pierre.

§ Ier. — De la fièvre.

Les opérations qui se pratiquent sur les voies urinaires déterminent, dans quelques cas et quoi qu'on fasse, des accidents très-singuliers, mais d'une importance toujours capitale. Ces troubles se retrouvent à l'occasion des manœuvres qui ont pour but de pénétrer dans la vessie, d'y mesurer et d'y broyer la pierre. Au début du traitement par la lithotritie ils sont plus fréquents qu'à la fin, mais ils peuvent survenir à chaque instant, et sans causes bien appréciables; nous insisterons un peu sur ce sujet tout pratique. L'introduction des instruments jusque dans la vessie détermine des accès de fièvre qui revêtent, ordinairement, la forme intermittente; nous avons déjà parlé de ces perturbations à propos de l'exploration méthodique des voies urinaires. Le plus souvent les accidents vont en diminuant et finissent par disparaître presque d'eux-mêmes; mais, dans d'autres cas, exceptionnels d'ailleurs, ils ont une gravité telle qu'ils peuvent compromettre la vie en un court espace de temps. Lorsque la fièvre revêt ce dernier caractère, les accès méritent, à juste titre, le nom de pernicieux qui leur a été imposé. Dans ces cas, il y a prédominance d'un symptôme : tantôt c'est l'exagération de l'un des stades, tantôt c'est un phénomène étranger à la fièvre elle-même, mais dont l'apparition donne à l'accès son caractère. On observe la forme algide, sudorale, comateuse, etc., etc. ; en un mot, toutes les modalités de la fièvre intermittente dite pernicieuse.

La fièvre urétrale, comme on l'appelle à tort, s'accompagne ou est suivie, dans quelques cas, de phlegmasies spéciales, qui rappellent assez bien les manifestations métastatiques de l'infection purulente ; on constate des abcès sous la peau, dans l'épaisseur des muscles des membres et du tronc, enfin dans les viscères.

Toutes les manifestations que nous venons de passer en revue, et qui peuvent succéder à l'introduction d'une simple bougie, sont, pour nous, le résultat d'une congestion momentanée ou persistante des organes sécréteurs de l'urine. Cette congestion coïncide avec l'accès de fièvre au même titre que l'engorgement splénique correspond aux accidents paludéens.

Si le tissu des reins est absolument normal, la congestion sera passagère et la fièvre cessera ; mais, le plus souvent, cette vascularité accidentelle porte sur des organes déjà altérés, et alors une phlegmasie des reins vient compliquer la situation des malades.

A ces différents états anatomiques correspond un fonctionnement plus ou moins imparfait des organes excréteurs de l'urée : cette dernière substance s'élimine en proportion moindre et quelquefois insignifiante ; par conséquent, elle s'accumule dans le sang. Il en résulte une véritable intoxication, et des accidents variables, suivant les organes qui se trouvent impressionnés par le poison : ainsi s'expliquent les frissons, les convulsions, les troubles cérébraux, etc., etc. Pour nous la sueur, la diarrhée, les phlegmasies spéciales, les abcès, sont le résultat des efforts que fait l'organisme pour se débarrasser de la trop grande quantité d'urée qui s'est accumulée dans le sang.

Nous n'insisterons pas davantage sur cette complication de la lithotritie et de toutes les autres opérations qui portent sur les voies urinaires. Nous avons tenu à formuler une théorie, contestable sans doute, mais qui nous paraît fournir des indications rationnelles pour le traitement des différents accidents qui accompagnent le cathétérisme.

D'après quelques expériences de Cl. Bernard, il y aurait lieu de supposer que les reins subissent facilement une sorte de décomposition putride, dont les éléments, en étant résorbés, pourraient bien causer une intoxication particulière de l'économie; cette dernière circonstance rendrait compte des divers accidents qu'on observe dans les cas d'affections graves des voies urinaires.

En résumé, les manœuvres sont la cause d'actions réflexes qui déterminent la congestion rénale; l'urémie et ses suites sont le résultat d'un fonctionnement imparfait des reins, l'élimination est subordonnée elle-même à l'état organique de ces parenchymes. Comme conséquences pratiques : agir doucement et lentement pour éviter la congestion rénale; puis, en cas d'accidents, suspendre les manœuvres, favoriser le dégorgement des organes et provoquer l'élimination de l'urée. Faciliter la sueur qui succède au frisson, et purger les malades, sont deux indications qui ressortent de notre manière de voir; enfin, dans les cas de persistance des phénomènes morbides, et surtout lorsque ceux-ci prennent un caractère de gravité, il faut agir sur les reins, par l'application de ventouses scarifiées répétées plusieurs fois, et donner le sulfate de quinine à haute dose. L'emploi de ce médicament doit être ici motivé : ce n'est pas comme antipériodique que nous le conseillons, car, dans ces cas dangereux, le sulfate de quinine ne guérit les accès intermittents que lorsqu'ils auraient cessé d'eux-mêmes, ainsi que cela s'observe tous les jours. Le sulfate de quinine à haute dose (2 gr.) sera administré dans les cas graves, comme un moyen puissant qui agit quelquefois sur l'organisme, et qui produit une amélioration très-notable, mais inexpliquée, analogue à celle qu'on obtient en employant le même agent dans les cas d'érysipèle malin, d'infection purulente, d'accidents cérébraux de causes traumatiques, etc. Ce qui veut dire qu'il faut donner le sulfate de quinine avec une certaine espérance, mais sans cependant attacher une trop grande importance à l'ingestion de ce médicament.

Il ne sera pas sans intérêt de citer un passage emprunté au traité de la taille du célèbre lithotomiste Fr. Colot, et qui a trait au quinquina. «Si les narcotiques sont à craindre dans l'opération de la pierre, le quinquina n'est pas moins à redouter; je ne prétends diminuer en rien ses vertus, je suis persuadé même qu'il en est un des plus sûrs fébrifuges, mais il n'en faut pas faire usage dans toutes les maladies. Les fièvres symptomatiques, comme celles qui suivent les opérations, refusent ce remède; il arrête la nature qui cherche à se décharger par des crises et par des suppurations si nécessaires pour la guérison des plaies. »

Lorsque les accidents graves auxquels nous venons de faire allusion se sont développés au début du traitement par la lithotritie, une question importante se présente chaque fois à l'esprit du praticien : il s'agit de déterminer si les symptômes étant conjurés, on devra toujours avoir recours au broiement de la pierre. En effet, il est à craindre que de nouvelles manœuvres ne déterterminent de nouvelles complications. D'une manière générale, il est plus sage, une fois le calme rétabli, de débarrasser le malade par la taille, c'est-à-dire en une seule séance. Cette pratique que nous conseillons, peut être combattue par le récit de certains faits heureux qui prouvent que dans des conditions aussi défavorables, la lithotritie a pu cependant être menée à bonne fin. Toutefois la clinique démontre que la majorité des malades succombent, lorsque le chirurgien persiste à vouloir broyer la pierre, et que si la guérison a pu survenir dans quelques cas exceptionnels, les calculeux n'en ont pas moins couru les chances les plus sérieuses et traversé les accidents les plus redoutables. La taille sera donc proposée comme un moyen extrême, mais rationnel, et la lithotritie ne devra être continuée que dans un petit nombre de circonstances. Le broiement ne serait indiqué qu'autant que la pierre, par ses dimensions minimes ou par son peu de consistance, pourrait être détruite en une ou deux séances.

Dans ce qui précède nous n'avons pas fait allusion aux accidents légers ; il ne s'agit pas de cette fièvre qui ne se reproduit pas et qui accompagne quelquefois la première séance de lithotritie, mais bien de ces troubles généraux graves, avec altération des traits de la face, sueurs profuses et formation de dépôts purulents dans divers points de l'économie, le tout accompagné d'une fièvre continue avec des accès irréguliers. — Nous laissons de côté la question de savoir si tous ces symptômes ne pourraient pas être rattachés à l'infection purulente; c'est un problème très-intéressant, mais dont la solution est remplie de difficultés.

§ II. — De l'orchite.

Nous arrivons maintenant à une série d'accidents plus simples, mais qui méritent cependant d'être connus et étudiés.

Chez les calculeux, le passage méthodique des instruments provoque quelquefois un certain degré d'écoulement urétral, auquel il ne faut pas attacher une grande importance; mais dans quelques cas, cette urétrite passe à l'état aigu, et se propage, soit à la vessie, soit au testicule. Ces complications de la lithotritie s'observent rarement; elles constituent ordinairement une indication à suspendre tout traitement actif, jusqu'à ce que la phlegmasie se soit amendée. L'orchite, ou plutôt l'épididymite se résout lentement, mais aussitôt que les douleurs vives sont calmées, il faut reprendre l'opération et ne pas attendre la disparition de tout l'engorgement inflammatoire. On devra toujours, comme précaution importante, faire porter un suspensoir aux malades qu'on explore ou qui sont en cours de traitement.

L'orchite peut aussi résulter de la présence, dans le col de la vessie, d'un ou plusieurs fragments calculeux ; ceux-ci produisent une irritation qui se propage facilement jusqu'au testicule. C'est une raison de plus pour intervenir lorsque les débris de la pierre s'engagent dans le canal après une séance de lithotritie ; il en sera du reste parlé dans le paragraphe suivant.

Tels sont les accidents que l'introduction des instruments lithotriteurs peut entraîner. On voit qu'ils se réduisent à fort peu de chose, et que là ne doit pas se trouver d'obstacle à continuer l'application du traitement. Nous passons sous silence les phlegmasies qui peuvent être le résultat de manœuvres mal exécutées, elles ne présentent aucun intérêt.

§ III. — **De l'engagement des fragments calculeux.**

Lorsque la pierre a été saisie et réduite en morceaux, il peut survenir une complication qui est l'accident vraiment capital de la lithotritie ; je veux parler de l'engagement des fragments calculeux dans le col de la vessie ou dans un point quelconque de l'urètre. Cette complication assez fréquente, surtout chez les enfants, se présente à des degrés bien différents et qu'il est utile de distinguer, d'une part, pour ne pas s'alarmer sans raison, d'autre part, pour ne pas temporiser, alors qu'il est urgent de prendre une détermination.

Le plus souvent voici ce qui se passe. Sous l'influence de la manœuvre, les contractions vésicales augmentent, le malade pisse à chaque instant, et un ou plusieurs fragments se présentent à l'orifice interne de l'urètre; par leur présence, ces corps étrangers déterminent des besoins incessants de rendre l'urine, bientôt suivis d'efforts infructueux qui ne font qu'aggraver les accidents. Dans d'autres cas, la vessie expulse des débris calculeux qui traversent le col et s'arrêtent dans un point quelconque du canal. Il y a, en quelque sorte, des stations fixes pour ces concrétions qui ont franchi l'orifice interne de l'urètre; le plus souvent elles restent dans la portion membraneuse, au voisinage du bulbe; on peut même dire que ce n'est que secondairement qu'elles parviennent plus en avant pour séjourner vers l'angle péno-scrotal, et plus fréquemment encore dans l'intérieur de la fosse naviculaire.

Dans une dernière catégorie de cas, l'engagement des fragments calculeux se présente d'une manière toute spéciale : ce sont ordinairement des jeunes gens, des enfants même, chez lesquels le col de la vessie est très-dilatable, ou même très-dilaté, par suite de la tendance de la pierre à sortir du réservoir de l'urine. Il en est de même chez des gens plus âgés dont la partie profonde du canal s'est développée par suite d'un rétrécissement considérable situé dans la région du bulbe. Dans toutes ces conditions, dont il faut se défier, la lithotritie est facile, le col ne mettant pas d'obstacle aux mouvements du lithoclaste, mais l'opération terminée, voici ce qui arrive. Les contractions de la vessie se réveillent, quelques douleurs les surexcitent, et dans un effort violent d'expulsion, les malades font pénétrer dans l'urètre la totalité de la pierre, dont les fragments remplissent alors toute la portion courbe du canal préalablement dilatée.

Ces différents modes d'engagement des calculs dans l'urètre sont, comme on le voit, bien différents les uns des autres; nous allons dire combien les accidents qui en résultent sont dissemblables, et surtout combien les indications qui en découlent sont variables.

Chez les premiers malades, la présence des calculs dans l'orifice interne s'annonce par de la douleur, et surtout par une augmentation des besoins d'uriner. Cette complication aurait été prévue, et c'est une règle de pratique qu'il ne faut jamais négliger, si l'on avait conseillé aux malades de pisser, coûte que coûte, dans la situation horizontale. Quoi qu'il en soit, les phénomènes que nous venons d'indiquer suffisent pour soupçonner l'engagement, et voici la conduite qu'il faut tenir. On prendra une bougie molle de 6 à 7 millimètres de diamètre, on l'introduira doucement jusqu'au col de la vessie, et le plus souvent, en franchissant l'orifice, l'instrument refoulera avec lui les débris engagés. Quelquefois le cathétérisme ne suffit pas; on choisit alors une grosse sonde métallique, on la fait pénétrer jusqu'aux fragments, on comprime l'urètre sur la sonde, et l'on pousse une injection forcée. Avant d'employer la violence, il faut d'abord agir lentement, afin de distendre les parois du canal.

Il est très-rare que, par les moyens que nous venons d'indiquer, on ne réussisse pas à refouler les calculs jusque dans la vessie. Dans les cas d'insuccès, on renouvellera plusieurs fois les tentatives, et si l'on échoue, il faudra recourir à la lithotritie urétrale.

Lorsqu'un débris calculeux s'est avancé jusque dans la partie courbe de l'urètre, il s'y arrête le plus souvent. Quelquefois il est rendu spontanément, mais lorsqu'il séjourne dans un point quelconque du canal, il détermine une douleur vive et met obstacle au passage de l'urine. Cependant il faut reconnaître que de petits fragments peuvent stationner dans l'urètre sans provoquer aucun accident : ainsi il n'est pas rare qu'au moment de pratiquer une nouvelle séance de lithotritie, la sonde fasse reconnaître, dans le canal, un calcul dont on ne soupçonnait même pas la présence.

Ordinairement, nous venons de le dire, c'est une douleur vive bien limitée, de la dysurie, et même la rétention d'urine, qui attirent l'attention du chirurgien. Dans ces cas, le diagnostic doit être confirmé au moyen du cathétérisme avec la sonde métallique, puis en tentera l'extraction ou le broiement.

C'est au bulbe et dans la fosse naviculaire que les fragments s'arrêtent le plus ordinairement, mais dans les cas d'induration des parois du canal on peut observer le calcul dans les situations les plus diverses. Lorsque la concrétion occupe la fosse naviculaire et même la partie antérieure de la portion pénienne, une simple curette, la branche femelle d'un petit lithoclaste, ou bien enfin la pince à deux branches, permettent d'amener au dehors le corps étranger. On pratique assez souvent cette opération chez les petits enfants, et rarement on est obligé d'avoir recours au débridement du méat.

Dans les cas où le calcul est fixé dans la portion profonde du canal, il faut, pour débarrasser le malade, avoir recours à un petit lithoclaste, dit *brise-pierre urétral* (voy. fig. 7). La manœuvre en est directe, fort simple : on introduit l'instrument jusqu'au corps étranger, on écarte alors les deux mors, et l'on s'efforce de porter la branche femelle en arrière de la concrétion ; cela fait, en rapprochant lentement la branche mâle, on peut saisir et extraire le fragment. Si cette extraction présentait des difficultés, soit à cause des dimensions trop grandes du calcul, soit même par suite de son implantation dans les tissus, on devrait faire l'écrasement sur place. En saisissant la concrétion à plusieurs reprises entre les branches de l'instrument qu'on rapprocherait avec précaution, on pratiquerait ainsi la lithotritie urétrale, et on laisserait à l'urine le soin d'expulser les débris calculeux. Il est bien rare qu'un chirurgien exercé et patient échoue dans ces tentatives ; toutefois, dans quelques circonstances exceptionnelles, il est prudent d'inciser le canal pour débarrasser le malade ; on fait alors la boutonnière.

Il nous reste actuellement à parler des individus chez lesquels la plus grande partie de la pierre fragmentée vient remplir la portion profonde de l'urètre. Dans ces cas, la complication est annoncée par des douleurs très-vives qui arrachent des cris au malade, et par une rétention d'urine qui met le comble à ses souffrances ; l'état d'angoisse et d'agitation qu'on observe dans cette circonstance permet de faire un diagnostic que le cathétérisme confirmera bientôt. Lorsqu'une pareille complication survient, il faut à tout prix débarrasser le calculeux sous peine de voir survenir des accidents bientôt suivis de la mort : il est permis, et l'on doit même faire quelques tentatives d'extraction par les voies naturelles ; mais si ces recherches sont trop douloureuses et doivent se prolonger pendant longtemps, il faut s'arrêter et pratiquer une ouverture à la région membraneuse. L'opération qui permet de sortir tous les fragments qui peuvent exister dans l'urètre, et même dans la vessie, porte le nom de taille membraneuse.

§ IV. — De l'hémorrhagie.

D'autres accidents peuvent encore être observés. La recherche de la pierre et sa fragmentation s'accompagnent assez souvent de l'émission d'une urine légèrement teinte de sang, mais, dans quelques cas, les malades sont pris d'une véritable hématurie, dont la quantité peut affaiblir le patient ; cette circonstance entraîne surtout avec elle des difficultés de la miction qui tiennent à la formation de caillots dans l'intérieur de la vessie.

On sait combien ces hématuries sont embarrassantes ; les malades ne peuvent uriner, et le cathétérisme donne des résultats très-incomplets, car la sonde est continuellement obstruée par des filaments, et les différents mouvements qu'on lui imprime ont pour conséquence de ramener l'hémorrhagie. Pour que les manœuvres de la lithotritie s'accompagnent d'un pareil accident, il faut, en dehors de toute violence, que la

vessie présente une altération organique de ses parois;
l'épaississement de la membrane muqueuse, la présence
de certaines tumeurs fongueuses et cancéreuses; prédisposent aux hémorrhagies vésicales qui sont alors
déterminées par la moindre exploration. Cet accident
est, en définitive, fort rare; il nécessite l'emploi de
moyens simples, et il ne contre-indique pas, d'une manière absolue, la continuation de la lithotritie.

§ V. — De la rétention d'urine.

La rétention d'urine peut être la conséquence des manœuvres qui ont pour but de broyer la pierre, aussi doit-
elle être rangée parmi les accidents de ce mode de traiter
les calculeux. Nous avons déjà fait remarquer que l'action
de l'instrument dans l'intérieur du réservoir de l'urine
pouvait avoir pour résultat, dans des cas spéciaux, de
rompre l'équilibre qui existe entre les contractions de
la vessie et celles du col; nous avons dit que cette perturbation pouvait déterminer toutes les variétés de la
dysurie, et quelquefois même la rétention. Ces circonstances sont de nature à engager le chirurgien à s'assurer, dans tous les cas, si le malade rend ses urines dans
les heures qui suivent l'opération. Il faut redouter la
stagnation, surtout lorsque l'exploration méthodique
aura démontré un certain degré d'inertie des parois vésicales; la négligence, en pareille circonstance, pourrait
être suivie d'accidents graves et souvent funestes; le
cathétérisme doit être pratiqué à des époques régulières, jusqu'à ce que la vessie ait récupéré son fonc-

tionnement normal. On a dit que la lithotritie appliquée chez les enfants, provoquait souvent la rétention d'urine : cet accident nous a paru moins fréquent qu'on semblait le supposer ; mais, dans tous les cas, ce ne peut être là une contre-indication au broiement de la pierre dans le jeune âge.

§ VI. — De quelques accidents rares.

Nous arrivons maintenant à une dernière série d'accidents que nous ne ferons que mentionner, en ce sens qu'ils n'ont rien de commun avec le broiement de la pierre en lui-même ; ce sont les résultats de mauvaises manœuvres ou de l'emploi d'instruments défectueux.

La lithotritie expose à la formation de fausses routes qui tiennent à ce que le lithoclaste est mal conduit, ou bien à ce qu'on s'obstine pour le faire passer à travers des obstacles insurmontables. Les perforations de la vessie, les déchirures de cet organe, sont des malheurs qui n'arrivent qu'entre de certaines mains. Quant au pincement de la muqueuse vésicale par les deux branches de l'instrument qui se rapprochent pour saisir la pierre, c'est un accident rare que la théorie indique, et qui a surtout eu le mérite de fixer l'attention du public et de bien des médecins. La distension du réservoir au moyen de l'injection rend cet accident presque impossible ; mais, en admettant que, dans des conditions particulières, la muqueuse pût s'interposer, un chirurgien prudent et habitué s'apercevrait à temps que la pierre ne serait saisie que par l'intermédiaire d'un corps organisé.

Le succès des manœuvres de la lithotritie dépend de l'habileté de l'opérateur, et de l'extrême douceur avec laquelle il procède : plus il met de lenteur et de prudence, moins il a de chance de provoquer des accidents, et plus il approche du but qu'il se propose, la destruction de la pierre. Il ne serait pas juste de dire qu'il suffit d'une main exercée pour faire la lithotritie; car toutes les mains arrivent, par l'habitude, à exécuter une opération dont les divers temps sont parfaitement réglés. La vérité c'est qu'il faut la grande expérience que donne la pratique pour saisir les perturbations les plus légères qui peuvent résulter du broiement de la pierre, et pour comprendre toutes les indications qui peuvent surgir aux différentes périodes du traitement.

A l'origine de la lithotritie, alors que le désir de réussir poussait les chirurgiens, on appliquait la nouvelle méthode à des cas qui ne la comportaient pas, tels que des pierres dures et très-volumineuses; ou bien on employait des instruments défectueux chez lesquels la solidité n'était pas proportionnée à la puissance qu'on pouvait développer. A cette époque, on a observé la fracture complète ou incomplète des branches des lithoclastes; dans quelques cas, les brise-pierres ont été forcés, tordus, et, pour les extraire, on a dû recourir à divers expédients dont le plus innocent était encore la taille sus-pubienne.

Aujourd'hui, avec les instruments tels que nous les avons décrits, ces sortes d'accidents ne se renouvellent plus, avec la précaution toutefois, de n'employer que des brise-pierres dont on a éprouvé la solidité, en les soumettant à des manœuvres plus énergiques que celles exigées par l'opération elle-même.

CHAPITRE V.

CONSIDÉRATIONS RELATIVES A L'EMPLOI DE LA LITHOTRITIE.

Dans ce chapitre, nous développerons quelques considérations spéciales qui n'ont pu trouver place dans nos généralités sur le broiement de la pierre. Nous étudierons, dans autant de paragraphes séparés : 1° la lithotritie chez la femme ; 2° la lithotritie chez les enfants ; 3° la lithotritie dans les cas de calculs développés autour d'un corps étranger de la vessie ; 4° enfin nous terminerons par quelques données relatives à la pratique de la lithotritie en général.

§ Ier. — De la lithotritie chez la femme.

Chez la femme, la gravelle est une affection relativement fréquente, par contre, la pierre vésicale s'observe rarement chez elle ; cette circonstance a fait dire qu'il y avait une sorte d'antagonisme entre les calculs et la gravelle, mais cette manière de voir n'est pas conforme à l'observation. Nous avons démontré que la pierre vésicale se formait le plus souvent autour d'un ou de plusieurs grains calculeux descendus du rein ; que, dans d'autres circonstances, les dépôts phosphatiques étaient le résultat d'une affection de la vessie elle-même. Or, chez la femme, quoi de plus facile que l'expulsion au dehors des grains calculeux qui constituent la gravelle ; il suffit de se rappeler les dimensions, relativement considérables en largeur, de l'urètre féminin, sa brièveté et sa rectitude, pour comprendre qu'il faut des circonstances exceptionnelles pour que la gravelle puisse séjourner dans la vessie et servir de noyau à des calculs.

La femme offre rarement des affections du col ou du corps de la vessie ; chez elle, la pierre consécutive à ces maladies s'observera donc exceptionnellement. Toutes ces considérations nous expliquent le peu de fréquence de la pierre vésicale chez les personnes du sexe. Cependant, il faut tracer la conduite du chirurgien pour les circonstances où il serait appelé à débarrasser une femme d'un calcul de la vessie. Dans un autre chapitre, nous aurons à nous occuper de l'application de la lithotritie dans les cas de calculs ayant pour noyau un corps étranger ; alors nous dirons que ce genre de concrétion s'observe surtout chez la femme, et que, sous ce rapport, l'intervention chirurgicale est plus fréquente chez elle que chez l'homme.

Les dispositions anatomiques propres à l'urètre de la femme permettent l'expulsion de calculs quelquefois assez gros. On trouve dans les auteurs un grand nombre d'observations qui démontrent que bien souvent les femmes guérissent spontanément de la pierre vésicale ; aussi cette circonstance nous fait-elle comprendre pourquoi le traitement ne s'applique ordinairement qu'à des calculs d'un volume déjà considérable. Mais, à côté de cette difficulté, la fréquence des grosses pierres chez la femme, doit se placer la facilité de l'introduction des instruments dont les dimensions peuvent être relativement plus considérables que chez l'homme.

Les accidents du cathétérisme s'observent rarement chez la femme, ce qui a même fait supposer que la portion spongieuse de l'urètre masculin était le siége de la réaction qui constitue la fièvre du cathétérisme; cette vue très-ingénieuse n'est pas confirmée par l'observation clinique, ainsi que nous l'avons déjà dit. On sait que les manœuvres qui se pratiquent sur les voies urinaires de la femme sont quelquefois suivies d'accidents généraux, il est cependant bon de noter que la rareté de cette perturbation est au bénéfice de l'application de la lithotritie pour le sexe féminin. Chez la femme l'exploration est des plus simples, et la préparation des organes se réduit à quelques injections dans l'intérieur de la vessie. Les instruments lithotriteurs qui sont employés pour l'homme sont également applicables pour les malades de l'autre sexe.

La pierre, avons-nous dit, est souvent volumineuse, mais le lithoclaste manœuvre plus facilement, vu l'absence de prostate et la faible résistance au niveau du col. L'introduction du doigt dans le vagin peut quelquefois favoriser la manœuvre; le toucher permet aussi de déplacer la matrice dans le cas où celle-ci viendrait former du côté de la vessie, une saillie capable de mettre obstacle à la préhension du calcul. L'expulsion des débris de la pierre se fait très-facilement chez la femme; les injections ont une influence plus directe que chez l'homme. L'arrêt des fragments dans le parcours de l'urètre est chose rare, mais il serait toujours facile de remédier à cet accident.

La grande dilatabilité des organes est de nature à favoriser l'extraction soit des petites pierres, soit des fragments calculeux. Il faut cependant se garder de produire ainsi une distension du col de la vessie; on retire bien le calcul, mais il en résulte une incontinence d'urine très-facile à provoquer chez la femme, dont les organes sont moins bien disposés que chez l'homme pour la contention physiologique de l'urine.

En résumé, l'application de la lithotritie comporte les mêmes règles dans l'un et l'autre sexe; mais pour la femme, les contre-indications sont beaucoup moins nombreuses en même temps que les résultats sont plus simples à obtenir. Le principal obstacle au broiement serait une pierre très-volumineuse avec un développement trop considérable de la sensibilité, et surtout avec un racornissement de la vessie.

La multiplicité des pierres n'est pas une contre-indication absolue.

Les communications accidentelles entre la vessie et le vagin sont parfois compliquées de la formation de pierres volumineuses à prolongements multiples et qu'on retrouve, soit par l'urètre, soit par le vagin. La lithotritie peut être tentée dans ces conditions, mais les observations démontrent que la taille est ordinairement le moyen qui doit être préféré. Il en est de même pour les calculs renfermés dans une cystocèle vaginale.

Nous avons déjà dit qu'on pratique souvent la lithotritie chez la femme pour des corps étrangers plus
ou moins recouverts de phosphate de chaux. Le broiement peut, dans ces cas, rendre beaucoup de services,
mais certains de ces corps peuvent mettre obstacle, par
leur nature même, à l'application de la méthode, et
forcer encore bien souvent le chirurgien à employer la
cystotomie.

§ II. — De la lithotritie chez les enfants.

Il n'est pas sans utilité de consacrer un chapitre
spécial à la thérapeutique par la méthode du broiement
des calculs de la vessie chez les petits enfants. En
effet, qu'on ouvre les livres et l'on trouvera qu'en thèse
générale la lithotomie doit être choisie pour les jeunes
sujets. Le principal argument en faveur de cette préférence se tire des nombreux succès que donne la taille
chez les individus âgés d'un à douze ans. Quelquefois on ajoute, sans tenir compte des autres résultats,
que Guersant a perdu six malades sur vingt et un cas
de lithotritie ; quatre de ces opérés ont cependant succombé à des maladies intercurrentes, telles que la rou-
geole ; il serait au moins juste de ne compter que deux
insuccès sur vingt et une lithotrities. Cette statistique
qu'on cite continuellement, remonte à 1849, et elle correspond aux premiers essais de la lithotritie chez l'enfant.

La thérapeutique des calculs de l'enfance est une question extrêmement importante, surtout si l'on songe à la
fréquence de la pierre dans les premières années de la

vie. En effet, dans un tableau relatif à 5376 calculeux, il s'est trouvé 2416 enfants, 2167 adultes et 793 vieillards; ou 1946 jusqu'à l'âge de 10 ans, 943 de 10 à 20 ans, 460 de 20 à 30 ans, 330 de 30 à 40 ans, 391 de 40 à 50 ans, 513 de 50 à 60 ans, 577 de 60 à 70 ans, 199 de 70 à 80 ans, enfin 17 au-dessus de 80 ans.

Ce relevé démontre déjà toute la prédominance de l'affection calculeuse chez les enfants, c'est-à-dire chez les sujets âgés de moins de dix ans.

Le docteur Prout rapporte que, sur un total de 1256 calculeux, 300 avaient moins de dix ans.

Dans une autre statistique, sur 478 individus, on en comptait 227 âgés de moins de quatorze ans.

Le docteur Tolozan a envoyé à la Société de chirurgie le résumé de sa pratique pendant huit années ; il a fait 156 opérations de taille, dont 118 chez des individus âgés de moins de quinze ans.

La fréquence des calculs chez les très-jeunes sujets se retrouve dans tous les pays. L'alimentation, la misère, paraissent jouer un certain rôle dans la production de ces pierres ; mais on ne saurait méconnaître qu'en dehors de ces conditions tout hygiéniques, il y a une raison de l'affection calculeuse qui nous échappe complétement. Chez les enfants mort-nés, ou qui succombent très-rapidement, on a quelquefois trouvé des concrétions d'acide urique renfermées dans les bassinets.

Dans notre service à l'hôpital des Enfants assistés, nous avons souvent observé la réplétion des tubes urinifères par de la substance saline, ce qui donnait aux pyramides du rein une apparence toute particulière ; elles étaient couvertes de stries nombreuses et d'un beau jaune.

En nous occupant de la lithotritie, nous avons admis, comme tous les auteurs, que cette opération se pratiquait dans deux ordres de circonstances bien définies. Nous avons dit que le broiement de la pierre, exécuté dans les cas simples, c'est-à-dire pour des calculs de moyenne grosseur, contenus dans des organes sains, donnait constamment des résultats favorables, à la condition cependant que l'application fût méthodique : ce qui fait que la lithotritie échoue si souvent, ce sont les nombreuses complications que nous avons longuement étudiées. Toutes les difficultés du broiement résident dans les lésions organiques, et chacun sait combien sont rares les maladies de l'appareil génito-urinaire chez les jeunes sujets.

Si la pierre se présente, chez les enfants, en l'absence de ces conditions qui rendent délicate l'application de la lithotritie chez les adultes et chez les vieillards, comment se fait-il que la majorité des chirurgiens renonce à l'emploi d'un moyen qui offre tant de chances de succès? Pour notre part, nous ne saurions justifier cette préférence, aussi nous contenterons-nous de quelques réflexions. On a beaucoup répété que le broiement de la pierre chez les enfants était fort difficile, à cause des petites proportions du canal de l'urètre et de la vessie ; on en concluait que les seuls instruments qui puissent être introduits, étaient d'une ténuité telle, qu'il n'y avait pas lieu de songer à attaquer la pierre, à moins que celle-ci fût extrêmement petite. Ces vues sont purement théoriques, et rien n'est plus facile que de conduire au travers de l'urètre des brise-pierres relativement volumineux ; quant à la vessie, ses dimensions permettent qu'on manœuvre avec la plus grande facilité.

Ces deux propositions que nous avançons ici sont corroborées par de nombreuses observations, et à ce sujet nous citerons le fait suivant qui démontre qu'il nous a été très-facile, chez un sujet de sept ans, de débarrasser la vessie en moins d'un mois, d'une pierre dure d'un diamètre de 3 centimètres.

OBSERVATION IV. — *Hôpital des Enfants*. M. Dolbeau. *Calcul vésical ; lithotritie*. Guérison. (Observation recueillie par M. FABRE, interne du service.)

Monin (Constant), entré le 30 juin 1860 à la salle Saint-Côme, n° 6, est un garçon de sept ans, intelligent, d'assez bonne constitution quoique atteint d'une otorrhée chronique et de très-légers accidents scrofuleux ; il n'a d'ailleurs jamais été malade. L'enfant a été nourri au sein, et depuis, son régime n'a rien offert de particulier. Ses parents n'ont jamais eu ni pierre, ni rhumatisme, ni goutte.

Il y a environ deux ans qu'il souffre ; il a eu des hématuries, des douleurs dans le bas-ventre. Il trépigne pendant la miction, pisse souvent au lit, se touche quelquefois. La verge est assez volumineuse ; l'urine est modérément catarrhale.

Le 11 juillet, première séance de lithotritie. Le calcul a 3 centimètres dans son grand diamètre, et 2 et demi dans une autre direction ; il est très-dur. M. Dolbeau le broie et retire quelques fragments. Cette opération n'est suivie d'aucun accident local ni général ; le malade ne rend rien dans la journée ni le lendemain.

Le 13, l'urine est sédimenteuse, l'enfant s'est plaint beaucoup pendant la nuit ; la sonde perçoit et repousse des fragments engagés dans le col vésical. Bains, cataplasmes.

Le 14, l'urine est un peu moins chargée. — Seconde séance de lithotritie ; on retire quelques petits fragments.

Le 15, l'enfant rend un fragment de la grosseur d'un pois, il souffre beaucoup dans la nuit du 15 au 16. Le 16 au matin, des fragments engagés dans le col de la vessie sont repoussés avec la sonde.

Le 17, troisième séance, bien que l'aspect des urines dénote une inflammation assez notable de la vessie. Dans la journée, il faut repousser un fragment engagé dans le col. Dans la nuit du 18 au 19, douleurs très-vives, issue d'un fragment anguleux d'un très-gros volume. Chute du rectum pendant les efforts.

Le 19, quatrième séance ; dans la journée, on recueille de très-petits fragments.

Le 22, cinquième séance ; elle est suivie de l'issue spontanée de trois fragments, dont deux d'un volume d'une lentille, et le troisième des dimensions d'un pois.

Le 25, sixième séance ; plusieurs fragments sont successivement pris et écrasés.

Le 27, issue d'un fragment assez volumineux ; bon état général, et cependant l'enfant maigrit un peu.

Le 28, septième séance; dans la journée, quelques petits fragments sont expulsés avec les urines.

Le 30, huitième séance ; M. Dolbeau ne perçoit plus qu'un petit morceau qu'il parvient à saisir et à broyer.

Le 1er août, la sonde introduite dans la vessie éprouve un petit frottement.

Le 2, neuvième séance ; M. Dolbeau saisit le fragment qui lui paraît siéger dans une cellule ou dans l'interstice des deux colonnes; à trois reprises il ramène la sonde remplie de petits débris, cependant il ne croit pas avoir tout enlevé; l'urine qui s'écoule est sanguinolente.

Toutes ces séances ont duré environ un quart d'heure, elles ont été faites tantôt la vessie vide, tantôt la vessie distendue par une injection ; elles n'ont entraîné qu'une légère irritation locale sans réaction générale. L'enfant a toujours été soumis aux inhalations du chloroforme.

Le 8, un fragment est morcelé et extrait directement en trois fois. Depuis, l'enfant n'a pas souffert, et il est sorti guéri le 20 août.

Réflexions. — La lecture de l'observation démontre que, chez un jeune sujet, il a été possible de détruire, en moins d'un mois, un calcul dur et volumineux (3 centimètres). — Onze séances ont été nécessaires; plusieurs se sont prolongées pendant dix à quinze minutes, mais jamais l'enfant n'a éprouvé le moindre accident. — L'instrument employé étant de petite dimension, l'éclatement du calcul, à la première opération, a nécessité beaucoup de force; cependant

la simple pression, au moyen de la vis, a été suffisante.
Chez notre malade, la vessie était peu forte, aussi se
débarrassait-elle difficilement des débris. Ceux-ci
sont difficiles à saisir dans les séances de lithotritie ;
c'est pourquoi, vers la fin du traitement, n'avons-
nous pas hésité à extraire directement, entre les deux
branches de l'instrument, les fragments qui n'étaient
pas très-volumineux. Nous croyons avoir ainsi abrégé
la cure et simplifié la manœuvre.

Lorsque la lithotritie était à son début, le principal
argument à invoquer en sa faveur, c'étaient les résultats si funestes que fournissait l'opération de la taille.
Depuis, on a appliqué le broiement à des cas extrêmes,
en même temps que la cystotomie a été faite par des procédés plus certains ; aussi, la proportion relative des succès fournis par les deux méthodes a-t-elle un peu varié.
Dupuytren, sur 19 opérations de taille pratiquées chez
les enfants d'un à dix ans, a obtenu 18 guérisons et
1 mort. Une autre statistique donne, sur 37 opérations,
35 guérisons, 2 morts. Smith a fourni les chiffres suivants : 135 lithotomies, 106 guérisons et 29 morts.

Ces résultats sont évidemment très-favorables, mais,
pour les juger comparativement, il manque des statistiques ayant rapport à l'application de la lithotritie
chez les enfants. La proscription dont a été frappée cette
dernière méthode explique l'absence de chiffres qu'on
puisse mettre en regard avec ceux des opérations de
la taille. La bénignité de la lithotomie chez les jeunes
sujets est très-évidente, mais si presque tous les malades

ont la vie sauve, nous ne sommes pas suffisamment fixé sur les résultats définitifs de l'opération. Quelle est la proportion des fistules chez les enfants opérés de la taille ; quelle est l'influence de la section du col de la vessie sur les fonctions génératrices de ces sujets, etc. ? Toutes questions fort importantes qui doivent être prises en considération dans la comparaison des deux procédés de traitement applicables aux calculs de la vessie chez les très-jeunes garçons.

Il est un point sur lequel nous devons nous arrêter un instant. On a beaucoup insisté sur la durée très-longue du traitement par la lithotritie, mais c'est faute d'avoir réfléchi à la quantité de temps qui est nécessaire à la guérison, lorsque la taille a été pratiquée. Le docteur Crosse a publié une statistique qu'il est bon de faire connaître : sur 271 enfants âgés de moins de dix ans, et chez lesquels la lithotomie avait été mise en usage, 252 ont guéri ; mais la durée moyenne du traitement a été de trente-cinq jours. Nous avons lieu de croire que la lithotritie se contenterait d'une moyenne de trente-cinq jours pour débarrasser la plupart des enfants calculeux.

Les résultats généraux de la taille peuvent se résumer dans les propositions suivantes :

1° Opération peu dangereuse pour la vie de l'enfant et dont les suites ont une durée moyenne de trente-cinq jours.

2° Opération dont les résultats définitifs demanderaient à être précisés davantage.

Si, maintenant, nous comparons les deux méthodes

de traitement, nous pouvons dire, relativement à leur exécution, que la taille est facile, mais qu'elle expose à une série d'accidents, tels que des hémorrhagies, la lésion du rectum, la blessure des conduits éjaculateurs, les inflammations de toute espèce, les fistules urinaires; que la lithotritie est d'une exécution assez délicate, mais qu'elle n'entraîne qu'un seul ordre d'accidents, l'engagement des fragments calculeux. Quant aux fausses routes, perforations de la vessie, rupture des instruments, on ne peut les mettre raisonnablement sur le compte de la méthode. Nous voulons bien accorder que la plupart des accidents de la taille seront très-rares entre des mains exercées, mais il est des conséquences de cette grave opération que nul ne peut prévoir ni empêcher, quelle que soit d'ailleurs sa grande habileté : tels sont l'infection purulente, les phlegmasies gangréneuses et l'établissement des fistules urinaires.

Le grand inconvénient de la lithotritie chez l'enfant, c'est l'engagement des fragments calculeux dans la partie profonde de l'urètre. En effet, ces petits êtres sans raison, au lieu de modérer les efforts de la miction, au lieu d'uriner avec les précautions voulues, n'écoutent rien et expulsent brusquement tout le contenu de leur vessie. Chez eux, le col vésical se dilate très-aisément, et voilà pourquoi des fragments, même considérables, franchissent l'orifice interne et s'arrêtent dans la portion membraneuse du canal.

L'indocilité des malades est aussi un obstacle à l'opération du broiement; on peut, dans quelques cas, obtenir par le raisonnement, la tranquillité nécessaire à la facilité et à la sécurité des manœuvres, mais d'une manière générale, il faut plonger les enfants dans le sommeil anesthésique. Nous avons déjà insisté sur l'importance de cette pratique dans un travail dont la publication remonte à plusieurs années.

Il résulte de ce qui précède que les succès de la taille sont insuffisants pour justifier la préférence qu'on a donnée à la lithotomie sur la lithotritie. Arrêtons-nous un instant sur l'opération du broiement appliquée aux jeunes calculeux, mais disons, avant d'aller plus loin, qu'il nous paraît plus sage de réserver ordinairement pour la taille les sujets âgés de moins de deux ans.

Il faut, pour pratiquer la lithotritie chez l'enfant, que la vessie soit saine et que sa capacité soit suffisante; dans le cas où, par suite de l'ancienneté de la maladie, la poche urinaire serait appliquée contre la pierre, il ne faudrait pas songer au broiement. Avec une vessie intacte, il faut encore que le calcul ne soit ni trop gros ni trop dur; la densité de la pierre est, en effet, un des obstacles les plus réels à cette opération. On doit, dans les cas douteux, faire une séance exploratrice, juger du degré de réaction qu'elle provoque, et ensuite prendre un parti. La taille pratiquée après cette première tentative, se présentera, suivant nous, dans des conditions de succès qui seront encore les mêmes.

Chez les enfants, les lésions de l'appareil urinaire sont tellement rares, que les explorations qui précèdent ordinairement l'application de la lithotritie sont, dans ces cas, complétement inutiles. Les accidents fébriles qui succèdent au cathétérisme et aux manœuvres de la lithotritie ne s'observent guère chez les jeunes sujets; je ne les ai jamais constatés, quoique j'aie sondé un grand nombre de petits garçons. L'absence de réaction a pour conséquence d'autoriser le chirurgien à faire des séances un peu plus longues et à les rapprocher les unes des autres.

Les manœuvres de la lithotritie sont relativement d'une exécution moins facile chez l'enfant que chez l'adulte. La vessie des jeunes sujets est, en général, assez grande, elle occupe une portion notable de la cavité abdominale; ses parois sont minces et régulières; enfin, on ne constate pas, à proprement parler, cette disposition que l'on a désignée sous le nom de bas-fond; il en résulte que la pierre est très-mobile, et surtout qu'elle n'a pas de situation fixe. Suivant nous, il faut, pour faciliter la recherche, laisser peu de liquide dans la vessie; de plus, il est nécessaire d'élever fortement le siége du petit malade, afin de maintenir la concrétion dans la partie déclive du réservoir de l'urine.

Le calcul une fois morcelé, l'inconvénient à redouter c'est, avons-nous dit, l'engagement des débris dans le col vésical. On n'est jamais certain d'éviter un pareil accident; la meilleure précaution à prendre, c'est de réduire en poudre les petits morceaux de la pierre qui résultent d'un premier éclatement. Il est un fait qu'on serait loin de supposer, et qui cependant s'observe fréquemment, c'est la difficulté que présente la vessie des enfants à se débarrasser des fragments calculeux. On pourrait à ce sujet diviser les opérés en deux catégories : les uns ont un

organe qui se contracte avec violence, et qui expulse tout
son contenu ; chez les autres, le réservoir de l'urine se
laisse distendre, réagit faiblement, et se vide toujours mal. Chez les premiers, la lithotritie peut être
redoutable, comme elle l'est également pour les adultes
quand la vessie est peu tolérante ; chez les seconds,
l'application est entourée de moins d'écueils, mais la
durée de la cure est souvent plus longue.

Lorsque la poche urinaire est inerte, nous conseillons de saisir les débris calculeux et de les extraire ; dans
la même séance, on peut introduire à plusieurs reprises
le brise-pierre et retirer chaque fois un fragment considérable. Ces manœuvres demandent de grands ménagements, mais elles sont facilitées par l'extrême
dilatabilité du canal de l'urètre. Lorsque le réservoir se
débarrasse difficilement, on se trouve très-bien d'administrer des douches froides sur le bas-ventre ; celles-ci
sont destinées à réveiller les contractions de l'organe.

La durée du traitement par la lithotritie peut être
quelquefois considérable, il faudra parfois jusqu'à dix
séances pour délivrer l'enfant ; cependant on peut dire
qu'en général, la guérison sera obtenue dans un laps
de temps ne dépassant pas celui qu'aurait entraîné la
cicatrisation de la plaie qui succède à la taille.

C'est à tort qu'on a supposé que les manœuvres de la
lithotritie pouvaient déterminer l'inflammation du péritoine, et cela à cause du peu d'épaisseur des parois de
la vessie ; l'expérience n'a pas démontré la réalité de
cette vue purement théorique.

En résumé, nous croyons qu'il faut revenir à la lithotritie dans les cas de calculs chez les jeunes sujets. Si, d'une part, le broiement doit être mis de côté pour les petits enfants d'un à deux ans, il faut, d'autre part, faire profiter les grands garçons d'une méthode qui n'a ni les inconvénients, ni les dangers de la taille. On a eu tort, suivant nous, de réserver la lithotritie pour les adultes, en se fondant sur les résultats mal interprétés des statistiques de la cystotomie pratiquée pendant les quinze premières années de la vie.

§ III. — De la lithotritie dans les cas de calculs développés autour d'un corps étranger dans la vessie.

Depuis trente ans, les différents procédés de la lithotritie ont permis d'extraire, par les voies naturelles, un nombre considérable de corps étrangers, de nature et de forme très-diverses ; beaucoup de malades, grâce au génie inventif de bien des chirurgiens, ont évité la grave opération de la taille, et ont été débarrassés d'une complication qui aurait certainement entraîné la mort dans un temps donné.

Notre intention n'est pas de faire un chapitre sur la thérapeutique des corps étrangers de la vessie, nous ne devons envisager ici qu'un côté de la question. Une des conséquences immédiates de l'introduction d'un corps étranger, c'est la cystite, le dépôt des phosphates et consécutivement l'incrustation de l'objet qui a séjourné dans le réservoir urinaire. On comprend donc que, dans un bon nombre de circonstances, l'homme de l'art pourra trouver dans la vessie une pierre dont le noyau sera venu du dehors. Dans ces cas, le diagnostic du calcul s’obtiendra d’après les règles que nous avons posées, mais l’étiologie de la pierre échappera le plus souvent, car les malades avoueront rarement les diverses circonstances qui se rattachent à l’origine de leur maladie. On sait, en effet, que les objets extérieurs qui tombent dans la vessie, y arrivent ordinairement à l’occasion des manœuvres de la masturbation. C’est encore pour ces mêmes raisons que les individus taisent longtemps leurs souffrances et ne viennent consulter que lorsqu’ils sont vaincus par la douleur.

La pierre, lorsqu’elle se forme dans les conditions que nous venons de rappeler, a toujours la même composition; ce sont des dépôts phosphatiques souvent volumineux, mais toujours d’une densité médiocre; par conséquent, ces concrétions peuvent, avec avantage, être soumises au broiement.

Les calculs développés autour d’un corps étranger ne sont pas très-rares, on les observe principalement chez la femme; on sait que dans le sexe féminin, l’extrême brièveté du canal facilite la chute dans la vessie de l’objet introduit dans l’urètre. Le peu de fréquence de l’affection calculeuse chez les personnes du sexe, doit mettre en garde le chirurgien contre les causes d’erreurs ; toutes les fois que la sonde rencontre une pierre dans la vessie d’une femme, il faut songer aux corps étrangers, questionner la malade dans ce sens, et, dans tous les cas, procéder avec une grande prudence. Chez l’homme, certaines circonstances insolites qui peuvent survenir pendant l’application de la lithotritie, doivent également faire soupçonner que la pierre s'est formée autour d'un objet venu du dehors.

Si nous insistons sur les difficultés du diagnostic et sur les erreurs qui peuvent être commises, c'est que la question a une importance capitale dans certains cas déterminés. Ce qui va suivre fera comprendre pourquoi nous avons fait de ces pierres une catégorie à part dans la classe des concrétions calculeuses.

Les corps étrangers qui peuvent servir de noyau à un calcul de la vessie, sont très-nombreux et très-variés. On peut les diviser de plusieurs manières : 1° les uns sont moux, 2° les autres sont durs. Dans le premier groupe, il faut ranger les sondes, les bougies, les morceaux de linge, les boulettes de charpie, certaines graines, etc. Dans le deuxième groupe, il y a les fragments d'instruments métalliques, les aiguilles, les passe-lacets, les poinçons, etc., les débris de bois, d'ivoire, de verre, etc. ; les os, les projectiles de guerre, etc.

Parmi tous ces objets, les uns sont volumineux, les autres petits ; certains sont allongés, d'autres sont plus ou moins arrondis.

Les diverses qualités physiques des corps étrangers situés au centre d'une pierre, peuvent donner naissance à des difficultés multiples, que nous allons essayer de faire bien comprendre.

Les premières séances de lithotritie ayant amené la destruction de la concrétion, on arrivera bientôt sur le noyau ; si la consistance de ce dernier est faible, il sera broyé, et ses débris seront expulsés avec les fragments calculeux. Le centre de la pierre peut être mou,

mais échapper cependant au morcellement par le peu
de résistance qu'il opposera au lithoclaste; c'est ainsi
que des bouts de sondes, des lanières de cuir, peuvent
se laisser aplatir sans pour cela avoir éprouvé la moindre
fragmentation. Dans quelques cas on a pu croire l'instrument dégorgé, mais l'extraction du brise-pierre a eu
pour résultat d'engager, dans la portion profonde de
l'urètre, un objet relativement volumineux. On rapporte
encore que certains opérateurs furent très-effrayés par
la sensation qu'ils éprouvèrent en comprimant entre les
mors de l'instrument de la charpie, un haricot, etc.;
la grande mollesse de ces corps a pu faire croire qu'on
avait saisi une partie de la muqueuse ou bien quelque
tumeur saillante dans la cavité vésicale.

Certains corps étrangers, comme des morceaux de
bois, un tissu fibreux assez dur, peuvent donner lieu
à de graves perplexités : ces diverses substances sont
mâchées par le lithoclaste, des fragments s'interpo-
sent latéralement entre les branches, et il est arrivé qu'à un moment le brise-pierre ne pouvait plus être
ni ouvert ni fermé. On conçoit aussi qu'un éclat de
bois, en partie écrasé mais non rompu, se plaçant sur
les côtés de la branche mâle, puisse forcer et même frac-
turer l'instrument, si l'on voulait rapprocher trop vio-
lemment les deux portions du lithoclaste. Dans tous
les cas où l'on aura pu morceler un calcul et le corps
étranger qui lui sert de noyau, il faudra toujours,
et pour des raisons faciles à comprendre, redouter l'arrêt des fragments dans le canal.

En résumé, les pierres qui ont pour origine un corps

étranger, sont des concrétions phosphatiques qu'il est très-facile de réduire par les procédés de la lithotritie ; mais l'opération peut présenter des complications qui consistent dans les incertitudes de la manœuvre ou dans les difficultés qui peuvent surgir quand le brise-pierre agit sur un objet d'une nature particulière. Ce que nous avons dit plus haut, nous conduit à poser en principe qu'il faut, dans ces cas, 1° ne jamais extraire l'instrument avant d'avoir mis ses deux branches en contact, et même 2° ne procéder que très·lentement pour retirer un lithoclaste qui paraît parfaitement libre ; 3° surveiller la sortie des fragments contenus dans la vessie.

La lithotritie, dans les circonstances dont nous parlons, simplifie l'extraction du corps étranger, puisqu'elle diminue son volume en détruisant toute la partie calcaire ; on sait d'autre part que des modifications ingénieuses du brise-pierre ont permis de fragmenter un bon nombre de ces noyaux. Enfin, avec de l'habileté, de la patience, on a réussi à prendre, par une de leurs extrémités, des corps longs et flexibles, et l'on a pu les sortir ainsi par les voies naturelles.

Nous n'en dirons pas davantage sur le traitement de cette espèce de pierres ; nous pensons avoir démontré que la lithotritie pouvait beaucoup dans ces cas intéressants mais toujours difficiles. La taille, cependant, est encore souvent nécessaire pour débarrasser la vessie des objets qu'elle peut contenir ; la science renferme un bon nombre d'observations où le succès a suivi la tentative.

§ IV. — De la pratique de la lithotritie en général.

La guérison des calculeux soumis à la méthode du broiement, ne peut s'obtenir que grâce à la réunion de circonstances favorables; tout doit coopérer à cet heureux résultat, mais la moindre chose peut faire échouer les combinaisons les mieux organisées. Pour mener à bonne fin une opération de lithotritie, il faut tout prévoir et ne rien négliger; la prudence et la sagacité du chirurgien doivent être ses seuls guides. Si l'observation et l'expérience de tous les jours ne permettent pas de poser des règles, elles autorisent du moins à donner des indications qui peuvent être utiles.

Autrefois on attachait une grande importance à pratiquer les opérations à certaines époques déterminées; des hommes très-recommandables professaient ces doctrines qu'ils appuyaient d'une entière conviction.

C'est ainsi qu'on enseignait que l'opération de la cataracte ne devait être exécutée qu'au printemps et à l'automne. Cette question de l'influence des saisons et des époques sur les résultats des opérations a toujours préoccupé les médecins et surtout les malades; il serait néanmoins difficile de démontrer si ces croyances, devenues presque populaires, étaient ou non fondées. Pour ce qui est de la lithotritie, on peut dire, comme pour toutes les autres opérations spéciales, qu'elle réussit, quelle que soit l'époque de l'année à laquelle elle est exécutée; il n'est pas, que nous sachions, une saison où les résultats soient plus favorables qu'à une autre.

Les temps froids et humides ont une influence très-réelle sur l'état de la vessie; les douleurs, les besoins fréquents d'uriner, en un mot tous les symptômes pénibles sont moins développés pendant la belle saison, de sorte qu'il y aurait peut-être là une raison pour déterminer le moment où doit être entrepris le broiement de la pierre. Cependant, ces considérations ne seront jamais assez puissantes pour faire différer une opération qui se présenterait avec toutes les conditions de l'urgence; mais elles sont de nature à influer sur l'époque que doivent choisir les malades qui sont obligés d'entreprendre un long voyage, pour venir demander à la science le rétablissement complet de leur santé.

Beaucoup d'étrangers se rendent dans les grandes villes pour se faire traiter de la pierre, et cette circonstance entraîne par elle-même certaines difficultés dans l'application du traitement. Le séjour prolongé en voiture, les fatigues indispensables d'une longue route retentissent profondément sur l'état de la vessie. Cette influence, qu'on observe même chez l'homme en santé, devient surtout évidente lorsque le réservoir urinaire renferme une concrétion. Les calculeux arrivent dans des conditions qui rendent ordinairement plus sérieuses les premières explorations, et il ressort de nombreuses observations, qu'il est toujours prudent de différer l'intervention chirurgicale; la moindre manœuvre, en effet, pourrait, dans quelques cas, déterminer des accidents très-graves. Il faudra donc, autant que possible, s'abstenir jusqu'à ce que les malades soient reposés de leurs fatigues; on devra attendre qu'ils soient familiarisés avec les changements de régime qu'entraîne de toute nécessité un déplacement. La conduite que nous recommandons doit être, de la part du chirurgien, l'objet d'une conviction profonde, car il devra résister aux sollicitations d'un malade plein d'espoir, pressé d'obtenir sa guérison, et qui a hâte de retourner chez lui pour reprendre sa vie habituelle.

L'usage des bains est d'une grande utilité dans le traitement des douleurs vésicales, cette médication doit donc intervenir à l'occasion de la lithotritie. A ce sujet, les chirurgiens sont en désaccord : les uns opèrent les malades à la sortie du bain, les autres conseillent ce moyen aussitôt la séance terminée. Les faits semblent donner raison à tout le monde; cependant, comme un accès de fièvre se présente assez souvent dans les heures qui suivent l'opération, on doit redouter que le frisson ne s'empare du patient alors qu'il serait plongé dans l'eau; il en résulterait des difficultés pour provoquer la réaction, et des complications pourraient survenir. Suivant nous, et ainsi que nous l'avons déjà dit, on doit remettre au lendemain l'emploi de ce sédatif.

Le bain, qui calme beaucoup le calculeux, et qui constitue une ressource souvent précieuse, ne doit pas être considéré comme une médication indispensable; il n'est pas rare d'observer des individus chez lesquels ce moyen semble exaspérer les douleurs plutôt que de les calmer. L'immersion dans l'eau peut avoir pour résultat de multiplier les besoins d'uriner et de déterminer un véritable ténesme; il faut, sous ce rapport, s'en tenir aux impressions des malades et régler sa conduite sur leur désir motivé.

Relativement au régime des calculeux en voie de traitement, il est impossible de rien formuler de précis; tout dépend du degré de réaction qui accompagne chaque séance. La plupart des opérés sont à peine indisposés, ils conservent l'appétit et le libre exercice de leurs fonctions; exceptionnellement, la lithotritie est suivie de désordres graves. Enfin, il est une série de malades chez lesquels l'opération est tellement simple, qu'ils se mettent à table immédiatement après; pour quelques autres, la séance de lithotritie occupe l'intervalle qui sépare deux courses habituelles. Dans tous les cas, il vaut mieux pécher par excès de prudence; les calculeux seront donc tenus au repos et à un régime relativement sévère.

Les fonctions digestives doivent être surveillées avec le plus grand soin pendant le cours du traitement, c'est là qu'on trouvera un des meilleurs éléments du pronostic. Les purgatifs, les amers, les préparations de quinquina seront utilement mis en usage, suivant les indications particulières.

Il est un point sur lequel nous désirons insister avec toute l'ardeur d'une conviction profonde; l'usage des lavements constitue une des plus précieuses ressources dans la thérapeutique des maladies des organes urinaires. Les opérés doivent les employer journellement, soit simples, pour favoriser les garderobes, soit médicamenteux, pour remédier aux douleurs vives et aux besoins trop fréquents de rendre les urines.

La durée des opérations de lithotritie n'est point fixe; on a établi une moyenne qui varie de trois à cinq minutes, mais tout est subordonné à la facilité de l'exécution, et à la susceptibilité spéciale à chaque individu. Les premières séances doivent être très-courtes, il faut se contenter de prendre la pierre une ou deux fois au plus, puis retirer aussitôt l'instrument; dans la suite, on agit plus à l'aise, car alors on connaît la vessie et les réactions probables. Si le calcul ou ses fragments se présentent aisément, il faut en profiter et prolonger un peu la manœuvre; si, au contraire, la recherche est difficile, si elle détermine des douleurs, il faut s'arrêter et ne pas se laisser entraîner par la vaine satisfaction de prendre quand même une pierre difficile à saisir. Il n'est pas rare à la séance suivante, et sans qu'on puisse expliquer un pareil changement, de trouver une vessie bien tolérante et de rencontrer la concrétion toutes les fois qu'on rapprochera les deux branches de l'instrument.

La quantité des débris qui sont expulsés à la suite de chaque opération de lithotritie est loin d'être toujours la même; les malades attachent à cette circonstance un intérêt facile à comprendre, le chirurgien, au contraire, doit en tenir un compte très-restreint. Il y a d'abord un grand nombre de causes d'erreur, et l'on ne peut être bien sûrement renseigné sur la somme des poussières rendues; certaines pierres se pulvérisent difficilement, d'autres se tassent, comme on dit, dans l'instrument, ce qui fait varier les résultats effectifs de l'opération. Quelques chirurgiens ont conseillé de prendre pour guide de la succession des séances de lithotritie, l'expulsion des débris calcaires ; ils engageaient à s'abstenir tant que le malade rendait de la poussière, et à opérer de nouveau lorsque l'urine ne chariait plus rien. Trop de causes peuvent modifier l'expulsion des grains calculeux pour qu'on puisse se baser sur un pareil symptôme ; on s'exposerait ainsi, soit à différer trop longtemps, soit à trop rapprocher les séances de lithotritie. L'état général, l'intensité de la réaction détermineront la conduite à tenir : en l'absence de tout accident, on pourra renouveler les manœuvres, alors même que le malade rendrait encore des fragments ; dans les conditions opposées, il faudra, avant de reprendre le broiement, attendre que le calme soit complétement rétabli.

Lorsque tout se passe régulièrement et que l'opération se pratique dans de bonnes conditions, l'intervalle qui sépare deux séances de lithotritie peut être approximativement fixé à quatre ou cinq jours ; il y a, du reste, des malades dont la vessie est tellement tolérante, qu'on pourrait opérer tous les jours, et même faire une séance matin et soir. Nous ne saurions recommander cette manière trop rapide de procéder.

Tout ce que nous avons dit et répété précédemment peut se résumer en ceci : il faut aller doucement et lentement pour obtenir des résultats. Cependant il faudrait se garder de suspendre pendant trop longtemps l'application de la lithotritie ; une fois l'opération commencée, les différentes séances doivent se succéder régulièrement, et à ce sujet, nous ferons la remarque suivante. Nous avons plusieurs fois observé des calculeux chez lesquels, par suite de circonstances tout extérieures, le traitement avait été interrompu, et toujours les mêmes particularités se sont montrées. Peu à peu, la vessie, à force de se contracter sur des fragments multiples, finissait par s'enflammer ; alors survenaient des douleurs et des envies fréquentes d'uriner, et il en résultait que les nouvelles applications du broiement étaient infiniment plus douloureuses que celles pratiquées au début.

Cette influence du retard apporté à la continuation des manœuvres a été très-évidente chez un malade que j'ai opéré à l'hôpital Saint-Louis, conjointement avec le professeur Denonvilliers. Un jeune homme atteint d'une grosse pierre d'oxalate de chaux fut soumis au traitement par la lithotritie; quatre séances furent faites chacune à cinq jours d'intervalle. Les douleurs et la réaction allèrent en diminuant, et l'opération marchait avec la plus grande simplicité ; des circonstances particulières m'obligèrent alors de suspendre le traitement pendant vingt jours ; dans cet intervalle, des accidents se montrèrent, tous sous la dépendance d'une cystite assez intense. Une nouvelle application de la lithotritie fut extrêmement pénible, le malade se plaignait vivement, et l'urine était expulsée pendant la manœuvre. Les débris rendus permirent de constater que pendant l'interruption, il s'était déposé à la surface des fragments noirs d'oxalate de chaux, une couche blanche de phosphate terreux, résultat évident de l'inflammation qui s'était emparée de la vessie. Ces faits ont une grande importance pratique, ils démontrent que la pierre, une fois morcelée, doit être attaquée successivement et sans interruption.

On comprend, d'après ce qui précède, que la durée du traitement par la lithotritie doit être infiniment variable. L'époque de la guérison est subordonnée au nombre des séances, à leur résultat et à l'espace de temps qui les sépare, toutes choses essentiellement variables. La densité de la concrétion a une notable influence sur la prolongation de la cure; plus le calcul est friable, plus les séances sont productives. Les pierres dures, l'oxalate de chaux par exemple, demandent toujours beaucoup plus de temps pour être complétement détruites; en effet, le calcul, au lieu de céder lentement sous l'action de la vis et de se réduire ainsi en pâte ou en poussière, éclate brusquement, et les différents morceaux s'échappent avant d'être broyés; il en résulte que chaque fragment devra être repris successivement, ce qui augmentera de beaucoup le nombre des séances et par conséquent la durée du traitement. Ces considérations générales sur l'application de la lithotritie comporteraient encore bien des détails, mais nous renvoyons le lecteur aux articles sur la récidive de la pierre et sur le traitement médical auquel doivent être soumis les calculeux.

Avant de terminer, nous dirons encore quelques mots sur le pronostic de la lithotritie. Il est impossible de prévoir à l'avance quelles seront les suites d'une tentative de broiement; c'est à mesure qu'on avance dans le traitement, que le résultat se montre avec des éléments de probabilité qui chaque jour deviennent des

certitudes. Il est cependant une remarque pratique qui
a été faite par Civiale et que j'ai été à même de vérifier plusieurs fois ; les individus très-chargés d'embonpoint, qui ont un gros ventre, des chairs molles, sup-
portent assez mal les opérations pratiquées sur la
vessie. Les calculeux qui sont dans ces conditions succombent souvent après l'application de la lithotritie ; au
contraire les individus maigres et secs, qu'il ne faut
pas confondre avec les sujets amaigris, résistent bien et
guérissent le plus ordinairement. Quant aux résultats
définitifs, ils sont très-variables ; le plus grand nombre
des opérés guérit radicalement, mais il y a une catégorie de calculeux pour lesquels la lithotritie n'est
qu'une ressource insuffisante.

Dans un autre chapitre, nous parlerons de la récidive
de la pierre, ici nous nous contenterons de rappeler que
le broiement d'un calcul, quoique bien exécuté, peut
avoir des conséquences assez fâcheuses. Chez quelques
malades, la vessie perd complétement et d'une manière
définitive la faculté de se vider, il faut avoir recours à
la sonde ; chez d'autres, on voit survenir pendant le traitement des névralgies très-douloureuses du col de la
vessie, et ces accidents persistent encore après la destruction de la pierre.

SECTION DEUXIÈME.

DE LA CYSTOTOMIE.

CONSIDÉRATIONS PRÉLIMINAIRES.

Nous allons aborder maintenant ce qui est relatif au traitement des calculeux chez lesquels la lithotritie n'est pas applicable. Un bon nombre de ces malades peuvent être débarrassés par une opération sanglante, mais avant d'étudier la cystotomie, nous désirons faire comprendre par quelques réflexions quelle est la place que doit aujourd'hui occuper l'opération de la taille dans la thérapeutique des calculs de la vessie.

Lorsque le broiement de la pierre fut érigé en méthode pour le traitement des calculeux, il y eut à cette époque des exagérations dans la conduite des différents chirurgiens : les uns, voulant lithotritier tous les malades, rejetaient complétement la taille; les autres, préconisant les résultats de la lithotomie, mettaient obstacle à tout autre mode de traitement. Depuis, les observations se sont multipliées, l'expérience s'est faite et l'on a généralement accepté qu'il existait deux moyens de guérir les calculeux ; désormais la question importante à résoudre résidait dans le choix de la méthode à mettre en usage. Il est utile actuellement de faire un pas de plus, et suivant nous, on ne doit plus considérer la lithotomie que comme un moyen extrême qu'il faut employer alors seulement que la lithotritie est devenue impossible.

Dans les chapitres précédents, nous nous sommes efforcé de faire comprendre que les premiers soins applicables aux individus soupçonnés d'avoir la pierre devaient aussi constituer les préliminaires d'une opération qui pouvait souvent les guérir. Nous avons longuement insisté sur la manière dont il fallait procéder afin de ne rien compromettre, et principalement pour laisser aux chirurgiens la possibilité de pratiquer l'opération de la taille avec autant de chances de succès que si la lithotomie eût été décidée d'emblée. On a pu dire avec raison que la lithotritie mal appliquée et surtout que cette opération, pratiquée sans discernement pour des cas qui ne la comportaient pas, avait placé les malades dans les plus mauvaises conditions pour subir la cystotomie; mais les fautes, en chirurgie comme en toutes choses, ne peuvent compromettre que les personnes : *non est discrimen artis.*

Nous avons posé en principe qu'il fallait, avant de prendre une détermination dans le traitement des calculeux, connaître le volume et la densité de la pierre, puis l'état des organes urinaires; nous sommes donc en droit de soutenir que la lithotomie ne doit être pratiquée qu'alors que les explorations méthodiques auront démontré que la lithotritie ne pourrait pas être menée à bonne fin. Pour bien faire comprendre notre pensée relativement à cette question sérieuse et très-importante, résolue en sens inverse par des hommes considérables, nous rappellerons la conduite généralement observée dans le traitement d'une affection grave et malheureusement trop fréquente; nous voulons parler de cette maladie qui commence par une inflammation toute spéciale de la synoviale du genou et qui peut aboutir à la tumeur blanche de cette articulation.

De nombreux exemples démontrent que la synovite fongueuse peut guérir par les moyens simples presque à tous les degrés de l'évolution de l'arthrite; cependant il est trop prouvé que, dans bien des cas, l'amputation de la cuisse devient une cruelle nécessité. Cette grave opération n'est pourtant proposée que lorsque tous les autres moyens ont été mis en usage, c'est-à-dire quand le malade a été successivement épuisé par les douleurs vives, les suppurations abondantes, le séjour au lit, etc. L'amputation pratiquée à une période moins avancée serait peut-être exécutée dans des conditions meilleures relativement aux forces et à la résistance des malades; mais comme il n'existe pas de signes certains qui permettent de déclarer à l'avance si l'affection guérira spontanément ou si elle demeurera au-dessus des ressources de l'art, il est de règle, vu la gravité des amputations de la cuisse, de ne pratiquer cette opération que lorsqu'il sera bien démontré que les moyens simples ont été insuffisants.

Personne n'oserait ériger en principe qu'il faut amputer les sujets atteints de synovites fongueuses dans la crainte que l'expectation ne plaçât les malades dans des conditions moins propices à subir une opération importante; il nous paraîtrait également peu logique de tailler un calculeux, dans la crainte de voir les chances de la lithotomie diminuer après une première séance de lithotritie. Il faut savoir à temps ne plus espérer lorsqu'on traite une tumeur blanche rebelle et proposer résolûment l'amputation ; il faut également se décider lorsque le résultat de la lithotritie serait trop douteux et se rattacher consciencieusement à la cystotomie. Un calculeux se présente, on doit l'explorer sagement, essayer de la lithotritie, et ne le tailler que comme moyen extrême.

Il est bien démontré aujourd'hui que la taille appliquée aux cas simples donne une proportion de succès beaucoup moins grande que celle qui succède à l'opération de la lithotritie.

CHAPITRE PREMIER.

INDICATIONS DE LA CYSTOTOMIE. — NOTIONS ANATOMIQUES. — CAUSES DE LA MORT APRÈS L'OPÉRATION DE LA TAILLE.

§ Ier. — Indications de la cystotomie.

Nous avons exposé précédemment les diverses circonstances qui peuvent mettre obstacle à l'emploi de la lithotritie ; les contre-indications se rattachent d'une manière générale, soit à l'état des organes, soit à la pierre elle-même. Les dimensions du calcul, son extrême densité, constituent souvent une difficulté insurmontable. Il faut, pour que la pierre puisse être broyée, que son volume permette de la comprendre entre les branches de l'instrument; il est encore indispensable que la densité de la concrétion ne soit pas au-dessus de la puissance du lithoclaste. Le broiement d'un gros calcul n'est possible qu'à la condition d'une notable friabilité, et c'est une circonstance heureuse que la plupart des très-grosses pierres sont ordinairement peu dures.

Lorsqu'un calcul peut être saisi par l'instrument et que cependant il est impossible d'en obtenir l'éclatement, on a proposé de diminuer la résistance de la concrétion au moyen des perforations successives. On a aussi triomphé de la difficulté en soumettant la pierre à une percussion méthodique, ou en employant des instruments dont les deux branches se rapprochaient avec une puissance plus considérable que celle développée par les lithoclastes ordinaires; tels sont le brise-pierre à volant, le brise-pierre à levier, etc.

Toutes ces modifications qui ont pour but d'étendre le champ de la lithotritie ont pu donner des résultats heureux, mais il faut savoir que leur emploi a été la source de bien des mécomptes. Personnellement, nous sommes disposé à pratiquer la taille lorsqu'il s'agit d'un calcul capable de résister à l'action des instruments que nous avons décrits. Les cas auxquels nous faisons allusion offrent toujours une grande gravité, car le volume et la dureté des pierres constituent des obstacles sérieux à la lithotomie comme à la lithotritie.

D'après ce qui précède, on voit que la taille sera indiquée pour les pierres volumineuses ou trop dures, et dans les cas de pierres multiples à moins que celles-ci ne soient très-petites; c'est encore à cette méthode qu'on aura recours lorsque l'urètre s'opposera d'une manière permanente à l'introduction des instruments, ou lorsque la vessie ne permettra pas la manœuvre. L'extrême sensibilité des organes peut, dans quelques cas, nécessiter l'opération de la taille, même lorsqu'il s'agira d'une très-petite pierre, qu'on aurait détruite en une ou deux séances de lithotritie.

C'est l'exploration méthodique qui déterminera la conduite du chirurgien, aussi lorsque celui-ci prendra un parti il sera déjà renseigné sur l'état des organes et sur les conditions physiques du calcul. Malgré toute l'importance qu'offrent les notions exactes que nous venons de mentionner, il est des cas dans lesquels le diagnostic est toujours imparfait; ainsi l'extrême sensibilité des organes s'oppose quelquefois à tout examen et c'est en quelque sorte par hasard qu'une sonde, introduite au milieu de l'agitation la plus violente, permet de constater la présence d'une concrétion. Une exploration plus complète serait impossible et l'on pratique la taille sans connaître le nombre des calculs et les dimensions de la pierre (voy. l'observation III, p. 157).

Chez certains malades il existe, avons-nous dit, un obstacle insurmontable au col de la vessie, qui arrête sans cesse le lithoclaste; la sonde pénètre difficilement dans le réservoir, constate la présence d'un corps étranger, mais rien n'est fixé relativement aux qualités du calcul. Ces divers cas sont heureusement rares et exceptionnels; ils sont très-sérieux, car ils nécessitent une opération grave

que le chirurgien pratique sans avoir les notions positives qui sont nécessaires en pareille circonstance.

Lorsqu'on incise la vessie pour sortir une pierre
les dimensions de la plaie doivent être subordonnées
à celles du calcul ; mais cette ouverture accidentelle a
des limites absolues qui lui sont imposées par la nécessité de respecter des organes importants. Tel ou tel procédé de taille donne plus ou moins d'étendue à l'incision , on comprend donc toute l'importance de la
mensuration exacte du calcul qu'on devra extraire.

Quelles que puissent être les raisons pour lesquelles
on abandonne la lithotritie afin de recourir à la taille,
on peut toujours diviser les calculeux chez lesquels le
broiement est devenu impossible en deux catégories
principales. Les uns ont une petite pierre, c'est-à-dire
un calcul dont les plus grandes dimensions ne dépassent
pas 3 centimètres, ou bien plusieurs petites pierres, ou
bien encore un certain nombre de fragments qui proviennent d'une première séance de lithotritie. Dans la
seconde catégorie, nous plaçons les calculeux chez lesquels la pierre offre des dimensions plus ou moins considérables, mais toujours supérieures à 3 centimètres
comme petit rayon.

Cette division des calculeux en deux groupes nous
paraît essentiellement pratique , elle est basée sur un
diagnostic exact de l'affection. La distinction sera, du
reste, justifiée dans la suite de ce travail.

§ II. — Notions anatomiques.

Lorsqu'il faut renoncer à obtenir l'issue de la pierre par le canal naturel, le chirurgien est appelé à établir une voie artificielle au moyen de laquelle il pourra faire l'extraction des corps étrangers contenus dans le réservoir de l'urine.

On peut parvenir jusque dans la vessie soit par l'hypogastre, soit par le périnée ; les connaissances anatomiques servent de guide au chirurgien dans une entreprise si pleine de périls et toujours environnée d'inconnu. Mais si d'une part les notions précises montrent la route qu'il faut suivre sans s'en écarter un instant, d'autre part la clinique a fait voir pourquoi il y avait danger à blesser tel ou tel organe, et les progrès de la pathologie générale permettent d'établir quelles sont les causes de mort après l'opération de la taille ; on sait par conséquent dans quelle mesure on doit incriminer l'action des instruments. Avant de dire comment il faut procéder pour débarrasser un calculeux et afin de justifier notre préférence pour tel ou tel procédé, nous rappellerons sommairement les considérations anatomiques nécessaires pour bien opérer, puis nous insisterons sur les causes de la mort après l'opération de la cystotomie. Ces deux études sont connexes, elles nous paraissent le meilleur préambule à l'étude de ce grave sujet.

1° Notions anatomiques relatives à l'ouverture de la vessie par l'hypogastre.

Le réservoir de l'urine est fixé à la face postérieure du pubis par les ligaments pubio-vésicaux, qui ne sont autre chose que les tendons d'insertion des fibres longitudinales de l'organe; de cette situation il résulte que la face antérieure de la vessie se trouve forcément en rapport avec la paroi correspondante de l'abdomen lorsque la distension de l'organe détermine son issue hors de la cavité pelvienne. La percussion démontre tous les jours une matité bien évidente au-dessus du pubis, ce signe est en rapport avec la plénitude de la vessie. La notion du rapport de la face antérieure de la vessie avec la paroi abdominale, démontre la possibilité de parvenir, au moyen d'une incision pratiquée au-dessus du pubis, jusque dans l'intérieur du réservoir urinaire; on s'étonne donc que la taille hypogastrique ou par le haut appareil ait été, en quelque sorte, le résultat d'un hasard.

Au-dessus du pubis et en allant de l'extérieur vers la profondeur, différents plans doivent être traversés pour atteindre la vessie; quant à la composition des diverses couches elle varie suivant qu'on les étudie exactement sur la ligne médiane ou sur les parties latérales.

Sur la ligne médiane, on trouve la peau et au-dessous d'elle une couche lamelleuse chargée de graisse; cette dernière peut acquérir, chez certains sujets, une épaisseur de plusieurs centimètres. Plus profondément, on reucontre la ligne blanche, c'est-à-dire l'intersection de toutes les aponévroses de l'abdomen; ce plan fibreux a une épaisseur et une résistance qui ne permettent pas de le traverser sans en avoir conscience. Au-dessous de la ligne blanche, on n'est plus séparé de la vessie que par des parties anatomiques qui ne sont pas absolument constantes dans leurs rapports réciproques. Le péritoine, qui tapisse la face antérieure de l'abdomen, descend vers le pubis, mais, chemin faisant, il rencontre l'ouraque et les débris des artères ombilicales. Ces organes éloignent un peu la séreuse de l'aponévrose et l'empêchent d'y adhérer complétement; il y a là un fascia sous-péritonéal souvent chargé de graisse, et qui se continue jusque dans la profondeur du bassin. Le péritoine, qui double la face postérieure de la paroi abdominale, est d'autant plus mobile qu'on s'approche du sommet de la vessie; il descend très-légèrement sur la face antérieure de ce viscère, puis il se réfléchit bientôt pour tapisser sa face posiérieure, emmenant avec lui le *fascia transversalis* qui l'accompagne dans tous ses mouvements.

Lorsque la vessie est revenue sur elle-même, elle entraîne le feuillet pariétal du péritoine qui s'adosse alors au feuillet fibreux abdominal. Au contraire, lorsque la vessie se distend, c'est la face antérieure de cet organe qui vient se mettre en rapport avec l'aponévrose, aussi le péritoine, en quelque sorte trop long, forme-t-il vers le sommet de l'organe un pli que l'on voit et que l'on sent. A quelle hauteur ce repli du péritoine se trouve-t-il du bord supérieur du pubis?... C'est là une notion anatomique essentiellement variable, la précision, dans ce cas, nous semblerait un danger pour les opérateurs. Ce qu'il est important de signaler c'est que la vessie en s'élevant dans l'abdomen ne refoule pas indéfiniment la séreuse et que, quelle que puisse être la distension du réservoir de l'urine, le péritoine n'en tapisse pas moins la face antérieure de la paroi abdominale. Au-dessus du pubis, dans les conditions les plus favorables, le repli du péritoine se rencontre à 3 ou 4 centimètres au plus ; c'est du reste une erreur de croire que le sommet de la vessie se porte en arrière à mesure qu'il s'élève, bien au contraire l'organe en se développant subit une sorte de bascule en avant et en bas.

Le repli du péritoine, avons-nous dit, peut être senti, ajoutons qu'il est légèrement mobile ; c'est donc au chirurgien à le rechercher et à le porter en haut lorsqu'il voudra éviter la lésion de la grande séreuse. Nous reviendrons sur ce sujet important à l'occasion de la taille sus-pubienne.

L'aponévrose enlevée, et dans toute la partie qui s'étend du repli du péritoine aux ligaments pubio-prostatiques, il existe une couche celluleuse plus ou moins infiltrée de graisse qui s'étend vers les parties latérales du bassin ; il faut traverser toute son épaisseur pour arriver jusqu'à la face antérieure de la vessie.

Dans la superposition des différents plans que nous avons indiqués pour parvenir jusqu'à la vessie à travers la paroi abdominale, nous n'avons mentionné aucun vaisseau. En effet, lorsqu'on se tient exactement sur la ligne médiane, on ne trouve pas la moindre branche vasculaire dont la lésion puisse avoir de l'importance.

Le vrai chemin pour arriver dans la vessie, nous venons de l'indiquer, car, sur les parties latérales, la constitution des plans à traverser deviendrait plus complexe; on y trouverait le muscle grand droit et des branches artérielles, or il y a toujours avantage à ménager ces différents organes.

Nous n'insisterons pas davantage sur les dispositions anatomiques de cette région, le peu que nous en avons dit est suffisant pour montrer que rien n'est plus facile et plus simple que de pénétrer dans la vessie par l'hypogastre, tout en respectant les organes importants. J'ajoute cependant que l'incision hypogastrique a pour résultat de mettre l'intérieur de la vessie et par conséquent l'urine, en communication non-seulement avec le tissu cellulaire du bassin, mais encore avec celui des muscles droits de l'abdomen. Les recherches anatomiques de Retzius, confirmées par des faits cliniques, ont en effet démontré que le *fascia transversalis* ne tapisse pas la face postérieure de la paroi abdominale dans sa portion inférieure, mais que cette aponévrose se réfléchit sur la face postérieure de la vessie en même temps que le péritoine lui-même; dans ces diverses circonstances réside toute la gravité de la taille suspubienne.

2° — Notions anatomiques relatives à l'ouverture de la vessie
par le périnée.

Si, par la pensée, on mène une ligne qui réunit transversalement les deux tubérosités sciatiques, on délimite ainsi sur le bassin osseux un triangle à base postérieure représenté par la ligne que nous venons d'indiquer, à sommet antérieur correspondant au pubis, et circonscrit latéralement par les branches ischio-pubiennes. C'est dans l'aire de ce triangle qu'il faut passer pour arriver jusqu'à la vessie ; exposons donc la superposition des plans qui entrent dans la composition du périnée.

On trouve : 1° la peau, pourvue de quelques poils et d'une mobilité très-notable ; elle se continue, du reste, avec l'enveloppe cutanée des parties voisines. On remarque sur la ligne médiane un raphé très-évident qui se prolonge jusque vers la peau des bourses et de la verge.

2° Au-dessous de la peau, dont elle est séparée par une ou deux couches celluleuses quelquefois pourvues de graisse, on rencontre le fascia superficialis, dépendance de l'aponévrose générale d'enveloppe.

3° Les parties précédentes étant enlevées par la dissection, une couche importante se trouve alors en évidence. Sur la ligne médiane et d'arrière en avant, on observe la partie antérieure du sphincter de l'anus qui se continue en avant, par un petit faisceau médian, avec les fibres du bulbo-caverneux ; vient ensuite le muscle bulbo-caverneux, il recouvre le bulbe de l'urètre et se prolonge jusque vers le pubis. Latéralement se voit la racine des corps caverneux, doublée du muscle ischio-caverneux ; de la tubérosité sciatique part également un petit muscle à direction transversale, c'est le muscle transverse du périnée.

Sans plus de préparation, on peut alors reconnaître que

le grand triangle périnéal se trouve subdivisé en deux triangles latéraux réunis par un côté commun, qui est médian et qui correspond à l'urètre; un des autres côtés, c'est la moitié de la ligne biischiatique, enfin le triangle est complété par la racine du corps caverneux qui forme son bord externe.

L'aire de chaque triangle secondaire se trouve rempli par un tissu cellulaire plus ou moins abondant, que traverse l'artère bulbeuse ou transverse du périnée. Cette branche vasculaire, dont la lésion doit être redoutée, correspond surtout au bord postérieur de l'espace triangulaire que nous venons d'indiquer.

4° Lorsque l'anatomiste veut pénétrer plus profondément dans l'intérieur de l'excavation pelvienne, et toujours au niveau de l'espace périnéal antérieur, il est arrêté par un plan très-résistant composé de fibres à la fois musculaires et aponévrotiques d'une épaisseur considérable. Cette cloison périnéale, qui porte le nom de ligament de Carcassonne ou d'aponévrose moyenne du périnée, a la forme d'un triangle; elle s'insère de chaque côté à la lèvre interne de la branche ischio-pubienne, son sommet regarde le pubis et sa base correspond à la ligne biischiatique; là elle se recourbe au-devant du rectum pour se continuer avec l'aponévrose superficielle, en limitant ainsi un espace qui porte le nom d'étage inférieur du périnée. La loge que nous venons d'indiquer renferme la portion bulbo-spongieuse de l'urètre et la racine des corps caverneux.

Il résulte de ces dispositions, sur lesquelles nous n'insistons qu'à un seul point de vue, l'ouverture de la vessie, que l'incision de l'aponévrose de Carcassonne est indispensable pour arriver jusqu'au réservoir urinaire. Ce débridement aponévrotique peut se faire sans intéresser les organes importants de la région, pourvu que l'instrument reste compris dans l'un des triangles qui par leur réunion forment l'espace périnéal antérieur. On peut en procédant régulièrement se mettre à l'abri de la lésion de l'urètre et du corps caverneux; quant à la blessure de l'artère transverse du périnée, dont la situation est variable, on n'est jamais certain de l'éviter si l'on s'éloigne de la ligne médiane.

C'était par le triangle latéral gauche que les anciens pénétraient pour arriver jusqu'au col de la vessie ; cependant l'incision était souvent suivie d'hémorrhagies abondantes qu'on a encore observées dans les opérations plus modernes. Cette dernière circonstance nous engage à discuter une question fort importante : peut-on atteindre le réservoir urinaire en agissant sur la ligne médiane, et cela sans lésions sérieuses?

L'urètre, en traversant l'aponévrose moyenne du périnée, reçoit des insertions qui proviennent de cette cloison fibro-musculaire et qui le maintiennent dans une situation absolument fixe; c'est à ce niveau que se trouve le bulbe, prolongement postérieur de la portion spongieuse de l'urètre. Ce renflement est également embrassé, au moins vers sa face supérieure, par les dépendances de l'aponévrose de Carcassonne, ce qui limite très-notablement sa mobilité. Le bulbe de l'urètre a un volume et des dimensions variables; son accroissement est en rapport avec l'âge des individus, presque nul chez les enfants, il devient plus apparent chez les adultes et son plus grand développement s'observe chez le vieillard. L'urètre étant fixé, à mesure que le bulbe se développe ce dernier se rapproche nécessairement de la partie antérieure du rectum; quelques anatomistes ont même prétendu que, dans certains cas, les deux organes se trouvaient accolés.

Les rapports exacts entre le bulbe et la partie correspondante de l'intestin nous paraissent d'une importance capitale, c'est de cette notion que doit surgir la réponse à la question que nous avons posée, et que nous pouvons préciser davantage en disant : est-il matériellement possible de parvenir au col de la vessie en restant sur la ligne médiane et sans intéresser ni le bulbe ni le rectum? Il résulte de nos recherches qu'il est, en effet, possible de pénétrer jusque dans la vessie sans déterminer les lésions que nous venons de mentionner. Nos arguments sont de deux sortes, les uns nous seront fournis par l'étude anatomique de la région, les autres par les faits cliniques.

A. Recherches anatomiques. — Le volume et la situation du bulbe ne nous ont pas paru aussi essentiellement variables qu'on a coutume de le dire. L'intervalle qui sépare le prolongement bulbaire d'avec le rectum peut être estimé à 15 millimètres ; cette mesure, qui n'est qu'une moyenne, est assez conforme à la généralité des faits. Il est, d'autre part, facile de constater que certaines manœuvres sont de nature à augmenter la distance qui sépare les deux organes ; la section de la petite bandelette musculaire, qui sert de trait d'union entre le sphincter de l'anus et le muscle bulbo-caverneux, facilite déjà l'éloignement de l'intestin, qui s'incline plus facilement en arrière. De plus si l'on vient à pratiquer une incision de l'aponévrose moyenne immédiatement en arrière du point traversé par l'urètre, il nous a paru très-manifeste que le bulbe pouvait alors facilement se porter en avant.

Pour résumer nos recherches sur ce point d'anatomie, nous dirons, qu'en restant sur la ligne médiane, il existe entre le bulbe et l'intestin un espace de 15 millimètres environ, qui permet d'arriver jusqu'à l'aponévrose de Carcassonne. Si l'on pratique méthodiquement le débridement de cette aponévrose, rien ne s'opposera plus à l'extraction d'un calcul qui aurait franchi le col de la vessie. J'ajouterai que, sur le vivant, il nous a paru évident que le bulbe, chez les individus qu'on opère de la taille, était notablement petit et en quelque sorte rétracté en vertu de propriétés purement vitales ; circonstance qui est évidemment de nature à rendre l'incision médiane moins périlleuse. A ce niveau, il n'y a, du reste, aucune artère à redouter, aussi la taille médiane a-t-elle sous ce rapport une grande supériorité sur la section latérale.

B. Observations cliniques. — La seconde série de preuves, avons-nous dit, sera fournie par la clinique. Nous avons vu pratiquer et nous avons exécuté nous-même un bon nombre de fois la taille qu'on appelle médiane ; dans ces opérations, il ne nous a pas paru que le bulbe fût toujours intéressé. Notre attention étant fixée sur ce point important, nous avons pu remarquer plusieurs fois et faire constater à d'autres que l'incision se trouvait en arrière du renflement spongieux ; dans trois opérations il a été facile d'apercevoir le bulbe intact dans la partie antérieure de la plaie. Enfin, chez deux de nos malades qui avaient succombé aux suites de l'opération, nous avons pu vérifier en présence de plusieurs témoins que la section du bulbe avait pu être évitée. Ces deux faits nous paraissent avoir une importance tellement capitale, que nous n'hésitons pas à les reproduire dans tous leurs détails.

OBSERVATION V. — Hôpital Necker, M. Dolbeau. Salle Saint-Vincent, n° 4.

X..., âgé de soixante-cinq ans, entré en mars 1861.

Le sujet de cette observation est un homme de petite taille, gros et gras, dont les antécédents n'offrent rien de particulier. Il raconte que depuis quinze mois il souffre en urinant et qu'il a rendu de la gravelle ; les échantillons qui nous sont présentés démontrent qu'il s'agissait d'acide urique. A son arrivée à Paris, le malade fut sondé par Ricord qui nous l'adressa.

Il résulte des renseignements fournis par le sujet que les souffrances ont considérablement augmenté sous l'influence d'un long voyage et de plusieurs explorations vésicales.

Après avoir préparé l'urètre au moyen des bougies, on procède à l'examen de la vessie. Le cathétérisme est douloureux, on constate une barrière au col ; quant à l'organe lui-même, il est anfractueux et renferme évidemment plusieurs concrétions, mais les vives souffrances ne permettent pas de poursuivre davantage la recherche.

Pendant les jours qui suivent, réaction vive, urine fétide, sanguinolente; l'intensité des douleurs nous détermine à débarrasser le malade par l'opération de la taille. Fièvre continue depuis quinze jours; pronostic fâcheux, on suppose que les reins sont malades.

Le 22 mars, taille médio-bilatérale sans la moindre hémorrhagie; extraction longue de huit pierres, dont la plus volumineuse avait 2 centimètres. Le malade, qui n'avait point été soumis à l'anesthésie, a subi l'opération avec beaucoup de courage.

Dans la nuit du 22 au 23, frisson.

Le 23, teinte jaune, l'urine sort mal par le trajet; le cathétérisme donne issue à un liquide très-fétide. Sonde à demeure.

Le 24, amélioration, plus de douleurs vésicales, langue humide, pouls à 80. Le malade se plaint d'un point de côté dans la région du rein droit. Ventouses scarifiées.

Le 25, la douleur du rein persiste, météorisme considérable, pas de fièvre. Alimentation légère.

Le 27, le pouls est toujours le même; il est survenu de la diarrhée, du hoquet, et la langue est sèche. Purgatif.

Le 28, la douleur du flanc a diminué, le ventre est moins ballonné, les urines sont normales, mais l'opéré s'affaiblit d'une manière notable.

Le 30, l'affaiblissement a continué et le malade a

succombé en conservant jusqu'à la fin sa connaissance entière.

Autopsie. — Rien dans les viscères thoraciques. Péritoine sain; néphrite double suppurée* un peu plus avancée à droite qu'à gauche; surface péritonéale de la vessie intacte. L'examen de tous les viscères démontre l'absence d'abcès métastatiques; le malade n'avait pas, du reste, présenté les symptômes de l'infection purulente. On enlève les organes génitaux et l'on procède à la dissection pour constater les particularités relatives à l'opération.

L'incision des téguments a 3 centimètres et demi, elle commence environ 4 millimètres au-devant de l'anus, plus profondément elle se rétrécit de la peau vers le col vésical. Le muscle bulbo-caverneux n'a été atteint que dans la portion qui le rattache au sphincter externe de l'anus; quant au bulbe lui-même, il est parfaitement intact, non enflammé et séparé du trajet de la taille par une épaisseur de 3 millimètres. Le rectum a été complétement ménagé, il ne présente aucune trace d'inflammation. Le trajet de la taille est en pleine suppuration, mais il est tapissé par une membrane bien organisée. Le col de la vessie est occupé par une valvule qui a 5 millimètres d'épaisseur, et dont la présence explique bien les difficultés du cathétérisme. La prostate est volumineuse, elle porte la trace des incisions du lithotome; ces incisions ne dépassent pas les limites de la glande, elles ont respecté les deux conduits éjaculateurs. La vessie présente de nombreuses colonnes, la muqueuse offre une teinte ardoisée trèsfranche ; il ne restait, du reste, aucune concrétion dans l'intérieur de ce viscère.

En résumé, l'opération n'avait intéressé ni le bulbe, ni les veines prostatiques, ni le rectum. Le malade a succombé aux progrès des lésions rénales préexistantes.

Voici une autre observation aussi concluante que la première.

OBSERVATION VI. — Hôpital Saint-Louis, M. Dolbeau. Salle Sainte-Marthe, n° 22.

B..... âgé de cinquante-neuf ans, cocher, entré le 17 septembre 1862.

B..., d'une constitution nerveuse, d'une grande pusillanimité, raconte que depuis son enfance il a été sujet à des coliques de bas-ventre, que depuis six mois ses souffrances, qui avaient presque disparu, ont présenté une intensité considérable ; c'est vaincu par la douleur que B... est venu réclamer les secours de la chirurgie. Il est bon d'ajouter que depuis plusieurs années le malade est affligé d'une dysurie qui a pour cause un rétrécissement de l'urètre, suite de blennorrhagies anciennes et non soignées.

A son entrée à l'hôpital, le malade présente les signes d'une incontinence presque continuelle ; les difficultés du cathétérisme sont telles, qu'un chirurgien habile avait méconnu la présence d'un calcul vésical.

Le 18 septembre, nous procédons à l'opération de la taille médio-bilatérale. Le calcul nous ayant paru gros, nous incisons le col de la vessie avec notre lithotome double modifié, de telle manière que l'orifice de sortie acquiert les plus grandes dimensions possibles.

Le malade ne fut pas soumis aux vapeurs du chloroforme. L'opération fut simple, malgré des complications tenant d'une part à l'étroitesse du canal, d'autre part au volume considérable de la pierre. Cette dernière, saisie au moyen de notre tenette à manche de davier anglais, fut écrasée dans l'intérieur de la vessie ; l'extraction fut plus longue et nécessita l'emploi successif du bouton, des tenettes et de nombreuses injections.

On peut évaluer à 70 grammes les fragments qui furent extraits ; ajoutons que l'analyse chimique a démontré qu'il s'agissait de phosphate ammoniaco-magnésien.

L'opération ne fut accompagnée ni suivie d'aucun accident ; dans la semaine qui succéda, le malade ne souffrait pas, il avait repris courage et mangeait comme en pleine santé. Vers le quinzième jour, l'appétit diminua et la diarrhée survint ; en même temps, on put observer du côté de la plaie l'issue de membranes grises incrustées de concrétions calcaires. Tous les moyens furent mis en usage, mais il fut impossible de s'opposer à la diarrhée qui allait sans cesse croissant.

Le malade s'affaiblit et sans avoir présenté le moindre accident, il s'éteignit le 5 octobre, c'est-à-dire six semaines après avoir été opéré.

Autopsie. — Tous les organes thoraciques sont sains, il n'y a point d'abcès métastatiques. Le tube digestif est d'une pâleur considérable et ne présente pas de lésions appréciables ; le péritoine est intact.

Toutes les altérations se résument dans les lésions de

l'appareil urinaire. Le rein droit, plus petit qu'à l'état normal, présente les traces d'une phlegmasie chronique, il est injecté et offre une consistance considérable. Le rein gauche est le double de volume, il paraît congestionné; de plus, on trouve de petits abcès disséminés dans la substance corticale et principalement sous l'enveloppe de l'organe.

Les uretères sont très-volumineux, ils présentent un diamètre d'environ un centimètre; ces conduits renferment, ainsi que les bassinets, de l'urine trouble.

La plaie de la taille a environ 2 centimètres et demi de longueur, elle est tapissée par une couche d'apparence couenneuse, d'une épaisseur de 2 millimètres. Entre le bulbe et l'incision périnéale il y a un plan de tissus sains qu'on peut évaluer à 3 ou 4 millimètres; le renflement spongieux est lui-même parfaitement normal. Quant au rectum, il ne présente pas la moindre altération.

Le péritoine, avons-nous dit, est normal, même dans la portion qui tapisse la vessie. Il est possible à première vue de constater que le corps du réservoir de l'urine offre une tuméfaction considérable et non uniforme; on trouve, en effet, derrière le pubis une masse dure, irrégulière et dont nous allons exposer la composition.

Entre le péritoine et la couche musculaire de la vessie, il existe un amas considérable de graisse qui présente par places jusqu'à un centimètre d'épaisseur; la vessie est, d'ailleurs, très-adhérente par ses faces latérales et antérieures. Une coupe pratiquée d'avant

en arrière permet d'arriver jusque dans l'intérieur
du réservoir, mais pour y parvenir, il faut traverser
une couche résistante et dure, qui a jusqu'à 5 centimètres et qui n'est autre chose que la paroi de la
vessie elle-même, indurée et hypertrophiée consécutivement à des phlegmasies chroniques. La muqueuse
présente généralement une coloration ardoisée et parfois violacée. Quant à l'espace compris entre le col de
la vessie et l'incision périnéale, il est rempli de débris
membraneux de couleur grisâtre, imprégnés de grains
calcaires; on retrouve les incisions du lithotome et la
trace de plusieurs fausses routes, mais le tissu de la
prostate est sain et les limites de l'organe n'ont pas été
franchies.

La diarrhée chronique, la mort lente qui lui a succédé, doivent être évidemment attribuées à l'existence
des lésions rénales déjà fort anciennes.

Tout récemment nous avons encore constaté l'intégrité du bulbe dans une troisième autopsie, pratiquée
chez un malade mort après la taille médio-bilatérale.

Nous avons démontré qu'on pouvait arriver dans la
vessie au moyen d'une incision médiane et sans blesser
ni le bulbe ni le rectum, revenons maintenant à
l'énoncé des plans qui entrent dans la composition du
périnée.

5° Au-dessus de l'aponévrose moyenne, qui constitue une cloison bien nette entre l'étage inférieur
du périnée et les parties sus-jacentes, se trouve une
nouvelle loge; mais quels qu'aient été les efforts des

anatomistes qui ont voulu élucider ce point important de la conformation du périnée, les limites de l'étage supérieur sont bien moins nettement indiquées que pour le plan inférieur.

La loge, que nous étudions actuellement, se trouve comprise entre le fascia de Carcassonne et l'aponévrose dite supérieure du périnée ; cette dernière n'est autre chose que la juxtaposition des plans fibreux qui correspondent au releveur de l'anus et à l'obturateur interne.

L'aponévrose supérieure, véritable diaphragme qui limite en bas la cavité abdominale, se trouve traversée d'une part par le col de la vessie, d'autre part par la portion inférieure du rectum ; nous trouverons donc contenus dans la loge supérieure du périnée, le col de la vessie, la prostate et la portion musculeuse de l'urètre. Ces différents organes se rattachent à la question qui nous occupe, l'ouverture de la vessie par le périnée ; il est donc utile de donner une idée des rapports qu'ils affectent avec la région.

Le rectum, qui correspond au bas-fond de la vessie dont il est séparé par le cul-de-sac péritonéal, s'accole bientôt au col de la vessie et à la face postérieure de la prostate ; il n'en est séparé que par une bandelette de fibres aponévrotiques et musculaires qu'on a désignée sous le nom d'aponévrose prostato-péritonéale. Au niveau du sommet de la prostate, l'intestin se porte en arrière et en bas, tandis que l'urètre se dirige, au contraire, en avant et en bas ; il en résulte que la portion membraneuse n'est pas en rapport immédiat avec la face antérieure du rectum, et comme d'autre part l'épaisseur de la glande peut être évaluée à 5 millimètres, il s'ensuit que l'urètre n'est jamais absolument en contact avec l'intestin. On a désigné sous le nom de triangle recto-urétral l'intervalle qui sépare les deux organes lorsqu'ils divergent à partir du col de la vessie.

Latéralement, la prostate se trouve circonscrite par deux bandelettes fibro-musculaires qui vont du pubis au rectum ; ces deux cloisons se fixent en haut et en bas sur les aponévroses supérieures et inférieures du périnée. Cependant la loge fibreuse qui délimite la prostate et la région musculaire de l'urètre n'est pas complète en arrière, il n'y a pour la fermer que l'adhérence très-manifeste du rectum et de la face inférieure de la glande ; l'espace est, du reste, loin d'être rempli, la dissection démontre qu'il existe en arrière et sur les côtés une masse considérable de grosses veines ainsi que des fibres musculaires à directions multiples, qui servent de support et d'attache à des nombreux lacis vasculaires.

Il est bon de réfuter ici une erreur ancienne ; jamais, quoi qu'on ait pu dire, le rectum ne déborde complétement les parties latérales de la prostate, pour l'embrasser à la manière d'un demi-cylindre.

Il résulte de ce qui précède que lorsque l'instrument est parvenu au-dessus de l'aponévrose moyenne du périnée, il peut arriver jusqu'à la vessie sans intéresser aucun organe important. Le rectum doit seul préoccuper le chirurgien ; nous avons mentionné l'adhérence assez intime qu'il contracte avec le sommet de la prostate, aussi en supposant qu'on séparât ces deux organes, il serait alors possible d'arriver au bas-fond de la vessie, c'est-à-dire au-dessus de la prostate ; le cul-de-sac du péritoine deviendrait dans ce dernier cas la seule crainte de l'opérateur.

On a dit que la réflexion du péritoine correspondait à la base de la prostate, mais il est facile de constater lorsque la vessie est vide, que le repli de la séreuse s'élève à plus d'un centimètre au-dessus du bord postérieur de cette glande.

La distance qui sépare le péritoine de la peau du périnée varie beaucoup avec l'embonpoint des individus, on peut l'estimer en moyenne à 6 centimètres. Il est, du reste, certain qu'on peut sur le vivant facilement décoller la séreuse, la repousser en haut et extirper sans crainte jusqu'à 10 centimètres de l'intestin rectum.

Si nous revenons actuellement à l'ouverture de la vessie par le périnée, nous pouvons tirer des conclusions importantes qui se déduisent des notions anatomiques que nous venons d'exposer successivement.

On peut arriver jusque dans le réservoir urinaire, en prenant l'urètre pour guide ; on parvient même sans léser le péritoine à ouvrir non-seulement le col de la vessie, mais encore la partie correspondante du corps de cet organe. L'urètre n'est cependant pas le seul point de repère qui puisse diriger la main du chirurgien celui-ci peut parcourir aussi sûrement le triangle recto-urétral en suivant la paroi antérieure du rectum ; celle-ci le guidera jusqu'au sommet de la prostate et même jusqu'à la base de cet organe, c'est-à-dire au corps de la vessie. Le professeur Nélaton est le premier qui ait insisté sur cette circonstance que, par une dissection méthodique de la face antérieure du rectum, on pouvait séparer l'intestin de toutes ses connexions avec l'urètre et ses dépendances, et qu'on arrivait forcément ainsi au col de la vessie, c'est-à-dire à l'union de la prostate et du rectum. En poussant plus loin le décollement, il serait possible, comme nous l'avons dit, d'ouvrir le corps de la vessie, mais on ne saurait méconnaître combien cette tentative serait périlleuse ; la lésion du péritoine serait à craindre ainsi que la blessure des vésicules séminales, enfin l'ouverture des nombreux plexus veineux qui entourent la prostate deviendrait inévitable.

Pour terminer ce qui est relatif aux notions anatomiques indispensables pour bien comprendre la taille, il faut décrire le col de la vessie, indiquer les dimensions de la prostate et l'étendue de la portion de l'urètre qui traverse cette glande.

Le col de la vessie a été envisagé d'une manière bien différente par les anatomistes de tous les temps. Pour Galien et ses successeurs, le col de la vessie était la portion rétrécie qui fait suite au réservoir urinaire ; cette partie comprenait, par conséquent, tout le trajet que doit parcourir l'urine jusqu'à sa sortie par le méat. Depuis, on a retranché au col, tel que nous venons de l'indiquer, successivement la portion pénienne de l'urètre, puis le bulbe et enfin la région membraneuse. Bichat considère le col de la vessie comme étant simplement l'orifice vésical de l'urètre. Cette dernière détermination a été acceptée presque généralement ; en effet, toutes les considérations d'anatomie et de physiologie viennent corroborer l'opinion de l'illustre anatomiste. Cependant l'orifice vésical de l'urètre fait partie d'une région importante ; on trouve dans ce point la prostate, et lorsqu'un calcul doit sortir du réservoir urinaire il rencontre un obstacle considérable qui tient à la présence autour du canal, de la glande et des tissus fibro-musculaires qui l'environnent. Lorsqu'en médecine opératoire on ouvre le col de la vessie ce n'est pas seulement l'orifice urétral qu'on sectionne, on tranche du même coup le bourrelet muqueux et la prostate. Il y a donc, à l'origine de l'urètre, une petite région qu'on intéresse toujours dans les diverses tailles périnéales et qu'on peut désigner sous le nom de col chirurgical de la vessie. Nous décrirons successivement le col anatomique et le col chirurgical.

Le col anatomique correspond à l'embouchure de l'urètre dans le réservoir urinaire, c'est l'orifice interne du canal. A l'état physiologique, l'origine de l'urètre dans la vessie se présente sous la forme d'un orifice circulaire circonscrit par un bourrelet de la membrane muqueuse ; cette ouverture se déforme avec l'âge, les maladies, mais c'est à tort qu'on a décrit comme constituant l'état normal les diverses altérations pathologiques que nous venons de rappeler. Le col anatomique de la vessie est fermé, mais on peut facilement y introduire l'extrémité du petit doigt ; sous l'influence de la dilatation, il peut acquérir un diamètre de 18 millimètres.

La structure du col anatomique comprend : 1° la

membrane muqueuse; 2° une couche de fibres longitudinales qui de la vessie pénètrent dans l'urètre; 3° le
sphincter de la vessie. (Voyez la description que nous
avons donnée de ce dernier muscle, *Bulletin de la Société
de chirurgie,* 2ᵉ série, t. III, p. 321.)

Nous n'insisterons pas davantage sur le col anatomique, et nous aborderons tout de suite l'étude du col
chirurgical, c'est-à-dire de la région prostatique.

Le col chirurgical de la vessie, envisagé dans son
ensemble, est la partie des voies urinaires qui succède
immédiatement au réservoir. Le col commence à l'embouchure de l'urètre dans la vessie et se termine à la
pointe de la prostate; on lui considère deux orifices,
une cavité intermédiaire et des parois. On voit tout de
suite qu'il y a une certaine analogie entre la disposition
de cette partie et celle du col de l'utérus.

1° *Orifices.* — L'un est supérieur c'est le col anatomique, nous n'y reviendrons pas. Cet orifice vésical de
l'urètre est situé à 3 centimètres en arrière de la symphyse pubienne et à 2 centimètres au-dessus de la
ligne coccy-pubienne. L'orifice inférieur du col chirurgical est assez mal indiqué, il correspond au sommet
de la prostate et par conséquent à l'origine de la région
membraneuse; il est placé à 1 centimètre au-dessus de
l'aponévrose de Carcassonne, sa circonférence a 8 millimètres de diamètre et peut en acquérir 12 par la dilatation.

2° *Cavité.* — La région prostatique de l'urètre constitue, à proprement parler, le col de la vessie, c'est-à-
dire la partie rétrécie qui succède à la poche urinaire.

La cavité du col, le golfe des prostates comme l'appelait Le Cat, n'existe guère qu'à l'état virtuel, mais sous l'influence des maladies elle peut acquérir des dimensions parfois considérables.

Cette portion de l'urètre a la forme d'un fuseau, elle a normalement 12 millimètres de diamètre et peut en acquérir par la dilatation 15 à 16; on observe dans son intérieur l'utricule prostatique et l'embouchure des conduits éjaculateurs. Remarquons en passant que c'est au sommet de la prostate que se trouve la partie du col chirurgical qui résiste le plus à la dilatation; nous reviendrons, du reste, sur cette question à propos de la lithotritie périnéale.

3° *Parois du col.* — Les parois du col chirurgical de la vessie sont constituées : *a.* par la membrane muqueuse; *b.* par une couche de fibres musculaires longitudinales; *c.* par le plan des fibres circulaires de l'urètre dont l'anneau supérieur est bien distinct; ces fibres sont lisses, tandis que celles qui constituent le sphincter vésical sont striées; *d.* par une deuxième couche de fibres longitudinales; *e.* par le tissu glandulaire de la prostate, qui entoure complétement le canal; *f.* par des fibres musculaires entrecroisées et par de nombreux lacis veineux.

On a pu voir que la dilatation du col de la vessie était nécessairement limitée par la résistance des tissus qui entrent dans la composition de ses parois, aussi a-t-on songé à augmenter l'orifice de sortie au moyen de débridements variés, telles sont les incisions dites intra-prostatiques; mais comme le danger consiste dans la blessure des grosses veines qui entourent la prostate, il est utile de ne pas dépasser les limites de cet organe. Il suit de là que l'étendue des incisions et par conséquent le débridement chirurgical du col de la vessie, sont subordonnés aux dimensions de la paroi. La prostate n'étant pas uniforme dans tous ses points, on a mesuré son épaisseur suivant certaines directions qu'on a désignées sous le nom de rayons de la prostate. On a beaucoup disserté sur la longueur de ces divers rayons, et souvent on a vu les décisions graves de la chirurgie reposer sur des calculs de pure arithmétique.

D'après nos recherches, nous admettrions 15 millimètres pour le rayon inférieur, 13 pour le diamètre transverse, et 18 pour le rayon oblique en bas. Il y a loin de ces mesures à celles qui ont été données par Senn, et cependant nous croyons qu'il ne serait pas même exact de baser sur ces chiffres restreints l'ouverture qu'on peut obtenir en incisant méthodiquement le col de la vessie. Ainsi, par exemple, nous avons admis que l'orifice vésical pouvait atteindre par la dilatation 18 millimètres de diamètre, si l'on ajoute à cela deux sections faites suivant les diamètres obliques, c'est-à-dire deux fois 18, on arrive à une ouverture de 54 millimètres. Mais comment faire une plaie d'une précision aussi mathématique, et comment sortir un calcul sans prolonger involontairement par une déchirure le débridement prostatique? Ce sont là des résultats impossibles à obtenir dans la pratique. Il résulte d'expériences que nous avons répétées nombre de fois qu'il ne faut guère songer à extraire

des calculs ayant plus de 3 centimètres si l'on veut
rester dans les limites de la prostate.

Nous aurions pu placer ici les notions d'anatomie
chirurgicale qui se rattachent à l'espace périnéal postérieur, mais nous y avons renoncé par cela même
que nous ne devons pas décrire la cystotomie recto-
vésicale. Suivant nous, les divers procédés qui se rapportent à la méthode intestinale, n'offrent pas des avantages capables de compenser les difficultés inhérentes
à ces opérations, et surtout les inconvénients d'une fistule recto-vésicale.

§ III. — Causes de la mort après l'opération de la taille.

Nous avons montré qu'on pouvait parvenir dans la
vessie soit par l'hypogastre, soit par le périnée ; du
reste, les nombreuses méthodes et procédés de taille
qui ont été successivement mis en usage, démontrent
surabondamment qu'on peut tirer la pierre hors de la
vessie par une voie accidentelle créée par le chirurgien.

Si l'on consulte les annales de la science, on voit bientôt que les différentes manières de tailler les calculeux
ont souvent entre elles la plus grande analogie ; bien des
procédés ne diffèrent que par des particularités insignifiantes. Notre intention n'est pas de rappeler ces opérations auxquelles se rattachent parfois des noms
justement célèbres, nous voulons faire un choix en
nous basant sur des notions rationnelles et positives.
C'est en étudiant les raisons de la mort après la cystotomie que nous pourrons établir quelles sont les con-

ditions indispensables que doit réunir une opération pour offrir aux malades des chances nombreuses de guérison.

Les opérations les mieux conçues et les mieux exécutées sont bien souvent suivies de résultats funestes. La taille se pratique ordinairement dans de si mauvaises conditions, que le choix du procédé ne peut avoir une influence absolue sur les suites de l'extraction de la pierre ; cependant il faut bien reconnaître qu'il peut résulter de la manœuvre elle-même des inconvénients et des complications qui sont capables de tout compromettre. Nous croyons donc utile de faire précéder l'étude de la cystotomie d'une recherche très-sommaire sur les causes qui entraînent ordinairement la mort des malades soumis à cette grave opération.

De tout temps, une grande mortalité a suivi la taille, aussi l'extraction de la pierre a-t-elle toujours rempli d'effroi les malades et bien des chirurgiens. Les causes de la mort peuvent être divisées en deux catégories. Dans la première figurent les accidents qui résultent de l'opération elle-même, et qui tiennent soit à des circonstances imprévues soit à des fautes opératoires ; tels sont les accidents nerveux graves, les accès pernicieux, l'hémorrhagie. Dans la seconde catégorie se groupent les troubles consécutifs qui font périr le malade, alors que la mort n'a pas été la conséquence immédiate de l'opération.

L'inflammation est une cause fréquente d'insuccès, elle se développe au périnée ou vers l'abdomen. Cette phlegmasie peut tenir au traumatisme inévitable, mais elle dépend le plus souvent de ce que les liquides s'infiltrent ; la pénétration de l'urine dans les tissus donne naissance à des affections gangréneuses qui emportent très-rapidement les malades.

Chez d'autres opérés, les suites de la taille paraissent d'abord très-heureuses, puis bientôt surviennent des frissons et l'infection purulente qui trop souvent se termine d'une manière fatale. Enfin on observe des calculeux qui succombent épuisés par la fièvre, des troubles digestifs, des suppurations interminables ; accidents qui presque toujours se rattachent à une altération profonde des reins.

En résumé, parmi les individus soumis à la taille, il y en a qui meurent parce que l'extraction a été suivie d'accidents immédiats, et d'autres parce qu'on avait méconnu des lésions importantes du rein. Avec plus de soin, et grâce à un diagnostic plus exact, on pourrait à la rigueur supprimer des tentatives forcément funestes, mais il faut toujours reconnaître que chez les individus bien opérés et qui se trouvent dans de bonnes conditions, la mort est souvent le résultat des phlegmasies urineuses ou de l'infection purulente. Ces deux derniers accidents sont donc, à proprement parler, les causes de la mort à la suite de la cystotomie.

La conclusion qu'on doit tirer de ce qui précède, c'est que, dans toute opération de taille, il faut : 1° éviter soigneusement la lésion des grosses veines et celle des organes érectiles dont l'inflammation est si dangereuse ; 2° assurer d'une manière bien certaine le libre écoulement des urines à travers le trajet accidentel. A notre avis, toute taille qui remplira ces deux conditions, sera rationnelle et vaudra les autres.

CHAPITRE II.

DE L'OPÉRATION DE LA TAILLE.

Nous avons vu que sous le nom de cystotomie ou d'opération de la taille, il fallait entendre l'extraction de la pierre hors de la vessie au travers d'une voie accidentelle créée par le chirurgien. Dans ce qui va suivre il ne sera question que de la cystotomie pratiquée chez l'homme ; nous réservons un très-court chapitre à l'opération de la taille chez la femme.

L'ouverture de la vessie pouvant s'effectuer, soit par le périnée, soit par l'hypogastre, il en résulte deux grandes méthodes de tailler les calculeux : 1° le haut appareil ou la cystotomie sus-pubienne ; 2° le bas appareil ou la cystotomie périnéale qui comprend elle-même une foule de procédés, parmi lesquels nous citerons le grand et le petit appareil, l'appareil latéralisé, etc., la taille bilatérale, la taille médio-bilatérale, et enfin la taille prérectale.

L'opération est le plus souvent faite par le périnée, car de nos jours on pratique fort rarement la cystotomie sus-pubienne ; nous aborderons tout de suite l'étude de la taille *périnéale*.

Pour extraire par le périnée un calcul contenu dans la vessie, il faut arriver le plus directement possible jusqu'au réservoir de l'urine, en ayant soin de respecter les organes importants. L'anatomie démontre que la chose est possible, mais en même temps elle enseigne combien d'accidents peuvent surgir en traversant une région aussi complexe; on frémit à l'idée d'imiter la conduite des anciens chirurgiens, qui pénétraient directement dans la vessie par une ponction ou une incision faite sans règles précises à travers le périnée (petit appareil).

Un grand progrès dans la pratique de la cystotomie date du jour où l'on a fait précéder l'incision des tissus par l'introduction d'un cathéter cannelé dans toute l'étendue de l'urètre; en effet, quoi de plus simple que de prendre pour guide de l'ouverture de la vessie, un canal qui y conduit sûrement ? La présence d'un instrument rigide permet toujours de retrouver, même dans la profondeur des tissus, le chemin qui mène au col de la vessie. L'opération de la taille par le périnée se réduit donc à ceci : 1° mettre un cathéter dans l'urètre; 2° faire une incision du périnée en ménageant les organes; 3° rechercher l'urètre au voisinage du col de la vessie; 4° dilater ou inciser l'orifice interne de l'urètre ; 5° extraire la pierre.

Le cathéter mis en place, on peut varier les incisions extérieures destinées à conduire les instruments jusqu'au col de la vessie. L'incision suivant le raphé médian (grand appareil) est évidemment celle qui conduit le plus sûrement, le plus facilement jusqu'au but qu'on se propose. L'incision étendue du raphé sur le milieu d'une ligne qui réunirait l'anus à la tubérosité de l'ischion, c'est-à-dire la taille latérale, expose beaucoup plus à la lésion du rectum et à celle des artères transverses du périné; quant au bulbe, il est aussi menacé dans la taille latérale que dans toutes les autres méthodes. Or, cette incision latérale, qui a pour but de faciliter la sortie de la pierre, n'offre en réalité aucun avantage qui puisse compenser les inconvénients que nous venons de signaler, car ce n'est pas au périnée, mais bien au col vésical que se trouvent les difficultés pour extraire la pierre. L'incision cutanée transversale, telle que la pratiquait Dupuytren (taille bilatérale ou transversale), est sans utilité, et elle expose certainement à des hémorrhagies lorsqu'elle est située un peu trop en avant de l'anus. Suivant nous, c'est l'incision médiane qu'il faut pratiquer; mais notre préférence doit être justifiée par la critique des principales objections qui ont été adressées à la taille médiane ou pararaphéale.

L'incision faite en avant de l'anus ne peut avoir des dimensions suffisantes sans exposer sûrement à la section du bulbe, tel est le principal argument. Cependant, si l'instrument n'intéresse que la peau et les couches sous-jacentes, cette incision peut être pratiquée, quelles que soient ses dimensions, sans atteindre le bulbe. Si la plaie s'approche en arrière jusqu'au pourtour de l'anus, il reste en avant de cet orifice un espace de plus d'un centimètre qui permet d'arriver, en ménageant le bulbe, jusqu'au point où l'urètre perfore l'aponévrose de Carcassonne. Nous avons insisté sur cette dernière circonstance dans nos considérations anatomiques, et nous avons fait voir que parvenu dans ce point, le

chirurgien pouvait ponctionner l'urètre et inciser profondément la paroi inférieure de ce canal en même
temps que l'aponévrose qui le retient, ce qui favorisait
l'introduction du lithotome jusque dans l'intérieur de la
vessie.

Des recherches sur le cadavre, plusieurs opérations
pratiquées sur des sujets de différents âges, nous ont
permis de vérifier toute la facilité que présente une
semblable manœuvre. Cependant il est juste de dire
qu'en procédant ainsi, le trajet de la taille sera beaucoup
plus oblique, ce qui compliquera toujours la recherche
de la pierre et par conséquent son extraction.

Dans la cystotomie médiane comme dans toutes les
autres, le seul obstacle c'est le col de la vessie, aussi
faut-il adopter la section bilatérale de l'organe. Une
fois que la pierre a franchi le niveau de la prostate, son
extraction ne rencontre plus de difficultés réelles; en
effet, l'urètre se trouve refoulé en avant, le rectum est
déprimé en arrière, la pierre ne saurait donc rencontrer
de résistance qu'à la peau, qui peut elle-même être
incisée autant que bon semblera.

Il ne serait pas exact de dire que la taille médio-bilatérale n'offre pas une incision suffisante pour la sortie des
gros calculs. Nous avons extrait par cette voie deux
calculs dont le petit diamètre avait plus de 4 centimètres; le col de la vessie a été déchiré, mais il l'eût été
quelle que fût l'incision extérieure. L'obstacle franchi,
l'extraction n'a jamais présenté de difficultés. Nous
citerons entre autres l'observation suivante :

Observation VII. — Hôpital Necker. M. Dolbeau. *Calcul volumineux, taille médio-bilatérale; guérison sans fistule.*

X..., boucher, âgé de trente-deux ans, entré le 18 mars 1861, salle Saint-Vincent, n° 1.

Homme bien constitué, très-énergique, souffre de la vessie depuis onze ans; il a subi en province plusieurs tentatives infructueuses de lithotritie.

Opération le 29 mars, taille médio-bilatérale, sans faire usage du chloroforme.

Cette opération n'a rien présenté de particulier, mais l'extraction a été assez pénible; le col, quoique largement incisé, présentait un obstacle très-énergique. C'est à cette occasion que nous avons fait construire une tenette avec des manches de davier anglais.

L'incision n'a été suivie d'aucune hémorrhagie.

Le 30, pas d'accidents généraux, le malade a dormi, il a bon appétit; l'urine sort facilement par la plaie. (Alimentation.)

Le 31, bon état général; l'urine coule, mais on remarque un léger gonflement de la région du bulbe avec infiltration sanguine dans le scrotum.

Les jours suivants, le sang se résorbe et l'urine commence à séjourner dans la vessie; l'état général reste excellent.

Le 10 avril, la plaie qui a beaucoup suppuré, se ferme régulièrement, elle ne présente plus que le tiers de son étendue. L'urine, au moment de la miction, sort moitié par l'urètre et moitié par le périnée.

Le 16, la plaie extérieure est presque fermée, elle se réduit à un pertuis ; bonne santé.

Le 26, le malade prend de l'embonpoint ; la plaie est cicatrisée mais il y a un peu d'incontinence ; l'urine est catarrhale.

Le 10 mai, le malade sort bien guéri ; il garde ses urines pendant trois heures ; léger catarrhe.

La pierre enlevée avait une forme cylindrique ; elle était blanche et composée d'acide urique au centre avec une légère couche de phosphate de chaux ; elle mesurait 7 centimètres dans son plus grand diamètre et 5 et demi dans son plus petit.

Ce qui précède nous semble démontrer d'une manière bien évidente que la taille médiane faite avec les précautions suffisantes a tous les avantages des autres tailles périnéales proprement dites. Ce procédé n'expose pas au danger de la blessure des artères, enfin son exécution est d'une extrême facilité ; telles sont les raisons de notre préférence. Nous allons maintenant décrire cette opération dans ses plus minutieux détails, comme étant celle qui répond à la plupart des exigences de la cystotomie ; nous nous réservons cependant d'établir plus tard une comparaison entre la taille médio-bilatérale et l'opération si remarquablement ingénieuse du professeur Nélaton.

§ 1ᵉʳ. — De la taille médio-bilatérale.

Nous ne nous occuperons ici que du *manuel opératoire;* nous exposerons, dans un chapitre à part, ce qui est relatif à la préparation des malades qui doivent être soumis à la cystotomie. Nous insisterons alors spécialement sur les différentes positions que l'on doit donner aux individus pendant l'opération; le nombre et la situation des aides, leur rôle respectif, les moyens de fixer le patient, etc., seront successivement indiqués.

Au moment de pratiquer la cystotomie, le chirurgien doit introduire le cathéter jusque dans la vessie; il faut en avoir de plusieurs dimensions, mais les plus volumineux sont préférables. L'introduction du cathéter doit être faite lentement, il est sage de procéder à cette manœuvre avant que le malade soit·endormi, et surtout avant de l'avoir placé dans la situation spéciale à la circonstance. En effet, la flexion forcée des cuisses sur le bassin, l'élévation du périnée, modifient tellement la direction de l'urètre que le cathétérisme devient quelquefois fort difficile; personnellement, nous avons pu constater toute l'importance du conseil que nous formulons ici. Dans une opération aussi grave, il faut plus que jamais mettre de côté ces vaines satisfactions d'amour-propre qui engagent les chirurgiens à précipiter les manœuvres; ce qu'il importe avant tout, c'est de bien faire. Le cathéter doit guider le chirurgien pendant toute la durée de l'opération, il est donc indispensable que l'instrument pénètre bien exactement jusque dans la vessie ; les fausses routes ne sont pas rares en pareille circonstance, et l'on comprend que si l'on procédait à l'opération en se guidant sur un conducteur qui n'occuperait pas la vessie, on serait à peu près certain d'échouer. Si malgré la faute opératoire on parvenait jusqu'à la pierre, ce ne serait certainement qu'après avoir causé des désordres graves et de nature à tout compromettre.

Lorsque le cathéter est placé dans la vessie, il faut constater de nouveau la présence de la pierre, il est même utile de faire vérifier son diagnostic par quelques-uns des assistants. En procédant ainsi, on acquiert une entière sécurité que partagent les personnes présentes, et si quelque complication survenait dans la suite, on n'hésiterait pas sur la perfection de la manœuvre et chacun s'emploierait à remédier aux accidents.

Le cathéter est confié à un aide qui doit le tenir immobile dans la situation déterminée par le chirurgien. Nous recommandons de le placer sur la ligne médiane, la partie droite de la tige dirigée perpendiculairement par rapport à la surface abdominale ; en général, les aides ont une tendance à porter trop en arrière le pavillon de l'instrument, ce qui rend plus difficile la recherche de la rainure.

Lorsque tout est bien disposé il faut rechercher la saillie du cathéter au-devant de l'anus, cette constatation est surtout facile chez les sujets dépourvus d'embonpoint. Cela fait, le chirurgien porte en avant la peau du périnée ; il fixe les téguments avec sa main gauche de manière à en obtenir la tension, puis il pratique une incision comprenant la peau et la couche sous-jacente. La plaie commence antérieurement à 3 centimètres et demi en avant de l'anus, et finit en arrière à quelques millimètres de cet orifice.

Pour cette opération, il faut un bistouri à lame courte, à dos épais surtout au voisinage de la pointe; cette disposition ne nuit en rien au tranchant de l'instrument, elle favorise la ponction et l'incision sur la cannelure du cathéter.

Après l'incision de la peau, on arrive rapidement à la couche musculaire qui enveloppe les organes superficiels et principalement le bulbe, il faut alors ne plus agir que dans l'angle postérieur de la plaie; le chirurgien explore la profondeur du périnée et il parvient bientôt à constater la présence du cathéter. L'index de la main gauche fortement tourné en pronation, est appliqué contre la rainure; le bistouri, est conduit directement en avant, le tranchant regardant en arrière; on lui fait suivre la surface de l'ongle et l'on peut ponctionner l'urètre sans craindre de se tromper. Le contact des deux instruments montre bientôt que le canal est ouvert, il faut alors relever le manche du couteau vers le pubis et largement débrider les tissus en poussant la lame en arrière, parallèlement à la rainure du cathéter. L'incision des parties profondes s'opère comme les débridements sur la sonde cannelée.

Il est nécessaire que tous les temps de la manœuvre soient exécutés franchement, afin que les tissus soient nettement incisés, et pour que le trajet de la taille soit aussi simple que possible. La section doit comprendre l'urètre et la partie postérieure de l'aponévrose de Carcassonne, son étendue est d'environ 2 centimètres en profondeur.

Lorsque le canal est largement ouvert, on peut sur l'index·gauche qui est resté en place et en suivant la rainure du cathéter, introduire dans la vessie soit un dilatateur du col, soit un instrument disposé pour en opérer la section, un lithotome.

Les différentes manœuvres que nous venons d'indiquer, ont eu pour but de parvenir sûrement jusqu'à l'entrée de la vessie ; pour aller plus avant, on pourrait prolonger l'incision avec le bistouri, en donnant à ce dernier une direction telle, que la prostate fût incisée suivant un ou plusieurs de ses rayons. Il nous paraît plus sûr de faire pénétrer dans la vessie un instrument qui pourra s'y développer et qui lors de sa sortie tranchera les obstacles que pourrait présenter le col de la vessie.

Le lithotome double, tel que le construit Charrière, nous semble réunir les meilleures conditions pour opérer la section de la prostate de dedans en dehors, c'est-à-dire de la vessie vers le périnée ; nous nous arrêterons donc un instant sur la manière d'employer cet instrument.

L'introduction du lithotome est un temps important ; pour le faire pénétrer on le présente dans la plaie, sa concavité regardant le pubis ; son extrémité, conduite sur le doigt indicateur de la main gauche qui est restée appuyée sur le cathéter, arrive bientôt dans la rainure de ce dernier. Aussitôt que les deux instruments sont

en contact, il faut pousser le lithotome directement
en avant, en ayant soin qu'il n'abandonne pas le cathéter; en procédant ainsi, il est nécessaire pour parvenir dans la poche vésicale, d'abaisser fortement le
pavillon de la sonde, mouvement qui a pour résultat
de porter la convexité du cathéter derrière le pubis et
par conséquent de laisser libre l'espace que doit franchir le lithotome.

Cette dernière manœuvre, qui est fort importante,
présente souvent plus d'une difficulté :

1° Si l'on pousse trop rapidement le lithotome, son
bec vient arc-bouter dans le cul-de-sac du cathéter, et
il est alors fort difficile de retirer ce dernier ; cela tient
à ce que le lithotome a suivi la rainure sans que le conducteur ait subi le mouvement de bascule qui porte
son extrémité vésicale derrière le pubis.

2° Il arrive quelquefois qu'au moment où l'on abaisse
le manche du cathéter, on ne peut simultanément faire
pénétrer le lithotome; l'obstacle est constitué par la
pierre volumineuse qui se présente derrière le col de la
vessie. Dans le cas précédent, il s'agissait d'une manœuvre mauvaise qu'il faudrait recommencer pour parvenir dans la vessie; dans les circonstances actuelles,
on ne tourne la difficulté qu'avec prudence et tâtonne-
ment. Il faut exagérer l'abaissement du cathéter, le
porter à gauche ou à droite, et l'on finit ordinairement
par faire pénétrer le lithotome.

Aussitôt que le bistouri caché est parvenu dans la
vessie, il faut retirer le cathéter dont la présence est
devenue inutile, puis faire exécuter au lithotome un mou-

vement de rotation ayant pour but de diriger sa concavité en arrière, c'est-à-dire du côté du rectum. Avant d'aller plus loin, on procède à la recherche du calcul, car le contact de la pierre et de l'instrument est l'indice certain que ce dernier est bien arrivé dans la vessie. On fait alors saillir les lames en pressant sur la bascule voisine du manche et l'on retire le lithotome; celui-ci incise régulièrement toutes les parties qui font obstacle à sa sortie.

La section du col de la vessie pratiquée ainsi que nous venons de l'indiquer serait évidemment pleine d'incertitude, c'est pourquoi il faut joindre à la manœuvre plusieurs précautions qui sont indispensables à la précision qu'elle réclame. Revenons donc sur les différentes circonstances que nous avons mentionnées.

Nous avons dit que le chirurgien commençait par faire saillir les lames du lithotome; les dimensions de l'incision seront évidemment proportionnées à l'écartement des branches, il doit donc entrer dans les préparatifs de cette opération la mise au point du lithotome. Tels qu'ils nous sont livrés par le commerce, ces instruments sont disposés de façon que l'écartement des deux branches varie entre 15 et 45 millimètres ; cette dernière mesure est inférieure aux dimensions réunies des deux diamètres obliques de la prostate, on peut donc sans inconvénient limiter l'écartement des lames entre le numéro 40 et 45 de la graduation. Ceci est d'autant plus vrai, que si l'on prend la peine d'examiner ce que coupe le lithotome dans une opération de taille bien faite, on est frappé du peu d'étendue des incisions pratiquées

même avec le plus grand écartement possible des
lames. Il est, du reste, aisé de comprendre comment
il se fait qu'on coupe beaucoup moins qu'on est géné-
lement disposé à le croire. La prostate offre à la fois
une certaine mobilité et une consistance toujours assez
notables; il en résulte qu'au moment où l'on retire le
lithotome, le tissu prostatique résiste si bien, que la
glande s'abaisse plutôt que de se laisser sectionner. Les
lames du lithotome cèdent facilement et tendent tou--
jours à rentrer dans leur gaîne. Toutes ces conditions, qui influent plus ou moins suivant les cas, sont de
nature à nous rendre compte de ce fait bien démontré
pour nous, à savoir, que les incisions du col de la vessie
ont généralement une étendue restreinte.

L'action du lithotome devient très-certaine, grâce
à la précaution suivante, qui est de règle dans la
manœuvre de cet instrument. Au moment d'extraire
le lithotome dont les deux branches ont été démasquées
dans la vessie, il faut appliquer la convexité de la gaîne
contre le bord inférieur du pubis et l'y maintenir pendant tout le temps que durera la section des parties
molles. La gaîne étant ainsi immobile, l'action des lames
ne peut être bien étendue ; elle est limitée à leur
simple écartement, et tout est disposé de telle manière
que les parties molles fuient le plus souvent devant le
tranchant, qui cesse d'agir faute d'un point d'appui.
Si le chirurgien, au lieu de suivre constamment le pubis,
appuyait son lithotome en arrière, il trancherait bien
davantage, mais il s'exposerait à la lésion des organes
voisins, et en particulier à la blessure du rectum. Pour

toutes les raisons qui précèdent, il est bon de tirer l'instrument lentement, afin de lui laisser le temps de diviser les tissus qu'il rencontre.

Au moment de terminer la section, les téguments du périnée se présentent assez ordinairement sur le trajet des lames du lithotome ; on se rappelle en effet que l'incision de la peau a été pratiquée suivant la ligne médiane. Pour éviter la blessure des lèvres de cette plaie, il faut favoriser leur éloignement au moyen de deux crochets mousses que l'on confie à des aides. L'incision curviligne de Dupuytren ne présente pas les mêmes inconvénients, mais ses avantages sont largement compensés par la lésion des branches artérielles qui viennent rejoindre la partie inférieure de l'intestin.

Une fois le col de la vessie incisé ou dilaté, il reste à faire l'extraction du calcul. Avant de procéder à ce temps important de l'opération, il est bon d'introduire le doigt dans la plaie ; de cette manière on constatera l'état des parties et l'on s'assurera principalement que la prostate a été réellement sectionnée, car il est arrivé bon nombre de fois qu'on a trouvé intact un col de la vessie qu'on croyait avoir fendu. Il faut, dit-on, rechercher avec le doigt la présence de la pierre. Ce conseil est sage, mais il est démontré pour nous que le plus souvent l'index est insuffisant. Pourvu que le périnée soit épais et la prostate développée, c'est à peine si l'on arrive au col de la vessie ; il est par conséquent inutile de vouloir explorer le bas-fond. En mettant le doigt dans la plaie, le chirurgien a donc pour but de s'assurer de l'état des parties, et de constater la direction du trajet ; c'est le long de ce conducteur naturel qu'il guidera, jusque dans la vessie, les tenettes qui doivent ramener le calcul. Le gorgeret nous paraît un instrument inutile, il protége peu les parties molles et il a l'inconvénient d'occuper beaucoup de place.

Pour faire l'extraction d'une pierre, il faut avoir à sa disposition des tenettes de plusieurs dimensions. Celle que l'on choisit est introduite le long de l'index gauche, les branches regardant l'une à droite et l'autre à gauche. Parvenu dans la vessie, on ouvre lentement l'instrument ; un des anneaux est porté en haut et l'autre en bas, puis on fait exécuter un mouvement de rotation qui a pour but d'engager l'une des cuillers au-dessous de la pierre ; il suffit alors de rapprocher les deux mors pour saisir le calcul. La recherche de la pierre est toujours un moment délicat de l'opération, c'est le temps le plus long et le plus pénible pour le patient ; il y a des règles générales qu'il faut suivre, mais dans cette circonstance, le chirurgien doit apporter toute son attention et utiliser son adresse personnelle.

La pierre est souvent logée dans une dépression du bas-fond de la vessie, il est alors assez difficile de la saisir ; c'est pour ces cas qu'on a employé les tenettes courbes. On a également conseillé de faciliter la recherche au moyen du doigt introduit dans le rectum.

Une fois la pierre chargée, comme l'on dit, il faut l'extraire. Cette manœuvre paraît simple, cependant elle exige beaucoup de prudence, car on ne doit pas franchir brusquement le col de la vessie, sous peine de le déchirer. Il faut tirer doucement dans la direction du périnée, en imprimant à l'instrument des mouvements de latéralité de manière à faciliter l'engagement du calcul à travers la voie étroite qu'il doit traverser. Plusieurs circonstances viennent quelquefois compliquer ce dernier temps de l'opération. Il peut arriver que la concrétion se divise sous l'effort de la tenette, il en résulte alors la nécessité d'extraire successivement tous les fragments, ce qui complique beaucoup la manœuvre. D'autres fois le calcul échappe des branches de la tenette, et reste engagé dans le trajet de la plaie ; cette dernière complication est sérieuse, il faut l'éviter, car la préhension d'un calcul ainsi enclavé n'est pas toujours chose facile à exécuter.

En tirant lentement, les parties se dilatent et l'extraction peut s'opérer sans déchirure ; mais si la pierre est grosse et que l'incision des téguments soit moins étendue, le chirurgien peut se trouver arrêté en ce point, et il devient nécessaire de débrider sur la peau.

Malgré toute la prudence que nécessite la sortie d'un calcul, il est quelquefois indispensable d'exercer des tractions longues et énergiques ; dans ces cas, les anneaux qui terminent l'extrémité externe de la tenette pénètrent dans les doigts de l'opérateur, le blessent, et constituent un obstacle à l'extraction. Pour parer à cet inconvénient, nous avons fait construire un forceps dont les branches rappellent la poignée des daviers anglais, l'une d'elles se trouvant terminée par un crochet. Cette modification de l'instrument favorise beaucoup la préhension et l'extraction des grosses pierres ; nous avons pu nous en convaincre dans une opération pratiquée

en 1862, avec l'assistance des docteurs Civiale, Thouzé
et Daix. La figure 8, ci-jointe, représente la tenette à
laquelle nous donnons la préférence.

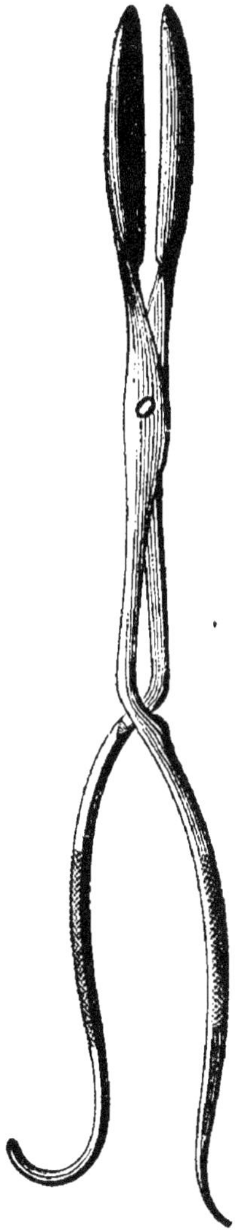

Pour terminer l'opération, il faut,
lorsque la pierre a été enlevée de la
vessie, s'assurer qu'il n'en existe pas
d'autres. Cette exploration terminale
s'exécute au moyen d'une petite tenette
qu'on manœuvre comme nous l'avons
indiqué précédemment, ou du bouton,
dont la forme permet de ramener,
comme dans une curette, les débris calculeux que pourrait contenir la vessie.
Ces recherches doivent être multipliées,
il est même nécessaire d'y joindre plusieurs injections à l'eau froide.

Nous reviendrons plus tard sur le
pansement et sur les soins consécutifs
nécessités par l'opération de la taille.

§ II. — De la taille prérectale.

La taille médio-bilatérale, qui n'est
autre chose que la taille médiane avec
division bilatérale du col de la vessie,
nous paraît réunir de nombreux avantages, mais elle n'ouvre pas une voie

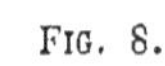

FIG. 8.

très-large; aussi son application est-elle moins heureuse
quand on a affaire à un calcul très-gros. La taille dite
prérectale offre, dans les cas de grosses pierres, des

conditions qui sont telles qu'on doit lui accorder la préférence ; par ce procédé on est certain d'avoir une plaie large et l'on arrive très-directement dans la vessie.

Nous allons actuellement décrire avec soin le manuel opératoire de cette taille, nous réservant de comparer entre eux les deux modes de cystotomie périnéale qui seuls doivent être conservés.

La plus ancienne manière de tirer la pierre hors de la vessie est connue sous le nom de méthode de Celse. L'opération en elle-même a été diversement envisagée, mais il nous paraît que la meilleure interprétation du texte de l'auteur latin est celle qui a été indiquée par Deschamps : « Celse se proposait d'ouvrir le col de la vessie au moyen d'une incision convexe située immédiatement en avant de l'anus. »

Pour parvenir jusque dans la vessie, on supposait la pierre engagée dans le col de cet organe, et c'était la concrétion qui devait servir de guide pour conduire le bistouri à travers l'épaisseur des parties molles. Chez les petits enfants, les calculs dilatent facilement l'orifice interne de l'urètre, aussi comprend-on qu'en fixant la pierre ainsi disposée dans le col de la vessie, on puisse en constater la présence au périnée et diriger sur elle l'instrument tranchant. Chez l'adulte et chez le vieillard surtout, la prostate met obstacle à l'engagement de la pierre, souvent même il est difficile de parvenir jusqu'au calcul en explorant la vessie par le rectum ; il en résulte l'impossibilité absolue de sentir la pierre à travers l'épaisseur des parties molles, et par conséquent d'arriver sûrement jusqu'au col de la vessie. Cette dernière circonstance explique probablement pourquoi Celse et ses successeurs ne pratiquaient la cystotomie que sur des sujets âgés de moins de dix ans ; la saillie du calcul pouvait seule guider l'instrument, mais ce conducteur précieux faisait défaut aussitôt que le périnée présentait une plus grande épaisseur.

On voit par ce court exposé, que dans la méthode de Celse, l'urètre n'était point en cause, puisque le chirurgien se proposait d'ouvrir directement le col de la vessie. Plus tard, Jean des Romains conseilla l'emploi du cathéter cannelé, et proposa d'arriver jusque dans la vessie au moyen d'une incision qui intéressait la partie membraneuse de l'urètre : tel fut le grand appareil. L'emploi du cathéter fut une véritable innovation, et c'est là une date mémorable dans l'histoire de la cystotomie. A partir de cette époque, ce n'est plus la pierre qui sert de guide à l'opérateur ; désormais on recherche la saillie du cathéter, dans la rainure duquel on pénètre pour arriver sûrement jusque dans la vessie.

De nos jours, on est revenu à la méthode ancienne. Chaussier, interprétant les textes, reproduisit l'opération de Celse ; il démontra même qu'en suivant l'intervalle compris entre le rectum et l'urètre, on pouvait atteindre le col de la vessie. Béclard, dans ses cours de chirurgie, vulgarisa l'opération enseignée par Chaussier, mais ces deux auteurs se contentèrent d'expérimenter sur le cadavre, et la clinique ne profita guère de leurs recherches. Vint ensuite Dupuytren, et avec lui la taille bilatérale ; mais, chose singulière, ce chirurgien illustre n'emprunta à ses devanciers que la partie insignifiante de leur opération.

Dupuytren, en effet, conserve l'incision transversale des téguments ; mais au lieu de refouler le rectum en arrière pour arriver directement au col de la vessie, ainsi que l'avait conseillé Chaussier, il attaque directement l'urètre en avant de l'anus : aussi le premier temps de son opération a-t-il pour conséquence inévitable, ainsi qu'il le reconnaît lui-même, la section du bulbe, lésion grave qui expose à l'hémorrhagie et à l'infection purulente. Béclard avait proposé d'inciser la prostate d'abord à gauche, puis ensuite à droite, si l'ouverture n'était pas suffisante ; Dupuytren accepta également l'incision bi-latérale du col de la vessie. L'intervention de ce dernier chirurgien se réduit donc à avoir vulgarisé la section bilatérale ; il a de plus doté l'arsenal chirurgical d'un instrument précieux, le lithotome double.

Vers 1852, le professeur Nélaton remit à l'étude l'opération de la taille par la méthode de Celse ; mais il est juste de dire que notre maître a su, par des déduc-tions toutes nouvelles, s'approprier un procédé de cysto-tomie à la découverte duquel doit se rattacher désor-mais son nom. Ce qui va suivre justifiera pleinement notre appréciation.

Nous avons dit plus haut, dans les considérations ana-tomiques, que le rectum adhère assez intimement au sommet de la prostate, mais qu'à partir de ce point, l'urètre et l'intestin divergent et ne sont plus réunis que par des tissus lâches et faciles à isoler. Nélaton conseille de prendre la paroi antérieure du rectum comme un guide certain pour arriver jusqu'à la pros-tate ; aussi pour bien faire comprendre toute l'importance

de cette donnée anatomique, il impose à son procédé
le nom de *taille prérectale*. Pour suivre exactement la
paroi antérieure du rectum, il faut en pratiquer la dissection en détachant l'intestin d'avec les parties situées
en avant de lui ; en agissant ainsi, on évite certainement la lésion du bulbe, ce qui est un progrès incontestable sur le procédé qu'employait Dupuytren.

Revenons actuellement à la description de la taille
prérectale ; nous avons dit ce qui la caractérisait, j'ajoute
que son importance autoriserait à en faire plutôt une
méthode qu'un simple procédé.

L'introduction d'un cathéter dans l'urètre est le
préambule de l'opération que nous allons faire connaître.
La présence de ce corps rigide est un point de repère
précieux qu'il faut avoir à sa disposition comme pour les
autres procédés de taille ; le conducteur présente du
reste une utilité absolue pour l'ouverture du col de la
vessie à la pointe de la prostate.

La plaie des téguments consiste dans une incision qui
contourne les deux tiers antérieurs de la circonférence
de l'anus, et qui est distante de cet orifice d'environ
4 à 5 millimètres ; la disposition rayonnée des téguments
et la difficulté de bien tendre les chairs rendent difficile ce
premier temps de l'opération. On coupe ensuite, couche
par couche, de manière à mettre en évidence le sphincter de l'anus ; l'indicateur de la main gauche est alors
porté dans l'intestin, la pulpe tournée en avant, ce qui
permet de tirer en arrière la lèvre postérieure de l'incision en la pinçant au moyen du pouce et de l'indicateur. Cette petite manœuvre opère la tension de la

pointe du sphincter, c'est-à-dire de la bandelette fibro-
musculaire qui va rejoindre le bulbo-caverneux ; la
section en devient facile et l'anus se trouve rejeté en
arrière. Il faut ensuite porter l'index gauche jusqu'au
sommet de la prostate, véritable point de repère qui
aura été l'objet d'explorations plusieurs fois répétées
avant de procéder à la cystotomie; en effet, on ne saurait trop se renseigner sur la situation exacte de la prostate avant d'entreprendre une opération aussi délicate.
L'index dans le rectum, le pouce dans la plaie, tandis
que les aides portent en avant les téguments du périnée, on peut facilement achever de détacher l'intestin
sans craindre de le blesser, car sa paroi se trouve continuellement comprise entre les deux doigts de l'opérateur. Lorsqu'on ne redoute pas de s'approcher de l'intestin, on rencontre une couche celluleuse qui l'envi-
ronne, et la dissection s'opère avec la plus grande facilité.
Dans cet isolement du rectum, le chirurgien s'arrêtera
à l'extrémité de son index, c'est-à-dire exactement au
sommet de la prostate ; à ce moment, l'espace triangulaire qui sépare l'intestin de l'urètre aura considérablement augmenté, circonstance importante, puisque
c'est au sommet de ce triangle qu'il faut alors faire une
ponction du canal, afin d'introduire dans la vessie les
instruments qui doivent ouvrir le col de cet organe.

Nélaton termine la taille en employant le lithotome
double de Dupuytren, instrument auquel il a fait subir
des modifications avantageuses. La fin de l'opération,
c'est-à-dire l'extraction du calcul, s'exécute comme
nous l'avons déjà indiqué pour la taille médio-bilatérale.

§ III. — Parallèle entre la taille médio-bilatérale et la taille prérectale.

Les deux procédés de taille périnéale qui ont été exposés précédemment nous paraissent les seuls qui puissent être avantageusement employés. L'incision, telle que la pratiquait Dupuytren dans sa taille bilatérale, c'est-à-dire à 6 lignes au-devant de l'anus, intéresse presque certainement le bulbe de l'urètre, outre qu'elle expose à la lésion des branches artérielles qui se dirigent transversalement soit vers le bulbe, soit vers l'intestin. Quant à la taille latéralisée, elle a les mêmes inconvénients sans présenter tous les avantages de la taille bilatérale ; le bulbe et les artères sont fréquemment sectionnés ; enfin l'incision du col de la vessie suivant son diamètre oblique donne un orifice de sortie qui n'est guère supérieur comme dimensions à celui que procure la section bilatérale.

Si nous n'envisageons que le côté pratique de la question, la cystotomie se réduit à deux procédés qui pourraient avoir chacun leurs indications ; aussi nous paraît-il opportun d'examiner successivement les avantages et les inconvénients que peuvent présenter la taille médio-bilatérale et la taille prérectale. Notre comparaison portera : 1° sur l'exécution de l'opération en elle-même ; 2° sur l'extraction de la pierre ; 3° sur les suites de ces deux tailles.

1° Comparaison des deux procédés relativement au mode d'exécution.

L'avantage nous paraît ici en faveur de la taille médio-bilatérale. En effet, quoi de plus simple qu'une incision médiane devant pénétrer jusqu'au cathéter sans rencontrer d'organes importants à ménager ; la section du bulbe est la seule crainte qu'on puisse avoir, mais il résulte des détails dans lesquels nous sommes entrés précédemment, qu'on évitera cette lésion importante en agissant suivant des règles précises.

Dans la taille prérectale, la dissection de l'intestin présente des difficultés réelles, outre qu'elle expose à la blessure de l'organe et à celle des artères hémor-rhoïdales inférieures. Les deux procédés pour ouvrir la vessie sont loin d'offrir la même facilité ; il en résulte entre les deux opérations une différence de rapidité d'exécution qui est en faveur de la taille médio–bila-térale.

Ainsi, on peut dire que l'opération de la taille médio-bilatérale comparée, sous le rapport de l'exécution, à celle de la taille prérectale, est beaucoup plus simple, plus facile ; qu'elle est à la portée de tout le monde, et qu'enfin elle s'exécute ordinairement avec une très-grande rapidité. J'ajoute que la première est applicable à tous les âges, tandis que la seconde ne concerne que les adultes, et laisse de côté les enfants, à cause du peu de développement de la prostate chez les très-jeunes sujets.

2° Comparaison des deux procédés relativement à la recherche
et à l'extraction de la pierre.

Les chirurgiens qui ont pratiqué souvent l'opération de
la taille savent qu'un des temps les plus importants de la
cystotomie consiste dans la recherche et dans l'extraction du calcul; c'est la partie la plus pénible pour le
patient, et il est rationnel de supposer qu'un bon
nombre des accidents qui accompagnent cette grave
opération seront sous la dépendance du plus ou moins
de facilité avec laquelle la pierre aura été saisie et tirée
hors de la vessie. Pour ces raisons, il nous paraît très-
important d'établir un parallèle entre les deux espèces
de taille que nous étudions.

Sous le rapport de la recherche et de l'extraction de la
pierre, l'avantage nous paraît appartenir à la taille prérectale. En effet, lorsque l'intestin a été détaché et reporté
en arrière, on arrive directement et par une large voie au
col de la vessie, on se trouve donc dans les meilleures
conditions pour agir à l'intérieur de ce réservoir. Dans la
taille médiane, au contraire, le trajet qui conduit de l'extérieur au col vésical est beaucoup plus oblique et beaucoup moins large; les instruments, au lieu de pénétrer
directement dans le col, n'y arrivent qu'à travers la portion membraneuse plus ou moins débridée, c'est-à-dire
entre les deux lèvres d'une incision dont les parois tendent à se rapprocher continuellement. Ainsi, dans la
taille prérectale, la voie est large, directe et brève;

dans la taille médio-bilatérale, la voie est oblique, étroite et plus longue.

Ces différentes circonstances ont une grande importance, quand on se rappelle combien il est difficile de manœuvrer avec des instruments à longues branches dont on ne voit qu'une des extrémités. Pour nous, qui avons pu juger comparativement les deux opérations, la taille prérectale nous paraît présenter un réel avantage sur l'autre procédé de cystotomie.

L'extraction des pierres est également influencée par les conditions que nous venons de passer en revue. Elle sera simple et facile dans la taille prérectale, plus compliquée dans la taille médiane; dans cette dernière, elle expose à la contusion du rectum en arrière, et en avant à celle du bulbe.

C'est surtout relativement à la sortie des grosses pierres que l'avantage se montre en faveur de la taille prérectale; cependant il est une question qui domine toute la thérapeutique des concrétions volumineuses. Si l'on entend rester dans les limites de la prostate, c'est-à-dire si les incisions qu'on pratique au col de la vessie ne doivent pas dépasser le tissu glandulaire lui-même, il est démontré surabondamment qu'on ne peut sortir sans déchirure une pierre ayant plus de 3 centimètres de diamètre. Cette considération est de nature à priver en partie la taille prérectale des avantages que nous venons de lui concéder. Toutefois, comme on agit directement sur le col de la vessie, on peut, dans la taille prérectale, atteindre plus exactement les limites de la prostate, et par conséquent obtenir des incisions tout ce qu'elles peuvent donner. Ajoutons que pour les chirurgiens qui n'hésiteraient pas à dépasser largement les limites de la prostate, afin d'obtenir une large voie à la sortie de la pierre et à l'écoulement des urines, la taille prérectale s'offrirait à eux comme le meilleur procédé pour ouvrir la vessie.

3° Comparaison entre les deux procédés relativement aux suites de l'opération.

Nous avons déjà eu l'occasion de faire remarquer que l'écoulement de l'urine était une des circonstances les plus importantes à surveiller après une opération de cystotomie. La taille prérectale assure, comme on vient de le voir, une issue large et facile au contenu de la vessie; il n'en est pas toujours ainsi pour la taille médio-bilatérale. Le trajet de la plaie, avons-nous dit, est dans cette dernière opération plus oblique et plus étroit, aussi n'est-il pas rare de voir, dans les premières heures qui suivent l'extraction de la pierre, la plaie obstruée par les caillots; il est même assez fréquent d'observer une difficulté quelquefois très-grande à la sortie des urines. La taille prérectale aurait donc un avantage sur la taille médiane; mais l'expérience a appris qu'il suffisait de laisser pendant vingt-quatre heures une canule dans le trajet de la taille médiane pour parfaitement régulariser le cours de l'urine et des autres liquides.

La cicatrisation de la plaie à la suite des opérations de taille a une importance que tout le monde comprendra; la section médiane paraît ici présenter des conditions très-avantageuses pour une guérison complète et rapide. En effet, lorsque le malade est replacé dans son lit, par suite même de la position qu'il occupe, les lèvres de la plaie se trouvent en contact immédiat ; aussi, dès les premiers jours, observe-t-on que la voie accidentelle tend à s'oblitérer. L'urine, ne trouvant pas une issue directe, s'accumule dans la vessie en quantité qui va croissant chaque jour ; le besoin d'uriner se montre bientôt, le malade mouille son lit par intervalles seulement, et vers la fin de la première semaine une certaine quantité de liquide passe déjà par le canal. Dans la taille prérectale l'écoulement de l'urine est incessant, la cicatrisation s'exécute moins rapidement, car le rectum, qui a été détaché et refoulé en arrière, a une certaine difficulté à reprendre sa place et à se souder complétement avec le reste du périnée. Nous dirons plus tard que la taille prérectale nous a paru exposer davantage aux fistules persistantes, tandis que cet inconvénient paraît devoir être fort rare à la suite de la taille médio-bilatérale.

On pourrait résumer le parallèle qui vient d'être fait entre les deux procédés de cystotomie périnéale, en disant que la taille médiane est facile à exécuter et qu'elle est ordinairement suivie d'une guérison rapide ; ces avantages contre-balancent beaucoup, suivant nous, une difficulté un peu plus grande dans la recherche et dans l'extraction de la pierre, difficulté qui est inhérente à ce procédé. La taille prérectale, un peu plus laborieuse comme exécution, assurerait une extraction plus facile de la pierre ; elle exposerait moins aux infiltrations urineuses, mais la persistance d'une fistule serait plus à craindre qu'après la section médiane.

Si l'on fait entrer en ligne de compte les avantages et les inconvénients de chacun des procédés, on arrivera, du moins c'est notre opinion personnelle, à préférer la taille médio-bilatérale pour les pierres petites et ne dépassant pas 3 centimètres, réservant la taille prérectale pour les calculs plus volumineux. Il ne faudrait pas croire cependant que par la taille médiane on ne puisse extraire de pierres très-grosses. J'ai sorti, par cette voie, des calculs mesurant 4, 5 et jusqu'à 6 centimètres; l'un de ces malades a guéri radicalement en moins de quinze jours, mais chez tous l'extraction avait été suivie d'une déchirure complète du tissu prostatique. Par la taille prérectale, on aurait rencontré les mêmes obstacles dépendants du col de la vessie; mais par cela même que ce procédé assure un libre écoulement à l'urine, on place, en l'employant, les malades dans des conditions plus favorables pour leur guérison. Néanmoins dépasser les limites de la prostate dans une opération de taille, soit qu'on prolonge les incisions, soit même qu'on laisse au calcul le soin de déchirer les parties, nous paraît une circonstance grave; on s'expose ainsi à l'inflammation des nombreuses veines qui environnent le col de la vessie, et par conséquent à l'infection purulente qui tue un si grand nombre des opérés de la taille.

Cliniquement et théoriquement, on hésite entre la taille prérectale et la taille médio-bilatérale, mais on arrive à ce résultat malheureusement trop démontré, que l'extraction des calculs volumineux est dangereuse et qu'elle donne une proportion considérable de morts ; c'est pourquoi on se reporte volontiers à l'idée que c'est par l'hypogastre qu'il faut tirer les grosses pierres. En raisonnant ainsi, la cystotomie sus-pubienne deviendrait ce qu'elle fut à l'origine, c'est-à-dire une méthode d'exception, applicable seulement dans les cas où la pierre ne peut être extraite par le périnée. Cependant le haut appareil imaginé par Franco, préconisé par Rousset, et employé successivement par un grand nombre de chirurgiens, a pu, non sans raison, être recommandé comme une méthode générale de traitement des calculeux. En effet, au premier abord, rien n'est plus simple que l'ouverture de la vessie au-dessus du pubis ; cette opération n'expose ni aux blessures si redoutées du bulbe de l'urètre, ni à celles des grosses veines qui entourent le col de la vessie. En outre, les statistiques mentionnent une proportion considérable de succès obtenus par cette méthode.

Malgré toutes les considérations que nous venons de rappeler, la taille sus-pubienne ne peut être, suivant nous, qu'une méthode d'exception ; mais à cause de son utilité dans certains cas spéciaux, nous croyons utile de décrire avec détail les différents temps de l'opération, en choisissant parmi les procédés les diverses manœuvres qui nous semblent favoriser le mieux la cystotomie. Nous dirons plus tard quels sont les dangers et les inconvénients de la taille hypogastrique.

§ IV. — De la taille sus-pubienne ou hypogastrique.

Pour pratiquer la taille sus-pubienne, il faut avoir à sa disposition les instruments suivants : un bistouri convexe et un bistouri droit, une sonde à dard, un aponévrotome, un gorgeret suspenseur, enfin les différentes tenettes qu'on emploie pour sortir la pierre. La sonde à dard est destinée à servir de guide pour l'incision du corps de la vessie, elle doit présenter une courbure beaucoup moins considérable que celle de l'instrument du frère Côme ; cela tient à ce que cette sonde doit être introduite par les voies naturelles, et non par une boutonnière faite préalablement au périnée, ainsi que le pratiquait le célèbre lithotomiste que nous venons de nommer. La sonde à dard doit être assez volumineuse et disposée de manière à empêcher la sortie du liquide après l'injection.

L'aponévrotome à lame courte fortement recourbée, et à bouton ovalaire plat, nous paraît le meilleur instrument pour diviser la ligne blanche avec précision et sécurité. Quant au gorgeret suspenseur, proposé par Belmas, il nous semble présenter des avantages incontestables ; cet instrument favorise l'entrée dans la vessie, il permet l'extraction du calcul sans qu'il en résulte de lésions importantes pour les parois de l'organe.

Manuel opératoire. — Le chirurgien se place au côté droit de son malade, et au moyen du bistouri convexe, il fait, exactement sur la ligne médiane, une incision dont la longueur varie suivant l'embonpoint du sujet. Cette incision comprend la peau et les tissus placés au devant de l'aponévrose abdominale ; son extrémité inférieure doit empiéter légèrement sur la symphyse pubienne ; les téguments de la région ont été préalablement rasés.

Il faut, avant d'aller plus loin, s'assurer que l'aponévrose est bien nettement visible au fond de la plaie, dans une étendue d'environ 5 à 6 centimètres ; il est utile de faire la ligature des petits vaisseaux qui pourraient donner du sang. Cela fait, le chirurgien place l'index de la main gauche sur le bord supérieur du pubis, et le long de ce doigt il ponctionne la ligne blanche ; cette petite incision de 2 centimètres environ permet d'introduire le bouton de l'aponévrotome derrière le plan fibreux. La concavité de la lame est alors dirigée en haut et le chirurgien divise les tissus en poussant, par de petits mouvements saccadés, l'instrument vers l'ombilic. On peut ainsi faire une incision de 5 centimètres sans intéresser le péritoine ; ce dernier se trouve sans cesse éloigné du tranchant, grâce au bouton qui repousse le repli séreux. C'est à ce moment de l'opération que la sonde à dard va guider la main du chirurgien ; l'introduction de ce conducteur a dû précéder l'incision abdominale, et l'on a profité de sa présence pour distendre modérément la vessie au moyen d'une injection d'eau tiède.

Lorsque la ligne blanche a été incisée, le chirurgien saisit de la main droite le pavillon de la sonde qui avait été confié à un aide, et il l'abaisse de telle façon que l'extrémité vésicale de l'instrument fasse une saillie appréciable dans le fond de la plaie. Avec le pouce, l'index et le médius de la main gauche, l'opérateur embrasse, à travers les parois vésicales, l'extrémité de la sonde et la fixe solidement, en ayant soin de ne pas placer les doigts au-devant de l'extrémité qui va transpercer la vessie; à ce moment, l'aide doit pousser le dard et le faire sortir de 7 à 8 centimètres. Le chirurgien confie de nouveau le pavillon de la sonde à son assistant, puis de la main droite devenue libre, il prend un bistouri ordinaire dont il place la pointe dans la rainure du dard, et il incise, comme sur une sonde cannelée, la face antérieure de la vessie jusqu'au voisinage du col. L'index de la main droite est aussitôt introduit dans la cavité, de manière à soulever l'angle supérieur de la plaie; on peut alors faire rentrer le dard et retirer la sonde, ce qui permet de substituer au doigt du chirurgien le gorgeret suspenseur, qu'on devra confier à un assistant instruit. L'incision de la paroi vésicale pourrait présenter des difficultés si le chirurgien laissait glisser la partie qu'il tient entre les doigts; en effet, la vessie s'affaisserait au moment de la ponction, et elle échapperait ainsi à l'action du bistouri.

Lorsque la paroi se trouve bien suspendue au moyen du gorgeret, l'opérateur constate avec l'index quelle est la situation de la pierre, il juge si la plaie est suffisante, et il ne tente l'extraction que lorsqu'il s'est assuré que ce temps de la manœuvre ne présentera aucune difficulté. La taille hypogastrique possède ici un avantage incontestable sur toutes les autres méthodes de la cystotomie, l'extraction se fait facilement, sans déchirure et sans trop de douleur.

Il arrive bien souvent que la contraction des muscles droits rétrécit l'ouverture de la taille; dans ce cas on est obligé, pour extraire la pierre, de faire un débridement à droite et à gauche, sur les côtés de la plaie.

Nous avons successivement indiqué le moyen d'ouvrir le réservoir urinaire soit au-dessus, soit au-dessous du pubis; il serait donc rationnel d'établir une comparaison raisonnée entre le haut et le bas appareil. Nous pourrions dire, à l'exemple de bien des auteurs, que la taille périnéale doit être appliquée pour les petits calculs et qu'on doit réserver la taille hypogastrique pour les pierres volumineuses. Cette distinction est plus ingénieuse que réelle, car si la taille sus-pubienne était aussi simple et aussi innocente que l'ont dit ses promoteurs, il faudrait généraliser son emploi et en faire la méthode unique de traitement. Mais il est bien évident que la simplicité du manuel opératoire, que le peu d'importance des tissus qui sont intéressés par l'incision, en un mot, que la bénignité apparente de la taille hypogastrique sont largement compensés par la fréquence des phlegmasies qui succèdent à l'opération. La pierre enlevée et en supposant le péritoine intact, il n'en reste pas moins une vaste cavité celluleuse dans laquelle s'engage l'urine; cette stagnation des liquides devient le point de départ de phlegmasies graves qui retentissent plus ou moins sur la grande séreuse abdominale, et qui, très-souvent, font périr les malades. Pour dire toute ma pensée sur la taille sus-pubienne, j'ajouterai qu'il n'existe pas un moyen qui mette certainement à l'abri de la lésion du péritoine; les dispositions de la séreuse présentent des variétés individuelles, et le repli est loin d'être aussi mobile qu'on l'admet généralement. Il faut, pour ménager le péritoine, décoller les tissus derrière la symphyse, c'est-à-dire disposer tout pour que l'infiltration urineuse soit des plus probables.

Il y a des pierres dont le volume ne permet pas qu'elles sortent par le périnée, les os du bassin s'opposant à l'issue de ces gros calculs; que faire en pareil cas? Certes la taille hypogastrique a pu livrer passage à ces concrétions énormes, qui pesaient jusqu'à 1 kilogramme et plus, mais presque toujours les malades ont succombé. Si, comme nous l'espérons, on peut arriver à simplifier l'extraction par le périnée au moyen du morcellement préalable des calculs, la taille sus-pubienne disparaîtra de la pratique chirurgicale. Il ne faudrait du reste pas s'arrêter aux chiffres fabuleux des succès obtenus par les anciens lithotomistes, car il est bien probable que dans leurs statistiques ils ont oublié trop souvent de compter les cas malheureux.

Après avoir formulé les conditions que doit remplir une opération de taille pour assurer autant que possible un résultat satisfaisant, après avoir décrit le manuel opératoire des procédés qui seuls doivent être mis en usage de préférence aux nombreuses opérations qui encombrent l'histoire de l'art, il nous faut revenir sur la cystotomie, afin de préciser ce qui se rattache à son exécution, puis nous arrêter successivement sur les diverses conséquences que peut entraîner l'extraction de la pierre hors de la vessie.

Nous exposerons dans autant de chapitres séparés :

1° Les considérations générales et spéciales qui sont relatives à l'opération de la taille.

2° Les conséquences plus ou moins prochaines de la cystotomie, c'est-à-dire : A. les accidents de la taille ; B. la marche, la durée, les terminaisons de cette opération.

CHAPITRE III.

CONSIDÉRATIONS RELATIVES A L'OPÉRATION DE LA TAILLE.

§ 1ᵉʳ. — Soins préparatoires.

Les auteurs anciens insistaient beaucoup sur l'influence des saisons relativement au succès des grandes opérations ; la taille avait ses époques, et beaucoup de chirurgiens attendaient pour la pratiquer une saison propice. Sans vouloir nier l'action des agents extérieurs sur l'économie animale, nous pouvons affirmer, et la clinique vient confirmer notre opinion, que la taille donne des résultats aussi satisfaisants à toutes les périodes de l'année ; ajoutons que c'est une opération dont les indications sont souvent tellement précises, qu'il y aurait de graves inconvénients à la différer pour attendre, par exemple, le retour du printemps.

Les cystotomistes des siècles derniers faisaient subir

à leurs malades un traitement qu'ils appelaient préparatoire. Cette thérapeutique, qui consistait dans l'emploi
de moyens simples, tels que les toniques, les bains, etc.,
ne paraît pas avoir toute la valeur qu'on lui accor-
dait. Il est, du reste, une remarque curieuse à faire,
c'est qu'à toutes les époques de notre art, les opérations
importantes ont été surtout pratiquées par des chirurgiens spécialistes qui plaçaient leurs succès sous la dépendance de médications plus ou moins insignifiantes.
Tel fut le traitement préparatoire à l'opération de la
taille, tel a été celui qui précédait l'opération de la cataracte ; tel est encore, de nos jours, celui qui influence-
rait les résultats de l'ovariotomie.

Lorsqu'on a décidé que la cystotomie doit être pratiquée, il faut, la veille, administrer un léger purgatif ;
de plus, quelques heures avant l'opération, le malade
prendra un lavement abondant. Ces simples précautions
assurent aux calculeux une certaine tranquillité pour les
jours suivants, ils peuvent s'abstenir d'aller à la garde-
robe. On comprend, de plus, toute l'importance qu'il y
a de vider exactement l'intestin dans une opération qui
s'exécute dans le voisinage du rectum ; une négligence
à ce sujet pourrait entraîner une faute opératoire qui
elle-même ne serait pas sans inconvénient.

Les malades qui doivent subir la lithotomie sont le
plus souvent soumis aux inhalations du chloroforme,
aussi s'étonnera-t-on de nous voir soulever une question
que nous considérons comme importante : Faut-il plonger
les calculeux dans le sommeil anesthésique avant de
procéder à la cystotomie ? Les angoisses qui accompa-

gnent une opération aussi pénible sembleraient devoir engager le chirurgien à administrer le chloroforme ; le patient et les assistants réclament énergiquement l'emploi de ce moyen. Nous avons beaucoup réfléchi à ce sujet, et il résulte des observations que nous avons pu faire sur des malades que nous opérions sans le secours du chloroforme, que si les souffrances de la taille sont cruelles, elles ont été singulièrement exagérées par la plupart des chirurgiens. Ces douleurs sont de nature à être supportées dans le plus grand nombre des cas, sans qu'il en résulte de graves inconvénients ; l'incision des parties molles provoque un peu de cuisson ; mais le temps le plus pénible de l'opération, c'est la recherche du calcul et son extraction. Cette dernière manœuvre, nous l'avons déjà dit, est loin d'être toujours facile, elle doit être exécutée avec lenteur et ménagement ; aussi n'est-il pas sans utilité que le patient puisse avertir le chirurgien d'une recherche trop brusque et souvent trop rapide. Si une portion de la vessie venait à s'interposer entre la pierre et la tenette, l'opérateur en serait aussitôt averti par les plaintes de l'opéré.

Après l'opération de la taille, les individus sont généralement affaissés et dans un état d'épuisement très-notable, aussi ne nous paraît-il pas sans inconvénient de joindre à cette prostration l'état de malaise et d'accablement qui succède assez souvent à l'emploi du chloroforme. Pour toutes ces raisons, et à cause même d'une impression qui est résultée pour nous de la pratique, nous sommes d'avis, autant que possible, de ne pas chloroformiser les malades. Il est facile de

démontrer au patient que l'opération est indispensable ;
il faut la lui faire désirer, et surtout faire cesser cette
sorte de terreur qu'inspire à tort, suivant nous, aux
gens du monde, l'opération de la taille.

Dans les cas où l'on emploierait l'anesthésie, il faudrait donner du chloroforme juste assez pour que le
malade s'abandonnât au chirurgien, c'est-à-dire autant
qu'il serait nécessaire pour éloigner de lui les appré-
hensions de la douleur.

§ II. — Dispositions relatives à l'opération.

Lorsqu'on doit procéder à la cystotomie, il y a certaines mesures à prendre pour assurer sa parfaite exécution. Il est nécessaire de choisir ses aides et de
distribuer le rôle de chacun d'eux ; il faut avoir à sa
disposition tous les instruments et médicaments qui peuvent être utiles en pareille circonstance ; enfin, on doit
veiller avec soin à la position qu'occupera le patient
pendant toute la durée des manœuvres.

1° Du rôle et du nombre des aides.

Il n'y a peut-être pas d'opération où les aides aient une
aussi grande influence sur le succès immédiat que dans la
pratique de la taille. Il faut être très-nombreux, cinq ou
six aides sont indispensables ; si l'on emploie le chloroforme, il faut confier son administration à une personne
sur laquelle on puisse compter absolument, car le chirurgien ne peut veiller pendant l'opération aux différents
accidents qui accompagnent quelquefois l'anesthésie.

Deux élèves sont nécessaires pour maintenir en place les membres du patient. Le plus instruit des assistants sera chargé de diriger et de maintenir le cathéter, il occupera le côté gauche du malade.

Enfin deux aides seront employés à présenter les instruments et à faciliter les manœuvres.

2° Des instruments et des médicaments nécessaires à la pratique de la cystotomie.

Les instruments qui servent pour la taille appartiennent, les uns à l'arsenal habituel de toutes les opérations, les autres sont des instruments spéciaux.

Parmi les premiers, nous mentionnerons plusieurs bistouris droits et convexes, des pinces, des ciseaux, un bistouri boutonné, enfin des crochets mousses pour écarter les lèvres de l'incision.

Les instruments spéciaux sont : le cathéter, dont il faut avoir plusieurs numéros, en ayant soin d'employer, ainsi que nous l'avons déjà dit, le conducteur le plus volumineux qui puisse traverser le canal. Vient ensuite le lithotome, dont l'importance est telle qu'il est aujourd'hui généralement adopté; on aura le lithotome simple et surtout le lithotome double.

L'instrument tel qu'on l'emploie journellement sectionne la prostate suivant ses deux rayons obliques inférieurs, aussi l'orifice de sortie qu'on ouvre au calcul se trouve-t-il mesuré par le plus grand écartement qui sépare les deux rayons obliques. Cet espace augmentera notablement si l'une des sections restant oblique, l'autre devient horizontale. Cette dernière remarque nous a engagé à faire construire un lithotome double qui sectionne la prostate transversalement à droite et obliquement à gauche. Nous avons obtenu ainsi une division suffisante du col vésical pour extraire des calculs d'environ 4 centimètres. Cependant on voit tout de suite que cet instrument, malgré les avantages réels qu'il nous a présentés, se trouve restreint dans son application par la nécessité absolue de respecter les limites de la prostate.

Pour compléter l'arsenal, il faut encore un dilatateur, un gorgeret, un bouton, enfin des tenettes de différentes dimensions, droites et courbes. L'expérience de plusieurs extractions difficiles nous a démontré que la configuration des tenettes ordinaires n'était pas toujours sans inconvénient. Lorsqu'on veut extraire un calcul volumineux et qu'on éprouve de la résistance, les doigts de l'opérateur se trouvent fortement contus par les anneaux qui terminent l'instrument; c'est pour remédier à ces inconvénients, d'ailleurs bien connus, que nous avons fait construire une tenette dont nous avons donné la figure page 261.

Une canule à chemise, une bonne seringue à injection, des fils et des épingles compléteront l'appareil chirurgical. Rappelons ici que nous avons déjà mentionné les instruments spéciaux qui sont nécessaires à la cystotomie hypogastrique.

Pour terminer les préparatifs qui doivent précéder toute opération de taille, on se procurera du chloroforme, du perchlorure de fer, des éponges, des cuvettes, de l'eau chaude et de l'eau froide, plusieurs draps, des bandes, des compresses et de la charpie.

3° De la position des malades pendant l'opération de la taille.

La situation que doivent occuper les individus soumis à la cystotomie est une question qui semblerait, au premier abord, présenter peu d'importance ; en effet, aujourd'hui tous les chirurgiens placent leurs malades dans une situation toujours identique. Cependant il n'est pas sans intérêt de savoir qu'au xviiie siècle la position des opérés a provoqué de nombreux débats. Le Cat et frère Côme ont entamé à ce sujet une polémique restée célèbre. A l'époque où la taille était le seul moyen de débarrasser les calculeux, on comprend que la grande préoccupation des chirurgiens fut de trouver facilement la pierre, soit qu'il s'agît de faire l'incision sur le calcul lui-même, soit qu'on voulût en faire l'extraction.

En plaçant le malade dans une position déterminée, les lithotomistes se proposaient donc d'amener la pierre vers le col de la vessie pour l'y fixer au moyen du doigt introduit dans le rectum ; la situation verticale leur paraissait la plus propice, et ils la considéraient surtout comme une ressource précieuse dans l'extraction des très-petits calculs, dont la recherche était, avec raison, déclarée fort difficile.

Ainsi s'explique la préférence qu'on a donnée longtemps à la situation verticale, comparée à la situation horizontale. Tolet a fait représenter dans plusieurs planches de son ouvrage l'attitude que doivent occuper les opérés, ce qui montre toute l'importance qu'on y attachait à son époque.

Depuis, bon nombre de chirurgiens ont repris cette question et l'on a plaidé successivement en faveur de la position verticale, puis pour la position horizontale comme le recommandait frère Côme. Sans vouloir reprendre cette discussion qui serait moins justifiée de nos jours, arrêtons-nous cependant, et voyons quelle influence peut avoir la position de l'opéré sur l'exécution opératoire.

La pierre, lorsqu'elle est volumineuse, occupe par cela même une situation fixe, il ne s'agit donc ici que des calculs de dimension moyenne, et par conséquent mobiles. Il est incontestable qu'on peut faire mouvoir à volonté une petite pierre en inclinant de différentes façons le bassin de l'opéré; en admettant que la vessie fût saine, on pourrait donc, à la rigueur, faire venir la pierre dans la partie la plus déclive du réservoir de l'urine, mais on n'est pas en droit de compter absolument sur cette manœuvre, car la vessie des calculeux est sujette à des déformations variées qui restreignent de beaucoup la mobilité des concrétions.

Aujourd'hui, pour pratiquer la cystotomie, la pierre n'est d'aucun secours; on parvient dans la vessie méthodiquement, et c'est alors seulement qu'on recherche le calcul. La position verticale a donc perdu toute son importance, car il est inutile, absolument parlant, que la pierre occupe le voisinage du col; cette situation des opérés offre en plus l'inconvénient d'exposer à la compression de la vessie et au refoulement de ses parois par la masse intestinale qui presse vers les parties déclives. Ce qu'il importe, actuellement que l'opération est parfaitement réglée, c'est de favoriser la manœuvre, et l'on ne saurait méconnaître que la position horizontale a pour résultat immédiat le libre accès vers la région périnéale, c'est-à-dire sur la surface où vont porter les incisions; indiquons donc en détail comment on placera l'opéré et quels sont les moyens de le maintenir dans cette situation favorable.

Sur une table solide et dépourvue de roulettes on étend un matelas replié de telle façon qu'il ne déborde pas. Cette sorte de lit opératoire doit être disposé de manière que le périnée soit à une hauteur commode et en rapport avec la taille du chirurgien; il est même bon que le bassin soit un peu plus élevé que le tronc. Habituellement on se contente de relever la tête du malade au moyen d'un oreiller un peu ferme.

Les différents lits qui ont été proposés pour l'application de la lithotritie sont très-commodes pour exécuter la taille; ils permettent, en effet, d'élever et d'incliner à volonté le bassin, et par conséquent de mettre en évidence la région périnéale. Mais ces appareils ont l'inconvénient de compliquer beaucoup les apprêts d'une opération qui par elle-même provoque la terreur dans les maisons où elle doit être pratiquée.

Pour immobiliser le patient dans l'attitude spéciale que nous venons d'indiquer, on peut s'en rapporter aux aides; cependant il est préférable de réunir solidement ensemble le membre abdominal de chaque côté avec le membre thoracique correspondant. On fléchit la jambe sur la cuisse, celle-ci sur le bassin; on écarte

les cuisses et l'on fait en sorte que le malade saisisse
la plante de son pied dans la paume de sa main, puis
on le fixe dans cette attitude au moyen d'un certain
nombre de tours de bande. Ces ligatures sont longues
à faire, elles causent une sorte d'effroi à l'opéré,
aussi peut-on les remplacer avec avantage par des bra-
celets situés l'un au cou-de-pied l'autre à l'avant-bras;
à un moment donné on peut réunir les deux membres
au moyen d'un anneau et d'un crochet.

Lorsque le malade est fixé dans la position opératoire,
il en résulte des modifications dans les rapports relatifs
des organes, ce qui rend, dans quelques cas, le cathétérisme très-difficile et même impossible. Il est un fait
bien plus connu qu'expliqué, c'est que l'introduction de
la sonde est chose difficile lorsque les individus sont
attachés; et c'est pour avoir vu et éprouvé ces mêmes
difficultés, que nous conseillons de placer le cathéter
avant de lier les membres du patient.

Voici comment je procède lorsque je pratique la
taille. Le malade est couché sur le bord du lit,
les jambes sont modérément soutenues par des aides;
j'introduis alors lentement le cathéter, et je constate
de nouveau la présence de la pierre que je fais sentir à
un ou plusieurs assistants. Cela fait, je démontre au
patient qu'il est utile pour la sécurité de l'opération de
le placer dans une situation spéciale et de l'y maintenir au moyen de liens; on procède aussitôt à cette manœuvre et c'est alors seulement qu'il faut administrer le
chloroforme, si l'on n'a pu se dispenser d'en faire usage.

Avant de commencer l'opération, le chirurgien doit

s'assurer de la situation exacte du cathéter, et en constater la présence à travers les téguments du périnée. Chacun comprend toute l'importance de la recherche du conducteur dans la profondeur des tissus, il faut donc insister un peu sur la manière dont doit être placé cet instrument. Il est nécessaire que le cathéter soit maintenu immobile sur la ligne médiane; les anciens chirurgiens conseillaient de porter en haut le canal de l'urètre au moyen du conducteur lui-même, c'était, disaient-ils, pour éviter l'intestin. De nos jours, on a démontré la fixité du canal au niveau de l'aponévrose moyenne, aussi a-t-on renoncé à éloigner mécaniquement l'urètre du rectum; il faut même adopter une manœuvre tout opposée et qui a pour but de faire bomber le périnée afin de faciliter la recherche de la rainure métallique. Pour arriver à ce dernier résultat, il est bon que la tige de l'instrument soit tenue dans une direction parallèle à l'abdomen; la convexité du cathéter correspond alors au centre du périnée et peut être sentie à travers l'épaisseur des téguments.

Il faut noter une faute que commettent souvent les aides pendant l'exécution de la taille. Désireux de suivre les différents temps de l'opération, le médecin chargé de maintenir le cathéter se penche en avant, il abaisse par cela même le pavillon, et il en résulte que la convexité de la sonde disparaissant vers la vessie, cesse de pouvoir être constatée au niveau de l'incision; il suffit d'être prévenu de cette petite difficulté pour l'éviter et y remédier au besoin. Il est sage, du reste, lorsque la recherche de la rainure provoque quelque embarras, de saisir le manche d'une main tandis qu'on explore la plaie de l'autre ; on fait en sorte que l'instrument et le doigt du chirurgien viennent se mettre en contact, et l'aide maintenant les choses en cet état, la ponction de l'urètre est bientôt effectuée.

Jusqu'ici nous n'avons envisagé la position des opérés que relativement à la taille périnéale, nous allons dire actuellement, en quelques mots, dans quelle situation doit être placé le calculeux lorsqu'il va subir la cystotomie hypogastrique. Non-seulement le malade doit être couché horizontalement, mais encore il faut placer le bassin sur un plan plus élevé afin de diriger la masse intestinale vers le diaphragme ; on évitera ainsi la propulsion du péritoine vers l'angle supérieur de la plaie, et l'on rendra, par conséquent, la lésion de la séreuse moins probable.

La taille hypogastrique a sur toutes les autres méthodes de cystotomie l'avantage d'une situation plus simple qui coïncide elle-même avec l'absence de toute ligature des membres.

§ III. — Soins après l'opération.

Pour terminer ce qui a trait à la pratique de la taille exécutée régulièrement et dans les cas ordinaires, nous devons nous occuper du pansement et des soins immédiats que réclament les opérés. Lorsque les dernières recherches au moyen du bouton ont démontré que la vessie ne renferme plus de pierres ou de fragments calculeux, il faut songer à favoriser, autant que faire se peut, le travail de la cicatrisation. A ce propos, il est nécessaire d'agiter la question du pansement qui devra être appliqué sur la plaie.

Les anciens lithotomistes attachaient une grande importance aux topiques et aux appareils; ils voulaient qu'on fît usage des plumasseaux de charpie imbibés de baumes excitants, puis ils favorisaient la réunion au moyen de compresses disposées sur les côtés et maintenues par un bandage. Frère Côme a beaucoup contribué à faire abandonner cette pratique; cet opérateur se contentait d'appliquer une compresse sur la solution de continuité. A dater de cette époque, les opérés furent dispensés des baumes et des onctions de toutes sortes, le rôle des chirurgiens consista désormais à assurer une propreté extrême de la région malade.

Plus tard, le mode de cicatrisation des plaies de la taille périnéale fut étudié avec grand soin, il fut démontré que l'occlusion du trajet devait s'opérer de la partie profonde vers les téguments. Partant de cette notion, quelques opérateurs conseillèrent de tamponner bien exactement la plaie avec des boulettes de charpie; ils se proposaient ainsi de rétablir le cours des urines par la voie naturelle, tout en s'opposant à l'agglutination prématurée des lèvres de la plaie. Ce mode de pansement qui constitue évidemment une pratique mauvaise, aurait le plus souvent pour résultat de mettre obstacle à la libre sortie des urines et par conséquent de favoriser l'infiltration de ce liquide dans l'épaisseur du périnée.

Ce qui précède démontre qu'il n'y aurait aucun

avantage, soit à fermer la plaie, soit à remplir son trajet avec des boulettes de charpie ; on s'exposerait, dans
tous les cas, aux phlegmasies urineuses. Nous conclurons
donc que l'opération de la taille n'exige aucun pansement et que la plaie doit rester exposée.

Nous venons de parler de l'infiltration urineuse, c'est
là une complication des plus sérieuses, et il suffit de lire
les observations pour se convaincre que cet accident accompagne fréquemment la cystotomie ; aussi posons-
nous en principe que l'issue des liquides doit être assurée
d'une manière certaine après l'ouverture de la vessie.
La présence d'une sonde à demeure dans le canal de
l'urètre, outre qu'elle n'empêcherait pas le passage de
l'urine par la plaie, exposerait à des accidents ; on y a
renoncé. Mais il est une ressource qui a été préconisée
par Colot et qui mérite de fixer notre attention : ce
célèbre lithotomiste plaçait dans le trajet de la plaie une
grosse canule qu'il y maintenait pendant plusieurs jours.
L'emploi de ce moyen serait évidemment sans utilité
après l'opération de la taille prérectale ; nous avons, en
effet, remarqué que l'incision était assez large et assez
directe pour que l'écoulement de l'urine se fît avec la
plus grande facilité. Au contraire, l'observation nous a
démontré qu'après la section médiane, le trajet plus
oblique de l'incision pouvait facilement s'oblitérer par
la réunion de caillots sanguins, ce qui s'opposait à la
sortie de l'urine. La vessie frappée d'inertie par suite de
l'opération ne se débarrasse plus de son contenu, et si la
plaie se bouche momentanément, on voit les malades
en proie à tous les accidents de la rétention d'urine.

La stagnation probable des liquides, qui serait bientôt suivie de troubles sérieux, nous fait conseiller l'emploi de la canule pendant vingt-quatre ou trente-six heures seulement, après la cystotomie médio-bilatérale; de cette façon on assure l'issue des urines jusqu'à ce que le trajet de la taille soit organisé suffisamment.

Revenons aux soins qu'il faut donner aux opérés. Le malade ayant été complètement nettoyé, il sera reporté dans son lit préalablement garni d'alèzes chaudes et l'on aura soin d'éviter les refroidissements; on disposera un coussin pour maintenir les jarrets du malade dans une demi-flexion. Si la plaie est restée libre, on disposera à sa surface une serviette, ou mieux une éponge destinée à recevoir les liquides qui vont s'écouler; ce pansement pourra être renouvelé facilement. Lorsqu'on aura fixé une canule dans le trajet de la taille, il faudra placer le patient de telle façon que le siége soit assez élevé pour que l'extrémité de la sonde vienne se rendre dans un petit vase destiné à recevoir l'urine.

Il nous reste actuellement à dire quelques mots sur les soins que nécessite la taille hypogastrique et sur les moyens destinés à favoriser l'écoulement de l'urine. On est dans l'habitude d'appliquer un pansement simple à la surface de la plaie sus-pubienne, on cherche par conséquent à en déterminer l'occlusion. Dans les cas heureux, mais exceptionnels, l'urine continue de traverser l'urètre et ne tend nullement à s'engager par l'incision vésicale. Le plus ordinairement, il est indispensable d'assurer l'issue du liquide, aussi est-il de règle de placer une sonde à demeure dès qu'il est démontré que l'urine ne reprendra pas son cours normal. Frère Côme, dans le but de faciliter les manœuvres de la taille, et aussi pour favoriser l'écoulement du contenu de la vessie, faisait précéder la cystotomie de l'établissement d'une boutonnière périnéale; c'est par cette voie plus directe qu'il introduisait sa sonde à dard, et il la remplaçait finalement par une canule maintenue à demeure. La boutonnière constitue évidemment une complication sérieuse, aussi est-on disposé à la rejeter; mais quand on considère l'importance qu'il y a d'obtenir le libre écoulement de l'urine, et surtout lorsqu'on réfléchit aux nombreux succès qu'obtenait frère Côme, il y a lieu de se demander si l'incision périnéale n'a pas été abandonnée sans des motifs suffisants.

Nous n'insisterons pas davantage, la cystotomie hypogastrique devant, suivant nous, n'être employée désormais que pour des cas fort peu nombreux.

Le régime des opérés de la taille mérite de nous arrêter un instant. On est assez dans l'habitude de formuler une potion calmante pour procurer aux malades quelques heures de sommeil; sans rejeter absolument cette pratique, nous croyons qu'il faut réserver les narcotiques pour les cas exceptionnels. Ordinairement, lorsque la taille a été faite régulièrement, les opérés sont soulagés, la réaction survient, et si celle-ci n'est pas trop violente les individus s'endorment pour quelques heures. Quelquefois les calculeux conservent de vives douleurs, le passage de l'urine est très-pénible; dans ces circonstances, il faut employer l'opium et placer des cataplasmes émollients.

Dans quelques cas graves, l'extraction de la pierre, surtout quand celle-ci est volumineuse, s'accompagne de phénomènes très-sérieux ; les opérés sont pris d'un frisson violent, puis ils tombent dans un abattement considérable dont ils ne se relèvent pas. Pour cette dernière catégorie de malades, l'opium n'est pas indiqué, on doit au contraire leur donner des stimulants toniques, le vin chaud, le punch, etc.; il faut couvrir les patients de boules chaudes et ramener la circulation périphérique au moyen de frictions sèches, de sinapismes promenés sur les extrémités. Il y a des malades qui succombent pendant le frisson, sans que rien puisse mettre fin à ces accidents qu'on peut classer parmi les accès pernicieux.

Le plus habituellement les choses sont plus simples, et alors même que la mort doit survenir ce n'est que plus tard, dans les jours qui suivent, que les complications apparaissent.

L'expérience nous a démontré que l'alimentation des opérés de la taille était le meilleur moyen de prévenir les accidents et par conséquent de diminuer la mortalité. Voici, du reste, comment nous dirigeons ordinairement le régime : le jour de l'opération nous donnons du vin au malade, puis nous l'engageons à prendre un peu de bouillon ; le lendemain nous continuons habituellement, mais si la fièvre est modérée, nous arrivons aux potages et nous permettons même un peu de poisson. Les jours suivants, nous ordonnons les côtelettes, la viande rôtie et nous augmentons la quantité de vin.

Chaque jour le malade doit prendre un lavement, car la liberté du ventre est ici une condition importante. L'état du tube digestif nous a toujours paru le meilleur guide pour fixer le régime des opérés; quand l'appétit fait défaut, il faut le stimuler par les amers, le quinquina et les purgatifs légers, une petite dose d'huile de ricin par exemple.

Il sera question ultérieurement de la thérapeutique des accidents qui peuvent survenir après la taille.

CHAPITRE IV.

CONSÉQUENCES DE LA CYSTOTOMIE.

§ 1er. — Des accidents immédiats de l'opération de la taille.

La cystotomie est une opération à la fois simple et délicate; dans les circonstances heureuses, elle peut s'exécuter, pourvu que l'opérateur ait un peu d'habitude, en quelques instants et sans que rien puisse faire supposer qu'il s'agit d'une tentative aussi redoutable. La taille est loin de se présenter toujours ainsi, elle est, au contraire, l'occasion fréquente de mécomptes et d'accidents tous imprévus, mais dont on est menacé chaque fois qu'on entreprend la cystotomie. Les accidents sont de deux ordres relativement à l'époque de leur apparition ; les uns surviennent pendant le cours de l'opération elle-même, les autres se montrent tardivement et doivent rentrer dans l'étude de la marche et de la terminaison de la cystotomie. Nous ne parlerons ici que des difficultés inhérentes à l'opération elle-même, réservant pour un autre paragraphe l'étude détaillée des suites de la taille.

Fausses routes. —Nous avons déjà parlé des obstacles que pouvait rencontrer le cathétérisme chez les individus placés dans la situation spéciale à la manœuvre ; nous avons à ce sujet recommandé d'introduire le cathéter avant de procéder à la ligature des membres. Malgré toutes les précautions, on doit compter au nombre des accidents la possibilité de faire une fausse route et par conséquent d'entreprendre une opération sérieuse à travers une région compliquée, en se guidant sans cesse sur un point de repère qui n'est pas exact et qui ne peut que tromper le chirurgien. La fausse route, dans ces circonstances, se produit ordinairement au niveau de la région membraneuse, et le cathéter au lieu de pénétrer dans la vessie, vient se placer dans l'espace qui sépare la prostate d'avec le rectum. Les incisions conduisent dans la rainure du cathéter, le lithotome pénètre profondément, puis lorsque le débridement est opéré, on finit par s'apercevoir que la vessie n'a point été intéressée ; dès ce moment l'opération, si elle se termine, s'exécute dans les plus mauvaises conditions. Il suffit d'indiquer la gravité de cette faute pour faire comprendre combien il est utile de procéder lentement et méthodiquement afin de bien diriger le conducteur jusque dans la vessie.

Hémorrhagie. — Un des accidents qui accompagnent parfois la cystotomie, c'est l'hémorrhagie ; l'écoulement sanguin provient le plus souvent de l'ouverture des artères qui occupent l'épaisseur du périnée, mais il est une autre hémorrhagie qu'on observe au moment de la section du col vésical et qui constitue une complication sérieuse. La blessure des artères du périnée était fréquente à l'époque où les incisions étaient peu mesurées dans leur étendue en même temps que mal réglées dans leur direction ; de nos jours, ces hémorrhagies s'observent moins souvent. Dans la taille prérectale on n'ouvre guère que quelques branches des hémorrhoïdales inférieures, aussi cette lésion est-elle sans grande importance. La taille médiane présente à ce sujet un avantage immense sur les autres procédés ; dans la majorité des cas l'incision se fait en quelque sorte à blanc.

Lorsqu'on ouvrira une artère de dimension moyenne, l'hémorrhagie devra être réprimée par la ligature immédiate, c'est-à-dire qu'il faudra y procéder avant de terminer l'incision des parties molles.

L'hémorrhagie, avons-nous dit, peut survenir au moment de la section du col vésical ; il est alors difficile de préciser quelle est la source exacte de cet écoulement sanguin, aussi cet accident est-il une véritable complication. Dans ces circonstances la ligature est impossible à appliquer et il faut, avant d'employer le remède efficace, c'est-à-dire le tamponnement sur une canule à chemise, terminer l'extraction de la pierre. Cette recherche peut être longue et laborieuse, soit à cause de la situation du calcul, de son volume ou de la multiplicité des concrétions; pendant ce temps, le sang coule en abondance et l'on comprend facilement l'embarras d'un chirurgien qui hésite entre la nécessité d'arrêter une hémorrhagie grave et la crainte de laisser son opération incomplète. Dans ces cas, il faut conserver tout son sang-froid et se hâter de débarrasser la vessie, sans cependant rien compromettre par la précipitation des manœuvres. (Voyez obs. III, p. 157.)

L'introduction du lithotome donne parfois lieu à des erreurs; si l'on procède sans ménagement, il peut arriver que l'instrument abandonne la rainure du cathéter et que par conséquent il ne parvienne pas jusque dans la vessie, de là une série de tâtonnements dont le moindre inconvénient serait de prolonger l'opération.

Lorsque l'urètre est incisé, il faut craindre que le cathéter ne sorte de la vessie et par conséquent qu'il ne cesse d'être un guide certain pour arriver jusque dans le réservoir. Dans tous les cas, il est prudent de ne pas faire saillir les lames du lithotome avant d'être parvenu à toucher la concrétion avec cet instrument.

Il nous reste maintenant à parler des accidents qui sont inhérents à l'extraction de la pierre, mais auparavant il faut s'arrêter sur les inconvénients que peut entraîner l'incision dans la cystotomie sus-pubienne. Ici l'hémorrhagie est chose exceptionnelle, vu l'absence de troncs artériels dans la région où l'on opère; lorsque le sang coule en abondance il vient ordinairement des parois mêmes de la vessie. L'accident important, celui qui domine tout, c'est l'ouverture du péritoine, on en est averti par l'issue au dehors d'une anse intestinale ou d'une portion d'épiploon; la conduite du chirurgien varierait dans cette circonstance, suivant que la blessure du péritoine précéderait ou suivrait l'incision faite à la vessie. Dans le premier cas, l'opération devrait être suspendue dans la crainte de voir l'urine s'épancher dans la cavité de l'abdomen; si, au contraire, la blessure de la séreuse succédait à l'ouverture de la vessie, il n'y aurait alors aucun avantage à différer, aussi l'extraction du calcul devrait-elle être achevée comme d'ordinaire.

Blessures de la vessie.—Nous arrivons maintenant aux accidents qui accompagnent l'extraction de la pierre vésicale. Au moment où le col de la vessie vient d'être incisé par le lithotome, on voit s'écouler tout le liquide contenu dans le réservoir urinaire, par conséquent on est en droit de conclure que les parois de la vessie sont alors appliquées exactement sur la pierre qui doit être extraite. Cependant il y a lieu de se demander si l'issue du liquide ne serait pas plutôt la conséquence de la déclivité de l'incision que le résultat des contractions organiques. Certes, il est évident que la capacité de la poche a beaucoup diminué, mais on peut constater que les instruments se meuvent encore facilement et que les parois de la vessie sont plutôt molles que contractées.

Ce que nous venons de dire sur l'état du réservoir urinaire au moment de l'incision du col se rapporte principalement à cette crainte, encore existante et acceptée de tous les chirurgiens de l'antiquité, à savoir qu'on pourrait avec les tenettes saisir le corps de la vessie et l'arracher en même temps que l'on procéderait à l'extraction. Cet accident tant redouté ne nous paraît pas présenter une si grande importance, on a certainement beaucoup plus parlé de cette lésion qu'elle n'a réellement été observée; voici du reste ce qui ressort de nos recherches personnelles. Lorsqu'on a pratiqué la taille sur un cadavre et qu'on essaye à dessein de saisir les parois vésicales entre les tenettes, on y parvient très-difficilement, et de plus, la portion engagée s'échappe bientôt, grâce à cette disposition de la pince qui ne permet pas un rapprochement complet de ses deux mors. Dans les opérations que nous avons pratiquées sur le vivant, nous avons été frappés du peu de résistance qu'offraient les parois vésicales, jamais les parties molles ne se sont interposées entre la pierre et l'instrument, aussi sommes-nous porté à considérer comme bien rares les renversements de la vessie à travers l'orifice de la taille.

Larrey a observé l'issue de la paroi, mais cet accident, survenu dans les jours qui suivirent l'opération, se compliquait d'une circonstance tout à fait exceptionnelle; il y avait, dit-on, une anse d'intestin faisant partie de la tumeur, et le malade présentait tous les symptômes de l'étranglement herniaire.

Lorsque le réservoir urinaire contient de grosses colonnes charnues et surtout lorsqu'il renferme des tumeurs faisant saillie dans sa cavité, ces différentes productions peuvent être saisies pendant la recherche de la pierre ; leur déchirure et leur arrachement peuvent en être la conséquence. Ainsi, tout en considérant le pincement de la vessie comme une crainte exagérée, on doit admettre que certaines dispositions peuvent favoriser l'accident auquel nous faisons allusion ; aussi faut-il tirer cette conclusion, que nous retrouverons à chaque pas : la manœuvre doit être lente et ménagée. En procédant avec soin, on évitera de grandes douleurs au malade, et l'on se mettra à l'abri des perforations de la vessie ; cette dernière complication pourrait résulter d'une introduction brutale des tenettes ou de l'arrachement des parois de l'organe.

Les accidents qui peuvent accompagner l'extraction des calculs surviennent nécessairement dans les derniers moments de la manœuvre. La pierre étant saisie, si elle est très-grosse ou si elle se présente par son diamètre le plus défavorable, on éprouve aussitôt une grande résistance au col de la vessie ; alors des tractions modérées ne suffisant pas, si l'on emploie la violence, l'obstacle cède bientôt mais on peut constater une déchirure complète du col ou même du corps de la vessie. Dans quelques cas la prostate a été séparée du reste de l'organe. Ces désordres, qui sont moins une complication que le résultat d'une manœuvre déraisonnable, sont ordinairement suivis d'accidents très-rapidement mortels.

Lorsque l'extraction présente de grandes difficultés, il faut recourir au débridement multiple, et mieux encore, comme nous le dirons plus loin, fragmenter la pierre.

La sortie du calcul peut s'accompagner de la contusion et de l'éraillure de la paroi antérieure du rectum ; on a également observé la contusion du bulbe, lésion qui se traduit bientôt par une vaste ecchymose du scrotum. Ces derniers accidents ont surtout leur importance relativement aux suites de l'opération, ils prédisposent aux inflammations, à la mortification des tissus et à la formation de fistules graves.

Nous avons déjà, nous le rappelons seulement, fait mention de l'écrasement de la pierre et des difficultés qui peuvent en résulter pour la sortie successive des divers fragments. Il est encore une complication de l'extraction, c'est lorsque la pierre échappe entre les tenettes et reste comme enclavée dans le trajet de la plaie ; rien n'est alors difficile comme de saisir le calcul à nouveau, car les cuillers ne peuvent pas toujours passer sur les côtés de la concrétion. Dans ces circonstances, il faut se servir d'un crochet mousse, débrider quelquefois les tissus, ou bien encore refouler la pierre pour la reprendre dans la vessie.

Telles sont les diverses complications qui peuvent se présenter pendant l'opération de la taille. Parmi ces accidents, les uns sont indépendants de l'habileté de l'opérateur et tiennent à certaines conditions exceptionnelles ; les autres, au contraire, reconnaissent pour cause l'emploi d'un procédé défectueux ou bien l'exécution imparfaite du manuel.

§ II. — Accidents secondaires de la taille. — Marche, durée, terminaison de la cystotomie.

1° Accidents secondaires de la taille.

Les suites de la cystotomie sont loin d'être toujours les mêmes; dans les cas très-heureux, les malades éprouvent un soulagement considérable, et ils arrivent promptement à une guérison qui n'est traversée par aucune des difficultés propres à de semblables opérations. Plus ordinairement les opérés de la taille présentent une série de troubles qui retardent la cure et qui trop souvent déterminent la mort des malades. Les accidents auxquels nous faisons allusion peuvent être divisés en primitifs et consécutifs. Les premiers se présentent dans les heures qui suivent l'opération, ils sont tous pour la plupart funestes; les autres apparaissent plus tard, et alors que tout faisait espérer une guérison plus ou moins prompte. Ces derniers sont quelquefois mortels, souvent ils prolongent de beaucoup la durée de la maladie.

Accidents pernicieux. — Dans les heures qui suivent une opération de taille, on voit quelquefois survenir des phénomènes graves et rapidement mortels. Un de nos malades fut pris d'un frisson intense, pendant lequel il succomba malgré tous les efforts qui furent faits pour provoquer une réaction. D'autres fois les individus tombent dans une sorte de torpeur dont rien ne peut les sortir, ils meurent sans offrir la moindre résistance vitale; quelques-uns sont pris d'agitation et de délire, suivis d'une mort rapide; on a également observé des malades qui succombaient au tétanos.

Les accidents si redoutables que nous venons de mentionner n'ont ordinairement aucun rapport avec le plus ou moins de facilité qu'a pu présenter l'opération, ni avec sa plus ou moins grande durée. Mais il y a un fait constant c'est que, loin d'être soulagés par l'extraction de leur pierre, ces malheureux sont en proie à des douleurs extrêmes; ces dernières paraissent la cause des accidents généraux qui emportent les opérés.

Chez quelques malades, la fièvre s'allume aussitôt après l'opération, elle demeure continue, et l'on voit paraître sur divers points du corps des eschares qui, en l'espace de vingt-quatre heures, s'étendent avec une rapidité surprenante. Cette complication est d'un pronostic très-mauvais, car la mort ne tarde pas à survenir.

Rétention d'urine. — Nous avons déjà parlé d'une circonstance qui s'observe fréquemment après la cystotomie; la vessie cesse de se débarrasser de son contenu et bientôt les individus sont tourmentés par les symptômes de la rétention d'urine. Cette complication qui n'est pas rare est souvent méconnue, et faute d'un diagnostic suffisant, on cherche longtemps le remède à des troubles qu'il serait cependant très-facile de faire cesser par le cathétérisme.

Phlegmasies urineuses. — A côté des accidents immédiats se placent les infiltrations et les phlegmasies urineuses. Ces complications surviennent les premiers jours, mais leur durée se prolonge pendant un temps variable; suivant Boyer, le plus grand nombre des opérés succomberait à l'inflammation.

La taille hypogastrique expose spécialement à ces phlegmons urineux, et le voisinage de la grande séreuse abdominale donne souvent à cet accident un caractère de gravité exceptionnel; car, il faut bien le dire, si l'incision hypogastrique se présente avec des apparences de simplicité relativement à son exécution et à l'extraction des pierres même volumineuses, elle expose beaucoup plus que les autres méthodes de cystotomie à l'infiltration urineuse et à la péritonite. L'inflammation de la grande séreuse s'observe même en l'absence de toute lésion par l'instrument, et la clinique démontre qu'il ne suffit pas de bien exécuter son opération pour être certainement à l'abri de la péritonite; l'urine s'infiltre dans le tissu cellulaire qui entoure la vessie, et bientôt l'inflammation se propage à toute la cavité abdominale.

D'autres accidents plus tardifs suivent encore l'opération de la taille : ce sont l'hémorrhagie secondaire, l'infection purulente, les troubles digestifs, enfin les maladies de la vessie elle-même.

Hémorrhagies.—La cystotomie expose, comme toutes les autres opérations chirurgicales, à des hémorrhagies qui surviennent tardivement et dont la cause reste le plus souvent inconnue. Cet accident offre ici une gravité toute spéciale qui est relative au siége de l'hémorrhagie et aux difficultés qu'on éprouve à arrêter l'issue

du sang; ajoutons que cette complication est heureusement fort rare. Les ressources sont, en pareils cas, les
mêmes que pour les hémorrhagies primitives.

Infection purulente. — L'infection purulente est
l'accident qui survient le plus souvent à la suite de la
cystotomie ; un grand nombre d'opérés succombent à
la pyohémie, et la plupart des complications viscérales
qu'on observe après la taille sont sous la dépendance de
cette altération du sang. L'infection purulente se montre
ordinairement du septième au quinzième jour, elle survient brusquement alors que tout faisait espérer une
guérison ; sa marche est plus ou moins rapide, mais sa
terminaison est aussi absolument funeste que cela s'observe après les amputations des membres.

Les anciens cystotomistes ignoraient complétement
cette grave complication des opérations chirurgicales,
et c'est faute d'avoir connu la phlébite infectieuse qu'ils
ont souvent attribué la mort de leurs malades à des
causes parfois bien innocentes, telle est, par exemple,
l'affection vermineuse. Aujourd'hui que l'étude de l'infection purulente est à peu près complète, les suites de
la taille sont bien comprises et l'on reconnaît toute
l'importance qu'il y a de ménager le bulbe et les grosses
veines de la région.

Beaucoup de calculeux succombent à une sorte d'intoxication générale, il ne faudrait cependant pas admettre que l'infection purulente est la cause de tous les
insuccès. Pour notre part, nous serions assez disposé
à croire que certains opérés meurent empoisonnés par

suite d'une résorption putride des produits morbides renfermés dans les reins; ces derniers sont alors plus ou moins désorganisés.

Urémie. — Un bon nombre d'opérés succombent tardivement après avoir présenté des troubles digestifs dont la gravité tient à leur persistance; quelques-uns sont pris de vomissements incessants, mais c'est surtout la diarrhée qui s'observe le plus habituellement. Les malades se présentent à la garde robe dix à trente fois dans les vingt-quatre heures, les selles sont liquides, peu abondantes et d'une assez grande fétidité; le régime et toutes les médications échouent devant ces troubles digestifs dont l'explication ne se trouve pas dans l'état anatomique de l'estomac ou des intestins. Les individus qui meurent ainsi présentent des lésions profondes des reins, la diarrhée paraît symptomatique, et elle est peut-être sous la dépendance de l'élimination incomplète par les reins, de l'urée contenue dans le sang. Cl. Bernard a démontré la présence du carbonate d'ammoniaque dans les selles des individus dont les reins étaient altérés.

Incrustation de la plaie; expulsion de membranes. — Nous avons encore à mentionner parmi les complications de la cystotomie, les maladies de la vessie elle-même; la cystite, la mortification et la chute des masses fongueuses que renferme parfois la vessie, peuvent entraîner des symptômes qui viennent compliquer l'état général. Nous insisterons surtout sur une circonstance peu connue et qui accompagne quelquefois l'opération de la taille; je veux parler de l'incrustation des plaies et de l'issue de lambeaux membraneux par le trajet que parcourt l'urine.

Voici ce qui se passe dans les cas particuliers auxquels nous faisons allusion : l'opération est ordinairement suivie de douleurs assez vives qui ont pour siége la région de la vessie, puis deux ou trois jours plus tard, la plaie, les téguments voisins, les pièces du pansement, quelquefois même les draps du lit, se couvrent de dépôts phosphatiques; enfin, on constate l'issue de lambeaux membraneux qui portent aussi les traces de l'incrustation calcaire. Cette série de phénomènes qui paraît se rattacher à une même cause, constitue une des rares complications qui peuvent succéder à la cystotomie; mais avant d'exposer le résultat de nos recherches et de notre observation personnelle, il nous paraît utile de citer certains faits qui appartiennent à la littérature chirurgicale et qui se rattachent à cet intéressant sujet.

Ledran dit que « l'urine d'un homme auquel on avait extrait une pierre ronde et très-solide, du poids de 8 onces, entraînait après l'opération une si grande quantité de matière graveleuse, que le périnée, les fesses et même les linges de pansement en furent incrustés comme d'un mortier qui s'y serait endurci ; l'incrustation, qui était de couleur brune, devint si forte et si dure, qu'elle bouchait en partie le trajet de la plaie, et qu'en introduisant la sonde pour faire des injections, il semblait qu'on passât dans un aqueduc de pierre de taille. Cet état dura vingt-deux jours, au bout desquels on put détacher une partie des croûtes ; en quatre ou cinq jours on ôta toutes celles qui étaient à la portée du doigt, il en sortit ensuite par la plaie, attachées à des lambeaux membraneux qui venaient du col et même de l'intérieur de la vessie. » (Ledran, *Opérations de chirurgie*, p. 298.)

Frère Côme a observé quatre faits semblables. « La plaie d'une femme qu'il avait taillée était plâtreuse, les urines formaient des incrustations sur toutes les surfaces où elles séjournaient, des morceaux de tissu cellulaire sortaient, semblables à des chapelets formés par un plâtre à demi pierreux qui se broyait en partie entre les doigts ; le bout des canules s'incrustait en vingt-quatre heures et leur cavité se bouchait fréquemment dans le même temps. » Un deuxième malade avait également « des urines plâtreuses, qui pendant les douze premiers jours engorgèrent la canule placée dans la boutonnière. » Chez le troisième opéré « l'urine était plâtreuse et elle entraînait des lambeaux de tissu cellulaire incrusté. » Chez le quatrième malade, « les incrustations forcèrent de changer souvent la canule qui s'oblitérait. »

Rudtorffer dit que le treizième et le quinzième jour, après l'opération de la taille, il sortit par la plaie de son malade, deux grands flocons membraneux incrustés, que l'auteur crut provenir de la vessie elle-même.

Tulpius a rencontré aussi un cas dans lequel l'opération fut suivie de l'expulsion de lambeaux membraneux incrustés.

Deschamps dit, en parlant de la gangrène vésicale, que cet accident paraît avoir son siége dans le tissu cellulaire qui unit la membrane muqueuse à la couche musculeuse de la vessie ; et il arrive assez fréquemment, ajoute-t-il, que la membrane muqueuse s'exfolie en partie ou en totalité. On trouve dans le même auteur une observation qui se rattache au sujet que nous étudions, voici en quelques mots le résumé de ce fait curieux. Deschamps pratique la taille à un officier et lui extrait une pierre assez volumineuse ; divers accidents succèdent à cette opération. La maladie se prolonge, les urines deviennent fétides, purulentes, et vers le trente-septième jour « celui qui soignait le malade, lavant la plaie extérieure, aperçut un lambeau qu'il tira doucement ; mais voyant qu'il était très-long, il n'osa pas aller plus loin, quoique le malade l'assurât qu'il ne souffrait point. Ce lambeau fut retiré et mis de côté. Je l'examinai avec la plus grande attention et après l'avoir lavé à plusieurs reprises, je reconnus par sa texture que c'était une portion assez considérable de la membrane interne de la vessie ; elle avait la forme à peu près triangulaire, sa couleur était d'un blanc un peu sale, sa surface pouvait être évaluée à une superficie de cinq pouces et demi. La sortie de ce lambeau avait été précédée par celle de quelques petits fragments, tant par la plaie que par l'urètre ; la séparation fut suivie d'une très-petite quantité de sang par la plaie, mais dont l'issue ne fut que momentanée. » Une amélioration notable succéda à l'expulsion des lambeaux membraneux, les urines devinrent claires, et la fièvre tomba ; néanmoins, la guérison se fit attendre encore longtemps : le malade quitta Paris plus de deux mois après son opération ; la cure ne fut complète que plus tard, encore l'opéré conserva-t-il une notable difficulté à garder ses urines.

L'incrustation survenant à la suite de la taille a été observée par Brodie ; ce chirurgien a opéré un enfant dont l'urine déposa une quantité telle de phosphate, que le périnée, la face interne des cuisses et les draps du lit semblaient avoir été saupoudrés d'une poussière blanche qui se renouvelait en peu d'heures quand on l'enlevait.

Civiale parle également de deux cas identiques : l'opération de la taille faite par le haut appareil s'accompagna de l'incrustation de la plaie ; cet état, dit-il, dura plusieurs semaines.

A tous ces faits, je joindrai la relation succincte de trois observations qui me sont personnelles.

OBSERVATION VIII. — Dans le mois de mars 1862, je pratiquai la taille à un jeune garçon de quatorze ans ; la maladie remontait à six années ; la pierre était volumineuse, 3 centimètres sur 2 centimètres et demi, composée par l'urate et le phosphate de chaux. L'opération fut faite sur la ligne médiane sans incision du col de la vessie ; la simple dilatation suffit pour obtenir une extraction assez facile. Tout se passa bien, mais dès le deuxième jour je remarquai l'incrustation du trajet de la plaie ; l'enfant souffrait modérément de la vessie. Le sixième jour, je voulus enlever les incrustations, mais la pince ramena deux lambeaux membraneux, irréguliers comme forme, ayant à peu près 2 centimètres et demi. Ces membranes avaient deux faces, une lisse, d'apparence séreuse, correspondant à la cavité de la plaie, l'autre rugueuse et incrustée, en rapport avec les tissus voisins; en un mot, c'était la face adhérente qui présentait les incrustations. La plaie cessa bientôt de se couvrir de dépôts calcaires. Au trentième jour, la cicatrisation était presque complète et l'urine coulait en grande partie par la verge. Deux semaines se passèrent encore, il restait toujours un orifice au périnée; j'examinai alors avec soin le trajet fistuleux et je pus extraire un troisième lambeau membraneux semblable aux précédents, celui-ci semblait s'opposer à la guérison définitive. Six jours plus tard, mon malade quittait Paris sans conserver de fistule.

Cinquante jours avaient été nécessaires pour guérir ce jeune garçon; or, il nous semble que c'est plus que la moyenne de la durée de la maladie après la cystotomie pratiquée sur des enfants bien portants.

Mon second malade a été opéré à l'hôpital Necker. Voici son histoire en quelques mots :

OBSERVATION IX. — Jeune homme âgé de vingt-six ans, constitution moyenne, mais bien portant. Il a la pierre depuis plusieurs années ; elle se manifeste par des douleurs en urinant et par de fréquentes hématuries.

Le malade entre à l'hôpital dans les premiers jours de mai 1862. Une tentative de lithotritie est faite, mais elle détermine des accidents.

Le 17, on pratique l'opération de la taille médio-bilatérale. La recherche du calcul fut très-longue; la tenette ramena une pierre murale de 4 centimètres et demi sur 3. Sonde à demeure dans la plaie.

Le lendemain, on enlève la sonde qui était obstruée;

le malade se plaint d'une douleur au bas-ventre limitée à la région de la vessie. Pouls à 110, diarrhée; on administre l'opium.

Les jours suivants, l'état général reste le même, on constate tous les degrés d'une cystite assez intense.

Le 25, amélioration très-notable des phénomènes généraux; appétit.

Le 4 juin, la plaie suppure très-abondamment; ses bords et les téguments voisins sont couverts d'incrustations calcaires.

Le 12 juin, tout le trajet de la taille est tapissé par une couche phosphatique formée de grains isolés mais très-nombreux. On enlève un lambeau membraneux, dont l'une des faces est lisse, muqueuse, d'un blanc sale; l'autre est rugueuse et incrustée. Déjà, à trois reprises différentes et dans les jours qui avaient précédé, on avait retiré de la plaie des membranes incrustées provenant certainement de l'intérieur de la vessie. Cette fois le fragment membraneux est plus considérable, ses dimensions surpassent celles d'une pièce de 5 francs, sa forme est irrégulière. La plaie bourgeonne, elle n'est pas recouverte de dépôts membraneux.

Le 14 juin, variole discrète; on enlève une sonde qui en deux jours avait été complétement incrustée.

Le 22, la plaie se ferme lentement, elle n'a plus que 3 ou 4 millimètres, mais la cicatrice ne porte que sur les téguments. La plus grande partie de l'urine passe toujours par le périnée; du reste, la vessie n'est plus douloureuse, et les dépôts phosphatiques ne se forment plus. L'état général continue à être peu satisfaisant, il y a de l'amaigrissement, aussi le malade est-il renvoyé dans son pays. Depuis on n'a pas eu de ses nouvelles.

La troisième observation présente encore plus d'intérêt, en ce sens que l'autopsie a permis de constater l'état des organes intéressés par l'opération de la cystotomie.

OBSERVATION X. — M..., cocher, âgé de cinquante-neuf ans, entré le 17 septembre 1862 à Saint-Louis, salle Sainte-Marthe.

Cet individu, qui souffre depuis plusieurs années, présente un rétrécissement presque général de la portion spongieuse de l'urètre; en outre, la vessie renferme un calcul phosphatique qui la remplit presque complétement et qui détermine une incontinence continuelle d'urine.

Le 18 septembre, on pratique l'opération de la taille médio-bilatérale. La section du col de la vessie est faite transversalement à gauche et obliquement du côté droit; nous employons, à cet effet, le lithotome que nous avons fait construire et qui a été décrit précédemment. L'extraction fut longue et laborieuse, ce qui tint à la nécessité qui se rencontra de broyer le calcul sur place et d'en extraire successivement tous les fragments.

La réaction fut peu vive, le malade se plaignit seulement de faibles douleurs dans le bas-ventre, analogues à celles qu'il ressentait depuis plusieurs années. Bientôt survinrent des malaises, l'appétit disparut et une diarrhée continuelle se manifesta. La mort arriva le 5 octobre. Vers la fin de septembre, on avait pu constater l'issue par la plaie de plusieurs lambeaux incrustés d'un blanc gris sale.

L'autopsie démontra une double lésion des reins; nous devons seulement nous arrêter sur l'état de la vessie. Une coupe pratiquée sur la face antérieure de cet organe permet d'en examiner l'intérieur, mais on constate de prime abord que les parois ont une épaisseur de 4 à 5 centimètres. Celles-ci sont composées d'un tissu gris ardoisé extrêmement dur, altération qui résulte évidemment de phlegmasies très-anciennes. La muqueuse elle-même présente des plaques d'une couleur grise et violacée par place; la vessie renferme des colonnes nombreuses, sa capacité égale à peine celle d'un gros œuf. A la surface du réservoir urinaire et surtout dans l'étendue du trajet de la taille, on rencontre des fausses membranes incrustées, analogues à celles rendues pendant la vie.

Ces productions sont composées, au microscope, par de la lymphe coagulée et par des débris d'épithélium; nous n'avons trouvé, en aucun point, ni ulcérations ni destruction de la membrane muqueuse vésicale.

Il résulte des quelques faits empruntés aux auteurs anciens et des trois observations que nous venons de relater, que l'opération de la taille s'accompagne, dans quelques cas, de circonstances insolites. On observe le dépôt de concrétions phosphatiques dans tout le trajet de la plaie, en même temps que l'issue au dehors de fragments membraneux dont le nombre, la forme et les dimensions sont très-variables.

L'incrustation est un phénomène encore assez commun pour que la plupart des chirurgiens l'aient observée ; l'inflammation vésicale paraît jouer un rôle capital dans cette production. En effet, dans ces conditions, les urines deviennent alcalines, et laissent alors déposer les sels qu'elles contenaient seulement à la faveur de leur acidité normale. Nous considérons également comme une conséquence de la cystite l'issue des lambeaux membraneux dont nous avons parlé ; ce dernier phénomène s'observe moins fréquemment, aussi avons-nous mis à profit les circonstances dans lesquelles nous avons constaté cette particularité pour essayer de résoudre deux questions :

A. La nature des lambeaux membraneux ;

B. La raison de leur formation.

A. *Nature des lambeaux membraneux.* — Il nous paraît rationnel d'admettre plusieurs origines à ces productions. Quelquefois le mucus vésical est tellement épais qu'il tapisse les parois de la vessie ; si dans ces conditions l'urine laisse déposer ses sels calcaires, on comprend que les malades puissent rendre, soit par les voies naturelles, soit par la plaie de la taille, des pelotons incrustés. Quelquefois, dit Baillie dans son *Anatomie pathologique*, la vessie est entièrement remplie d'une substance qui ressemble à du mortier, et qu'on ne peut enlever entièrement parce qu'il en reste toujours une portion considérable qui adhère aux parois internes de l'organe. Cette matière, ajoute-t-il, est accompagnée de l'inflammation chronique de la muqueuse vésicale.

Andral, dans son *Précis d'anatomie pathologique*, dit avoir observé deux fois que la face interne de la vessie était tapissée presque en totalité par une couche couenneuse de plus d'une ligne d'épaisseur, d'un blanc sale, mais dépourvue de vaisseaux.

Nous-même nous avons plusieurs fois rencontré à la face interne de la vessie des plaques grises, véritables productions cornées qui semblaient formées par une réunion de lamelles épidermiques.

La disposition membraneuse des lambeaux incrustés que nous étudions paraît parfois si évidente, que l'on doit se demander si ces débris sont des portions de muqueuse vésicale, ou bien s'il faut les ranger parmi les simples néomembranes.

Les anciens avaient déjà discuté la question de la nature exacte de ces lambeaux, voici un passage très-intéressant emprunté à l'illustre Morgagni. Des portions de muqueuse vésicale, dit-il, peuvent se séparer sans que l'hémorrhagie survienne. Puis il ajoute, et je cite textuellement : « Il est certain qu'une hémorrhagie n'était point survenue sur une dame dont Willis a parlé, et qui avait rendu, longtemps avant sa mort, une membrane épaisse et large, remplie d'une matière sablonneuse. Or, il fut constant, par la dissection du cadavre, que cette membrane était une partie de la tunique interne de la vessie. L'hémorrhagie ne survint pas non plus sur deux femmes qui rendirent une membrane large que Ruysch et Boerhaave virent très-bien, et qui dans l'un des cas, était comme parsemée de petits cailloux. Or, il n'est pas croyable que de tels hommes aient pris pour une véritable membrane une fausse membrane, attendu surtout que Ruysch avait enseigné, plusieurs années auparavant, comment l'art, et à plus forte raison la nature, peuvent former des fausses membranes. Il est certain d'ailleurs que ce n'était pas une fausse membrane, puisqu'elle avait des vaisseaux sanguins qui lui étaient propres, celle qu'un homme avait rendue, et qui avait été observée par Rouhault, qui trouva que trois portions seulement avaient une telle ampleur, qu'il ne doutait pas qu'elles ne formassent au moins les deux tiers de la tunique interne de la vessie. Assurément je ne prétends pas que tout ce qui sort de la vessie sous forme de membrane soit une véritable membrane ; mais je soutiens que les caractères des membranes sont quelquefois si évidents, qu'il ne faut pas contredire des hommes très-exercés, qui les ont examinées et qui les ont regardées comme de véritables tuniques ; ce qui se passe ailleurs pour la membrane interne des intestins, a lieu aussi en grande partie dans la vessie. »

La question est si clairement posée par Morgagni, qu'il nous suffira maintenant d'indiquer nos observations personnelles, qui, disons-le tout de suite, viennent à l'appui de l'opinion que défendait le célèbre anatomiste. Cette démonstration ne sera pas inutile, car, de nos jours, on croira plus aux fausses membranes qu'à l'expulsion des lambeaux de la muqueuse vésicale.

Les membranes que nous avons pu observer ont offert des caractères très-tranchés et toujours identiques ; même apparence, même conformation, mais structure variable. Lorsqu'on examine un de ces lambeaux, sa forme est très-irrégulière, ses bords sont déchiquetés ; il offre deux faces : l'une, lisse, d'un blanc sale, rappelant la surface muqueuse des organes ; l'autre, irrégulière, creusée. d'aréoles et présentant seule les incrustations phosphatiques dont nous avons parlé. Quant à la structure microscopique, voici le résultat de nos recherches. Les membranes se composaient :

1° D'un épithélium pavimenteux ;

2° De fibres lamineuses ;

3° De fibres élastiques,

4° Chez le malade de l'hôpital Necker, il y avait quelques fibres musculaires lisses. Quant aux vaisseaux, nous n'avons pu en constater la présence.

Dans notre troisième observation, c'est-à-dire celle du cocher que nous avons taillé à l'hôpital Saint-Louis, la composition des membranes sorties par la plaie était bien plus simple, car il n'a été possible de trouver aucun élément des tissus normaux. La lymphe coagulée paraissait composer à elle seule ces productions singulières.

De tout ce qui précède on doit conclure qu'à la suite de l'opération de la taille il peut se former des fausses membranes qui sortent par la plaie, mais que dans quelques cas, on peut assister à la chute de véritables lambeaux membraneux qui appartiennent certainement à la muqueuse de la vessie. Cette destruction de la membrane interne du réservoir de l'urine est due à des circonstances particulières, et tel est l'objet de la deuxième question que nous nous étions proposé de résoudre.

B. *Cause et mécanisme de l'exfoliation de la membrane muqueuse vésicale.* — Les anciens auteurs avaient déjà entrevu l'explication du symptôme que nous étudions, et sur cette question encore, nos recherches viennent corroborer leur manière de voir. Morgagni dit que, dans un cas semblable, la vessie se trouve phlogosée. Willis, qui a fait une autopsie, a constaté qu'une portion de la muqueuse manquait, et de plus que la vessie était fortement enflammée. Baillie mentionne l'épaississement des membranes de la vessie, et il le considère comme d'origine phlegmasique. L'autopsie que nous avons pratiquée démontrait les lésions et les altérations qui sont sous la dépendance d'une cystite chronique. (Voy. obs. X.) L'analyse des observations dénote chez les opérés l'ensemble des symptômes qui se rattachent à l'inflammation du réservoir urinaire; chez nos calculeux, la phlegmasie a été bien évidente. Quant à la cause de cette inflammation, elle peut être spontanée ou provoquée par la présence prolongée de la pierre dans la vessie, mais on admettra facilement que les manœuvres qui accompagnent l'opération de la taille sont bien de nature à déterminer la cystite.

Pour ce qui est du mécanisme de la séparation des lambeaux de muqueuse, il est comparable à ce qui se passe dans certaines dysenteries, pendant lesquelles on observe la chute de portions plus ou moins étendues de la muqueuse intestinale. L'inflammation s'établit dans le tissu cellulaire sous-muqueux, la membrane interne se trouve ainsi soulevée et privée de ses éléments de nutrition, et bientôt la chute de cette portion de muqueuse succède au décollement et à une mortification partielle. Ce fait important avait été constaté pour l'intestin par Celse et Arêtée; Ruysch et Morgagni l'avaient signalé pour la vessie, et nos observations complétées par l'examen microscopique, sont venues confirmer les vues ingénieuses de l'antiquité.

L'inflammation de la vessie peut avoir des conséquences variables, mais nous voulons nous arrêter seulement sur les résultats immédiats de cette issue des fragments muqueux et sur l'incrustation des lèvres de la plaie. Il ressort de l'examen des faits que, lorsque ces complications se présentent, les suites de l'opération sont plus sérieuses que dans les conditions ordinaires. Le malade de Deschamps n'était pas guéri après soixante et dix jours; la cure de notre premier opéré, quoique âgé de quatorze ans, a demandé cinquante jours; le deuxième malade était loin de la guérison quand il quitta l'hôpital plus de six semaines après l'opération, cependant c'était un jeune homme de vingt-six ans. Je vois d'ailleurs que la durée de la maladie a été grande pour les opérés de frère Côme, de Ledran et pour ceux de Civiale. Rappelons que chez notre premier calculeux la présence d'un lambeau dans le trajet de la plaie a semblé mettre obstacle à la cicatrisation complète et définitive.

Nous terminerons ce paragraphe en formulant les conclusions suivantes. Les manœuvres qui s'exécutent à

l'intérieur de la vessie, et en particulier l'opération de la
taille, peuvent, dans certains cas, s'accompagner d'une
variété de cystite ; cette cystite a pour conséquence l'incrustation simultanée des bords de la plaie, des téguments voisins et des instruments laissés à demeure
dans la vessie. Enfin, sous l'influence de cette complication, on peut observer l'issue de lambeaux plus ou
moins grands, incrustés de sels calcaires. Ces membranes sont formées soit par de la lymphe coagulée,
soit par des dépôts d'épithélium, et plus souvent par des
fragments de la muqueuse vésicale elle-même. Ces diverses circonstances constituent une complication de
l'opération de la taille ; les suites seront plus longues,
la présence des débris membraneux et des incrustations
deviendra pour le malade une cause de douleurs
vives et un obstacle à la cicatrisation.

Ce n'est pas sans raison que la complication qui vient
d'être mentionnée doit être placée en ligne de compte,
relativement au pronostic. L'opération et ses manœuvres
peuvent bien être mises en cause, mais il est bon de
savoir que tous les individus chez lesquels on a observé
l'issue de lambeaux incrustés, présentaient . en même
temps des troubles généraux d'une grande importance.
Ledran s'exprime ainsi relativement au malade dont
nous avons déjà parlé : « Pendant ce temps, dit-il, il
survint beaucoup d'accidents, comme fièvre continue,
avec de fréquents redoublements, quelquefois tension au
bas-ventre ; tantôt des constipations opiniâtres, tantôt
des cours de ventre, des nausées et même des vomissements. » Des perturbations analogues furent observées

chez l'opéré de Deschamps, celui-là ne parvint à la guérison qu'après avoir traversé une longue série de complications.

Les troubles du côté du tube digestif dominent dans la plupart des observations; chez tous nos malades, le symptôme important a consisté dans une diarrhée séreuse opiniâtre, et rebelle à toutes les médications rationnelles.

Lorsque l'incrustation se manifestera après l'opération de la taille, il faudra redoubler de surveillance pour les soins de propreté ; on devra surtout examiner si des débris membraneux ou bien des concrétions phosphatiques ne s'opposeraient pas à la cicatrisation de la plaie du périnée. Dans ces conditions, l'emploi des sondes à demeure ou des canules serait contre-indiqué.

Les injections dans la vessie par l'urètre ou par la plaie n'ont pas donné de résultat entre les mains de plusieurs chirurgiens; personnellement nous avons dû y renoncer : elles étaient douloureuses et ne remédiaient point à l'incrustation des tissus.

Deschamps s'exprime ainsi à l'occasion du malade de Ledran : «On ne peut dissimuler que la manière, ou pour mieux dire l'habitude peu méthodique, peu raisonnée, de panser les taillés du temps de Ledran, a contribué beaucoup à cette incrustation pierreuse, tant dans l'intérieur qu'à l'extérieur de la plaie. Tous ces appareils, toutes ces compresses n'aboutissaient qu'à boucher la plaie et à s'opposer à la libre sortie des matières pierreuses. Les linges absorbaient la partie la plus fluide du gluten qui liait cette masse, le rendaient plus visqueux, plus collant, et par là l'attachaient plus fortement aux parties qui en étaient couvertes. Si Ledran eût laissé la plaie ouverte, cette matière se serait évacuée par degrés à l'aide des injections; la propreté observée aux environs de la plaie, lavée de temps en temps, aurait garanti de cette incrustation. En pareille circonstance, on injectera fréquemment la vessie avec une liqueur mucilagineuse; on introduira du cérat dans l'intérieur de la plaie, on en lavera souvent l'extérieur, particulièrement les parties circonvoisines, et après les avoir bien essuyées, on étendra le même médicament sur la peau, et par là on la garantira de l'impression de cette matière ; on entretiendra d'ailleurs la plaie ouverte, jusqu'à ce que la vessie soit complétement débarrassée. »

Cette citation démontre que Deschamps, qui avait constaté l'expulsion des membranes incrustées, n'avait pas su apprécier la cause de leur production. Il avait méconnu cette phlegmasie toute spéciale de la vessie, toujours accompagnée d'un état général mauvais, et loin de comprendre l'importance de cette complication, il accusait l'imperfection des soins donnés au malade; aussi conseillait-il une thérapeutique sans effet, mais conforme à sa manière de voir.

Avant de terminer, il me reste à faire la simple mention d'un fait que j'ai pu observer. Chez un malade taillé par Civiale, il y eut incrustation de la plaie, puis issue d'une masse rougeâtre que Ch. Robin a déclaré être constituée par du tissu prostatique. Cette remarque tendrait à démontrer que l'inflammation peut quelquefois déterminer la chute des tumeurs qui existent si souvent dans la vessie des calculeux.

2° Marche, durée, terminaisons de la cystotomie.

Nous avons indiqué précédemment les divers accidents qui pouvaient accompagner la taille, soit immédiatement, soit dans les jours qui suivent l'opération ; nous avons également démontré de quelle manière succombaient les opérés. La mort est le résultat, avons-nous dit, soit de l'infection purulente, soit des phlegmasies urineuses et gangréneuses, soit enfin des troubles généraux qui ont leur cause dans des lésions profondes de l'appareil urinaire et des reins en particulier. Cependant les taillés ne meurent pas tous, il y en a un bon nombre qui survivent ; aussi est-il utile d'exposer la manière dont ceux-là guérissent, en même temps que de préciser ce qu'il faut entendre par une guérison.

Lorsque les malades ont surmonté les premiers accidents, la fièvre disparaît, les douleurs diminuent, le sommeil et l'appétit reviennent simultanément ; la plaie, qui présentait les premiers jours un certain degré de tuméfaction, cesse d'être douloureuse, ses bords s'affaissent, la suppuration s'établit et entraîne tous les débris qui peuvent occuper le trajet de la taille. Les urines s'écoulent involontairement pendant les premiers jours, puis elles commencent à s'accumuler dans leur réservoir ; l'envie d'uriner reparaît, et à chaque miction le liquide se divise en deux parties, dont l'une suit la voie naturelle et l'autre le trajet accidentel. Ce rétablissement de la fonction se perfectionne chaque jour, et la quantité d'urine qui traverse l'urètre devient de plus en plus considérable; des bourgeons charnus apparaissent dans toute l'étendue de la plaie, diminuent son calibre et tendent à l'oblitérer.

L'observation démontre que la cicatrisation s'opère ordinairement de la profondeur vers l'extérieur, et ainsi s'explique le rétablissement complet du cours de l'urine, alors qu'il reste au périnée un orifice encore assez considérable. Il y a, du reste, des variétés dans la manière dont se comporte la plaie, ainsi que dans le mode et dans la durée de la cicatrisation. On a parlé de tailles guéries dans l'espace de vingt-quatre ou trente-six heures; il s'agissait de petits enfants, et encore ces sortes de miracles ne s'observent-ils plus de nos jours. Dans les conditions les plus heureuses, les tissus ne subissent qu'une attrition légère, il n'y a, par conséquent, aucune mortification à redouter; les parois se juxtaposent et leur réunion s'effectue, en quelque sorte, primitivement. Dans ces circonstances exception-nelles les malades peuvent être guéris dans l'espace de quelques jours. Plus ordinairement l'inflammation s'empare du trajet, certaines parties trop compromises au moment de l'extraction se gangrènent, s'éliminent, et la réunion s'opère secondairement, c'est-à-dire con-sécutivement à la formation des bourgeons charnus. L'étendue des parties mortifiées, l'intensité de l'inflam-mation retarderont la guérison des opérés.

Il faut compter une moyenne de vingt-cinq à trente jours pour arriver à la fermeture de la plaie, mais chez un grand nombre de malades la cicatrisation n'est parfaite qu'après plusieurs mois. Inutile de dire que les complications du côté de la santé générale ont une importance immense sur la durée de la cure.

Nous venons de montrer comment, à la suite de la lithotomie, la destruction des tissus pouvait retarder la guérison définitive. Il faut reconnaître que c'est au voisinage du col de la vessie que l'extraction de la pierre produit les plus grands désordres ; la destruction d'une partie plus ou moins étendue de la région membraneuse peut en être la conséquence. Il en résulte que la cicatrisation de la plaie est beaucoup plus lente vers la partie profonde qu'au niveau de la surface périnéale ; la formation des bourgeons charnus, leur agglutination sont déjà très-avancées du côté de la peau, que les parties contuses du col de la vessie sont à peine éliminées. Dans ces conditions, l'orifice extérieur de la plaie devient très-petit, mais l'urine continue de suivre la voie accidentelle, et comme son écoulement cesse d'être facile au périnée, ce liquide s'accumule dans le trajet de la taille et devient un obstacle incessant à la cicatrisation des parties profondes.

Fistules urineuses. — Les considérations qui précèdent nous amènent à étudier un des inconvénients fâcheux qui s'observent encore assez souvent à la suite des opérations de taille ; nous voulons parler de la persistance des trajets fistuleux qui font communiquer le périnée avec le col de la vessie ou avec la partie du canal voisine de cet orifice. La fréquence des fistules urinaires succédant à la cystotomie paraît difficile à déterminer; cela tient, d'une part, à l'insuffisance des observations, qui le plus souvent restent muettes à ce sujet, d'autre part, à la diversité des procédés opératoires.

Les auteurs anciens sont tous d'accord sur la fréquence de cet accident, et ils ne diffèrent entre eux qu'à l'égard de la cause qu'ils lui assignent.

Méry cite plusieurs exemples de ces fistules qu'il attribue à la manière de faire l'incision, spécialement à la section latéralisée. Le Cat, Pouteau, Colot disent également qu'elles sont fréquentes après la taille oblique.

Baseilhac, au contraire, déclare qu'elles sont rares quand on emploie le procédé de frère Côme, tandis qu'à la suite des autres méthodes on les observerait par centaines (*sic*).

Tolet, à propos de la fistule périnéale, « déclare qu'elle est causée par la faute du chirurgien et, de la part du malade, par les accidents qui sont survenus, ou même par plusieurs de ces choses ensemble, quand le chirurgien ni le malade ne font pas leur devoir, et outre cela que les accidents fâcheux et violents paraissent en même temps ou peu après l'opération : par la faute du chirurgien, lorsque, dès le commencement, il laisse trop tôt réunir les lèvres de l'ulcère, sans être assuré que le fond doit être détergé et agglutiné, ou parce que, n'ayant point paru d'accident, il en a trop dilaté le fond, et qu'il n'a pas eu le soin, après les huit ou dix premiers jours au plus, de comprimer médiocrement le bandage, et de se servir de petites compresses fort étroites mises aux deux côtés de l'incision; de la part du malade, lorsque son urine trop âcre ronge l'urètre et empêche la réunion, ou qu'il ne garde pas le repos nécessaire, à quoi il faut ajouter la trop grande maigreur, etc. Les accidents les plus remarquables qui contribuent à la fistule sont la pourriture, qui cause grande perte de substance à l'urètre et aux parties circonvoisines. »

Tolet établit ensuite les différences que présentent les fistules suivant qu'elles sont directes ou sinueuses, qu'elles s'ouvrent au périnée ou dans le rectum. Il distingue, au point de vue de l'incommodité qui en résulte, celles qui correspondent à la vessie, et celles qui aboutissent à l'urètre: dans les premières, l'urine coule sans cesse; dans les secondes, l'urine ne sort qu'au moment de la miction. Les premières, dit-il, sont incurables, les autres doivent être traitées.

L'auteur que nous citons formule des conseils qui sont relatifs au traitement préventif de ces fistules; il recommande, lorsque la plaie est détergée, d'établir une compression, afin, dit-il, « que le fond s'incarne avant que la cicatrice se fasse aux téguments. » Pour guérir la fistule, il recommande d'attendre longtemps avant d'agir, sachant que la nature peut amener une guérison spontanée. Son traitement consiste à cautériser le fond de la fistule, et, lorsque l'eschare est tombée, à panser le malade comme un taillé, c'est-à-dire à établir la compression sur les parties latérales de la plaie.

On trouve dans Tolet l'indication d'appareils destinés

à remédier aux inconvénients de la fistule demeurée incurable.

Pour les anciens auteurs, et pour Tolet qui est un de ceux qui ont le mieux étudié la question, la fistule qui succède à la taille reconnaîtrait pour cause le procédé opératoire, une mauvaise direction dans le pansement de la plaie, et enfin des conditions générales inhérentes à la constitution du sujet.

A une époque plus rapprochée de nous, l'importance attachée au pansement à la suite des opérations a été considérable. Bell, préoccupé de cette idée que l'orifice interne du trajet doit se cicatriser le premier, en était arrivé à conseiller de remplir la plaie avec des boulettes de charpie. Deschamps a critiqué avec raison cette pratique singulière, tout en reconnaissant qu'il fallait autant que possible faire prendre à l'urine sa direction naturelle. Il rapporte l'observation d'un malade dont la fistule ne fut guérie que sept mois après l'opération, aussi conseille-t-il de patienter afin de donner à la nature le temps de faire les frais d'une guérison spontanée. Pamard a avancé que le tiers de ses malades conservait une fistule; il attribuait à tort cet inconvénient à l'emploi du lithotome caché, mais les chiffres restent les mêmes, quelle que puisse être l'explication.

De nos jours, on a bien peu insisté sur les fistules qui succèdent à la cystotomie; cependant cet accident est loin d'être rare, et nos observations démontrent que la persistance d'un trajet s'observe à la suite de tous les procédés. D'après ce que nous avons vu, la taille prérectale semblerait prédisposer à l'établissement d'un canal fistuleux ; on comprend, en effet, que le décollement du rectum dans une certaine étendue puisse apporter un obstacle à la cicatrisation définitive. Quelques faits qui nous sont personnels paraissent justifier ces préventions purement théoriques : sur cinq malades opérés, quatre ont survécu, mais tous les quatre ont conservé une fistule incurable.

Les causes de la persistance des trajets accidentels sont multiples. L'amaigrissement considérable du sujet peut être à lui seul l'origine d'une fistule qui guérira spontanément avec le retour de l'embonpoint; le plus souvent c'est à une perte de substance trop considérable qu'il faut attribuer la formation du trajet accidentel.

Dans ces cas, comme le dit Tolet, l'étoffe manque, mais le plus souvent la mortification des tissus est insignifiante, et c'est un vice dans la cicatrisation qui fait obstacle à la guérison complète. Si l'orifice externe se ferme trop vite, l'urine s'accumule au-dessus et devient la cause d'une inflammation avec destruction incessante des tissus; plus souvent encore, c'est à une direction vicieuse de l'urètre qu'il faut attribuer le passage incomplet de l'urine par les voies naturelles, et la sortie continuelle de ce liquide par le périnée. L'urètre, le col de la vessie ont été incisés ou déchirés dans une étendue variable, on comprend très-bien que la cicatrisation puisse être vicieuse, et que les parties se consolident de telle sorte que l'urine soit obligée de suivre la voie accidentelle. Dans quelques cas, les corps étrangers, les dépôts phosphatiques, sont la seule cause de la persistance de la fistule.

Le diagnostic de la complication n'est pas chose difficile en soi ; les malades sont là pour avertir le chirurgien des troubles qu'ils observent dans la fonction. L'urine sort-elle à chaque instant, c'est au col que se trouve la lésion ; si, au contraire, le liquide ne traverse la fistule qu'au moment de la miction, l'urètre est seul en cause. La marche de la maladie, l'examen de la plaie peuvent mettre sur la voie de l'obstacle à la cicatrisation, mais c'est le cathétérisme fait avec soin au moyen de divers instruments, qui permettra de constater les déviations du canal, les brides, et en un mot, toutes les causes mécaniques pouvant s'opposer à la sortie de l'urine par ses voies naturelles.

Le traitement est prophylactique et curatif ; le chirurgien doit mettre tous ses soins à guérir son malade sans infirmité, et c'est la connaissance précise des phénomènes naturels présidant à la cicatrisation de la taille qui doit être sa règle de conduite. On devra surveiller la plaie, empêcher le séjour des corps étrangers, s'opposer à la fermeture prématurée de l'orifice externe ; enfin si, au bout de quinze à vingt jours, le trajet ne tend pas à s'oblitérer, c'est-à-dire si l'urine ne passe pas en grande partie par le canal, il faudra introduire une grosse sonde à courbure fixe et la laisser en place dans l'urètre. Dans les jours qui suivent l'opération, la sonde à demeure pourrait déterminer des accidents et s'opposer à la cure toute naturelle, on y a renoncé ; mais à une époque plus avancée, elle régularise le canal, détourne l'urine du trajet accidentel et favorise, autant que possible, la guérison définitive.

Si, faute d'avoir pris ces précautions ou si, malgré tous
les soins que nous venons d'indiquer, le trajet demeurait
fistuleux, il faudrait patienter et ne tenter un traitement
curatif qu'après plusieurs mois, c'est-à-dire à l'époque
seulement où il serait démontré que les efforts de la nature sont demeurés impuissants. On est d'autant plus
autorisé à attendre, que les moyens dont dispose la thérapeutique sont d'une efficacité toujours douteuse.

Dans le but d'oblitérer les trajets fistuleux, on a proposé de les cautériser; Dupuytren a surtout recommandé
l'emploi du fer rouge. Il faut, pour obtenir un résultat,
agir non-seulement sur le trajet de la fistule, mais surtout modifier les tissus qui en circonscrivent l'orifice interne ; de là l'indication précise de débrider
largement la plaie pour modifier sûrement la partie
profonde du conduit. Malgré ces précautions, les résultats, comme nous l'avons dit, sont peu satisfaisants.
Nous avons employé le fer rouge comme le conseillait
Dupuytren, nous avons eu recours à la galvano-caus-
tique, et dans presque tous les cas, nous avons échoué.
En pareille circonstance, ce qu'il y aurait de mieux à
faire, ce serait un débridement de l'orifice interne, afin
de favoriser la réunion des parois divisées du canal. Il
existe, en effet, dans la science un certain nombre de
guérisons des fistules à l'occasion d'une nouvelle opération de taille pratiquée pour une récidive de la pierre. Il
est évident que dans ces cas, les incisions ont eu pour résultat de modifier les conditions anatomiques qui s'op-
posaient à une guérison radicale.

Incontinence d'urine. — Parmi les inconvénients de
la cystotomie, il faut à côté des fistules citer l'incontinence. Cette infirmité peut se présenter à tous
les degrés, depuis l'émission continuelle et involontaire
de l'urine, jusqu'à l'impossibilité de surseoir au besoin
fonctionnel alors que la vessie renferme une certaine
quantité de liquide. L'incontinence reconnaît pour
cause une sorte d'inertie du col vésical, aussi cette conséquence de la cystotomie est-elle devenue beaucoup
moins fréquente depuis qu'à la dilatation violente et à la
dilacération du col de la vessie ont succédé les incisions
méthodiques de la prostate en même temps que l'extraction lente et ménagée. Cependant on observe cet
accident presque toutes les fois qu'on extrait un calcul
trop volumineux, ou bien lorsque la pierre elle-même
s'est développée dans l'intérieur du col de la vessie.

L'incontinence d'urine qui succède à la cystotomie
s'améliore et guérit même le plus souvent après un
temps variable ; mais quelques sujets, et surtout les
vieillards, restent affligés de leur infirmité. Les urinals,
les compresseurs de l'urètre, tels que les conseillait déjà
Tolet, sont les seules ressources de la thérapeutique.

Troubles des fonctions génératrices. — Il est encore un
inconvénient sérieux qui peut résulter de la cystotomie,
mais qu'on observe bien rarement ; je veux parler de
l'impuissance et de la stérilité des individus soumis à
la taille. Les anciens semblent avoir constaté plus souvent ces tristes conséquences de l'opération ; voici, en
effet, comment s'exprime Le Dran : « J'ai vu plusieurs

malades qui avaient été taillés dans leur jeunesse par la méthode du grand appareil. La cicatrice qui avait succédé au déchirement avait tellement changé l'organisation des parties par où la semence doit s'écouler après qu'elle a été séparée du sang, que l'un ou l'autre testicule se gonflait très-souvent et que la semence n'était pas éjaculée dans l'érection ; qu'elle ne s'écoulait qu'après et très-lentement, ne faisant que baver, ou bien qu'elle rétrogradait et entrait dans la vessie au lieu de suivre sa route par l'urètre, et ne sortait qu'avec l'urine. On sent de quelle conséquence cela est pour la génération. Toutes ces raisons ont fait penser aux praticiens qu'il convient mieux de fendre les parties par une incision, d'autant plus que, si celle-ci ne suffit pas pour le volume de la pierre, elle ne doit que s'allonger par le déchirement qui peut se faire en suivant certainement la même direction que l'incision. Le point essentiel est de la diriger d'une manière convenable à la structure des parties. »

Ces réflexions de Le Dran paraissent très-justes, il est en effet probable que les troubles de l'éjaculation doivent être rapportés surtout à l'emploi de méthodes défectueuses pour extraire la pierre. Deschamps paraît partager la même manière de voir, et il ajoute que plusieurs sujets auxquels, dans leur enfance, il avait pratiqué l'opération de la taille, jouissaient de l'heureuse faculté de reproduire. Dupuytren a également signalé les inconvénients que peuvent avoir les incisions pratiquées dans le col de la vessie lorsqu'elles portent sur les conduits éjaculateurs ; il a insisté beaucoup pour démontrer que la section bilatérale, faite au moyen du lithotome qui porte son nom, permettait de ménager sûrement les deux conduits de la semence.

Voici maintenant quelques faits qui sont relatifs à cette question intéressante. Guersant parle d'une autopsie où il a constaté l'intégrité des conduits du sperme ; de plus, il a observé dans le service de Vidal, un malade taillé dans sa jeunesse et qui éjaculait du sperme. Nous-mêmes nous avons quatre fois constaté, à l'autopsie, que la section bilatérale n'avait point intéressé les conduits éjaculateurs. Enfin, chez un malade qui avait été taillé deux fois, nous avons pu retrouver des zoospermes dans le liquide d'une pollution nocturne.

Tous ces faits paraissent juger la question en faveur de la cystotomie bien faite ; on pourrait cependant ajouter encore que l'expérimentation a démontré que les plaies qui intéressaient les conduits excréteurs pouvaient se cicatriser, avec persistance ou rétablissement du canal sectionné.

Nous aurions pu placer ici les considérations qui se rattachent à la récidive de l'affection calculeuse, mais nous avons préféré renvoyer cette étude à un autre moment. Il serait également assez naturel de terminer ce chapitre sur les conséquences de la taille, en donnant un tableau des résultats et en indiquant quelle est la proportion de la mortalité après cette grave opération ; mais la solution de ce problème complexe est encore à trouver. On comprend, en effet, que l'âge des individus, les conditions organiques, les qualités de la pierre, le procédé employé, etc., puissent faire varier les résultats. On en

peut comparer entre elles la plupart des opérations qui
sont relatées dans les recueils, les diverses statistiques
sont basées sur des renseignements pour la plupart insuffisants et souvent erronés ; il est donc impossible de
dire exactement quelle est la mortalité après la taille.

Nous empruntons à la thèse du professeur Malgaigne,
Sur le parallèle des diverses espèces de taille, les considérations suivantes ; elles sont remplies de sens et
elles démontrent en même temps toute la difficulté
du problème : « La mortalité variant, comme on peut
le voir, suivant les lieux, il n'y a de comparables que
les faits recueillis dans les mêmes localités ; encore
faut-il soigneusement distinguer la pratique des hôpitaux de la pratique particulière.

» La mortalité variant d'une année à l'autre, et la
taille ayant des séries heureuses ou malheureuses,
comme les jeux de hasard, on ne saurait tenir compte
d'une série de faits ni même de plusieurs séries comprenant un nombre de faits trop restreint.

» La mortalité variant énormément suivant les âges,
il serait trop facile d'élever une méthode au-dessus
d'une autre, en comparant des séries d'enfants, par
exemple, à des séries d'adultes. La taille, en général,
paraît assez grave dans les premières années de la vie :
de 5 à 15 ans, elle donne les plus beaux résultats ; elle
est surtout mortelle après 50 ans, et le soin que j'ai
pris de faire une catégorie à part des sujets de 70 à
80 ans permet d'assurer qu'à cet âge elle n'est pas plus
fâcheuse que dans les vingt années précédentes.

» Les relevés de Yelloli à l'hôpital de Norwich montrent

combien il faut tenir compte du volume et du poids des calculs. Nous n'avons pas de documents pareils pour établir la mortalité relativement au nombre des pierres.

» La composition même des calculs, indice d'altérations très-diverses dans la sécrétion, ne permettrait-elle pas de comprendre mieux l'influence des âges et l'influence des localités?

» Enfin, et surtout, l'état des organes exerce une influence capitale sur les résultats de la taille; Brodie va presque jusqu'à défendre de pratiquer la taille quand les reins sont le siége d'une lésion organique.

» Avons-nous maintenant des documents qui satisfassent à toutes ces conditions, et qui permettent ainsi d'apprécier la mortalité moyenne des méthodes et des procédés? Évidemment non. Les seuls tableaux un peu comparables sont ceux qui indiquent la mortalité dans les hôpitaux de Paris pour le petit appareil, pour le grand appareil plus ou moins latéralisé, et pour les tailles à incisions suffisantes. Or, quelle est la résultante de ces tableaux? C'est que la mortalité a fort peu varié, et, quoique cela puisse choquer au premier abord, ce que nous avons dit des accidents qui amènent la mort démontre assez que, pour la plupart, toutes nos méthodes sont impuissantes. »

Pour terminer avec cette question de la mortalité après la taille, nous rappellerons quelques chiffres qui sont d'ailleurs bien connus :

Morand, dans son *Traité de la taille*, a relevé les opérations faites à la Charité de 1720 à 1727 inclusivement; voici les résultats :

208 opérés, 71 morts, ou 1 sur 3.

Morand, dans la même période, a trouvé pour l'Hôtel-Dieu :

604 opérés, 184 morts, ou 1 sur 3 1/4.

En réunissant les deux relevés, il arrive à une mortalité de 1 sur 3 1/6.

Frère Côme estime qu'il avait 1 mort sur 9.

Le professeur Velpeau a fait un relevé, et sur 5873 taillés, il n'y a eu que 724 morts.

Ces derniers résultats paraissent très à l'avantage de la taille, mais ils n'ont, suivant nous, aucune valeur scientifique. Si l'on voulait absolument fixer un chiffre de la mortalité, nous admettrions volontiers qu'on perd aujourd'hui 1 malade sur 5 ou 6 opérés.

Nous empruntons à *The Lancet*, août 1863, une statistique toute récente recueillie par M. C. Williams :

« Les statistiques médicales n'ont toute leur valeur que dans les cas où elles s'appliquent à des opérations exactement comparables, quand elles comprennent la totalité des cas traités par un chirurgien, ou dans un même hôpital ; enfin quand elles portent sur des chiffres assez considérables. Toutes ces conditions se trouvent réunies dans la statistique suivante, embrassant toutes les opérations de taille pratiquées à Norfolck and Norwich Hospital, de janvier 1772 à décembre 1862, c'est-à-dire pendant quatre-vingt-dix ans.

» Sur le chiffre total de 910 calculeux, il y a eu 869 hommes et 41 femmes.

» Sur 811 opérés par la méthode latérale ordinaire, 105 moururent ; sur 41 par la taille médiane, 11 moururent. Sur les 41 femmes, le calcul fut extrait par la dilatation de l'urètre; il y a eu 2 morts. Toutes les lithotrities, au nombre de 17, furent heureuses. Examinés suivant les âges, les résultats se partagent ainsi :

De 1 à 10 ans,	328 opérés;	1 mort sur	14
10 à 14	55	—	1	—	27
14 à 20	72	—	1	—	7
20 à 30	59	—	1	—	14
30 à 40	60	—	1	—	15
40 à 50	58	—	1	—	5
50 à 60	132	—	1	—	5
60 à 70	119	—	1	—	3
70 à 80	27	—	1	—	3

» Ce qui frappe surtout c'est la différence de mortalité suivant que le malade a passé la première moitié de la vie; ainsi, en réunissant les chiffres de 1 à 40 ans, on trouve 574 opérations ayant donné 42 morts, ou 1 sur 13,6; de 40 à 80 ans, on trouve pour 336 opérés 76 morts, ou 1 sur 4,42 opérés. »

CHAPITRE V.

DE LA TAILLE CHEZ LA FEMME.

Après avoir passé en revue les différentes applications de la lithotritie pour les calculs observés dans les deux sexes, nous avons reconnu que cette méthode de traitement n'était pas applicable à tous les malades, ce qui nous a conduit à étudier longuement la question de la lithotomie chez l'homme. Il nous reste maintenant à examiner si le broiement de la pierre peut toujours suffire lorsqu'il s'agit de débarrasser la femme d'une concrétion vésicale.

On sait que les calculs de la vessie sont rares dans le sexe féminin, car la disposition des parties favorise l'expulsion spontanée des gravelles urinaires, qui pourraient devenir le noyau d'un calcul vésical. Il faut ajouter que chez la femme les affections de l'urètre et du col de la vessie manquant presque complétement, toutes les difficultés que rencontre l'application de la lithotritie chez l'homme ne se retrouvent plus dans l'autre sexe. La dilatabilité de l'urètre féminin est telle, qu'elle permet d'introduire les instruments lithotriteurs les plus volumineux.

La fragmentation des calculs chez la femme est chose tellement simple, que la lithotritie a été pratiquée bien avant qu'on songeât à ériger le broiement de la pierre en méthode générale. Colot rapporte une observation qui a trait à notre sujet, aussi ne sera-t-il pas sans utilité de rappeler ce fait : « Une religieuse des filles Saint-Magloire, rue Saint-Denis, à Paris, âgée de soixante-douze ans., avait dans la vessie une pierre bien plus grosse que ne pouvait être une balle à jouer à la courte paume ; j'étais en peine comment je pourrais lui faire l'opération, afin d'éviter les écoulements d'urine qui sont familiers aux femmes et aux filles quand les pierres ont trop de volume. C'est pour cela qu'ayant reconnu à la sonde que ce corps étranger n'était pas bien solide, je le cassai peu à peu par morceaux ; je le réduisis ensuite en fragments, et enfin sans rien tirer de la vessie avec les instruments, je lui fis rendre ces fragments, en sorte qu'au bout de huit jours, il ne lui restait plus rien ; elle a vécu jusqu'à l'âge de quatre-vingt-deux ans. »

Cette observation démontre, ainsi que nous l'avons déjà dit, que le broiement de la pierre avait été exécuté très-anciennement, et cela grâce à la disposition favorable des organes de la femme. On trouve également relatées dans ce cas, deux circonstances que confirme la généralité des faits. Chez la femme, les calculs sont le plus souvent friables, ce sont presque toujours des concrétions phosphatiques qui prennent naissance dans une vessie malade, ou qui incrustent la surface d'un corps étranger venu de l'extérieur. Cette friabilité des dépôts favorise toujours l'application de la lithotritie, si bien qu'en modifiant les instruments, on peut arriver à détruire non-seulement les concrétions phospha-tiques, mais encore les corps étrangers eux-mêmes.

L'autre fait qui est mentionné dans l'observation de Colot, c'est la fréquence de l'incontinence d'urine, lors-que chez la femme on a extrait une pierre volumineuse au travers du col de la vessie. Cette infirmité consécu-tive à la cystotomie, avait tellement frappé les observa-teurs, que frère Côme avait érigé en principe que la taille hypogastrique était la seule manière de guérir ra-dicalement et sans suites fâcheuses les femmes atteintes de calculs de la vessie.

Deschamps a partagé cette crainte de l'incontinence, aussi se prononce-t-il en faveur de la taille hypogastrique, toutes les fois que le calcul présentera un volume un peu notable.

Dupuytren considérait la taille urétrale comme étant la meilleure pour les femmes, soit qu'on fît la dilatation du canal, soit qu'on incisât le col de la vessie; mais il avait renoncé à cette opération à cause de l'infirmité qu'elle entraînait presque nécessairement.

A. Cooper n'a pas accepté que l'extraction par l'urètre eût toute la gravité que lui attribuaient les principaux chirurgiens; et, conséquent avec lui-même, il a pratiqué et conseillé la dilatation de l'urètre au moyen de l'éponge préparée. Ce procédé lui paraissait très-certain; l'opération sans importance n'exposait pas, suivant lui, à l'incontinence d'urine.

De nos jours, la question s'est beaucoup simplifiée, car l'ensemble des faits permet de considérer que la lithotritie doit suffire le plus souvent pour débarrasser les femmes de la pierre vésicale. Cependant, dans les cas exceptionnels, pour des calculs très-volumineux et compliqués de certaines circonstances défavorables, la taille pourrait devenir indispensable; mais loin de préconiser la cystotomie hypogastrique, qui expose à des dangers sérieux, nous n'hésiterions pas à donner la préférence à la taille vésico-vaginale. Cette dernière opération est des plus simples, l'incision peut sans difficulté être faite sur la pierre; quant à la possibilité de la persistance d'une fistule, nous sommes loin d'en être effrayé. On connaît, en effet, la perfection des différents procédés pour la cure radicale de ces perforations.

Depuis bien des années, à Paris, on n'a plus guère

pratiqué la cystotomie chez la femme; ceci tient à la rareté de l'affection calculeuse et aux nombreuses ressources que nous offre la lithotritie. Ces considérations suffiront pour expliquer au lecteur la très-grande brièveté de ce chapitre.

SECTION TROISIÈME.

DE LA LITHOTRITIE PÉRINÉALE.

Considérations préliminaires et historiques. — Nous avons démontré, dans les chapitres qui précèdent, que l'opération de la taille permettait d'extraire la pierre hors de la vessie, mais que cette tentative hardie était souvent suivie d'accidents graves qui entraînaient la mort des opérés. Il faut cependant reconnaître qu'avant la découverte de la lithotritie, la cystotomie, malgré ses inconvénients, avait le grand avantage d'être une méthode générale pour le traitement des calculeux ; aussi le volume excessif des concrétions constituait-il la seule préoccupation des anciens lithotomistes. Nous allons voir, en remontant dans l'histoire de l'art, que c'est également à propos des grosses pierres, qu'on retrouve des idées pratiques qui auraient dû être utilisées depuis bien longtemps.

La clinique démontre tous les jours que, malgré les perfectionnements nombreux apportés au broiement des calculs, le traitement des pierres volumineuses nécessite encore aujourd'hui l'emploi de la cystotomie ; mais chacun sait également que lorsque la vessie renferme un très-gros calcul, la taille a trop souvent une issue funeste.

Depuis bien des années, les anatomistes et les chirurgiens se sont évertués à créer pour les grosses pierres
un orifice de sortie libre et facile ; la direction des incisions prostatiques a été variée à l'infini, mais il faut bien
le dire, les résultats de toutes ces tentatives ont été
jusqu'ici, presque nuls.

L'opération de la taille est aujourd'hui parfaitement
réglée, et cependant la structure des parties ne permet
guère d'extraire, sans danger, une pierre dont le diamètre dépasserait 2 centimètres et demi. C'est par conséquent dans une autre direction qu'il faut agir désormais, aussi voyons-nous le problème se réduire, pour
quelques opérateurs, à cette formule déjà plus pratique :
petite taille périnéale ne dépassant pas les limites de la
prostate, fragmentation des calculs.

Les dimensions de la pierre sont un grave obstacle dans
la thérapeutique de l'affection calculeuse ; dans quelques
cas, les concrétions sont même tellement volumineuses,
que l'opération régulière deviendrait impraticable ; on
comprend donc, que de tout temps, les chirurgiens
aient songé à fragmenter les calculs trop volumineux.
Cependant nous croyons qu'il sera à la fois curieux et
instructif de consulter à ce sujet les annales de la science.

L'idée de morceler les grosses pierres pour en faciliter
l'extraction est loin, disons-nous, d'être nouvelle. On
trouve dans les recueils scientifiques de nombreuses observations qui ont trait à des opérations de taille restées
inachevées, à cause même du volume considérable des
calculs ; il s'agissait de pierres énormes pour l'extraction
desquelles se sont épuisés tous les efforts des assistants.

C'est dans ces cas que des tenettes ont été forcées et même brisées; en effet, les opérateurs comprenaient que la fragmentation du calcul pouvait seule mettre fin à ces opérations véritablement effrayantes.

Non-seulement l'urgence a provoqué des tentatives individuelles, mais on retrouve encore dans l'arsenal des anciens, des instruments qui étaient destinés à broyer la pierre avant que d'en pratiquer l'extraction.

Il serait difficile de dire à quelle époque remonte exactement cette idée de réduire ainsi le volume des calculs en morcelant les concrétions. Le mot lithotomie, qui servait à désigner l'opération de la taille, paraît se rattacher à la pratique de la segmentation des pierres. Celse nous apprend que cette innovation était attribuée à un certain Ammonius : « Si quando autem is calculus » major non videatur nisi rupta cervica extrahi posse, » scindendus est; cujus repertor Ammonius, ob id, Li- » thotomos cognominatus est. » (Celse, *De medicina,* l. VIII, p. 527.)

Est-il bien juste de conclure de cette citation de l'auteur latin que la segmentation des pierres était pratiquée du temps d'Ammonius? Cette interprétation pourrait, à la rigueur, être révoquée en doute, car le mot lithotomie signifie incision pour la pierre tout aussi bien que incision sur la pierre. Néanmoins il est juste de dire que Celse a nettement proposé le morcellement des calculs, ainsi que les textes en font foi; mais à cette époque, on ne formule aucun précepte relatif à une ressource opératoire aussi précieuse.

Marianus Sanctus connaissait le morcellement des

pierres ; cette pratique était même bien antérieure à l'époque où vivait ce chirurgien, car on trouve dans son livre un chapitre qui est intitulé : *De fragmente in curam non immittendo.*

Marianus parle de l'instrument qui servait pour casser la pierre, et voici commènt il s'exprime à cet égard : « C'est pourquoi nous n'en faisons pas mention dans » l'extraction de la pierre, tant parce que ce procédé » demande beaucoup de temps dans son exécution, et » qu'il présente beaucoup de difficultés au chirurgien » qui moleste le malheureux patient, que parce que la » vessie, heurtée et froissée par cette fraction de la pierre, » est exposée à l'air et au froid, ce qui est d'autant plus » à craindre que la vessie est malade ; les différents » mouvements que l'on fait pour saisir la pierre et la » rompre blessent la vessie et occasionnent une inflam- » mation mortelle ; ajoutez à cela que quelques fragments » peuvent échapper aux recherches pour les extraire, et » toutes les précautions à prendre pour que la vessie » heurtée par les éclats n'en soit point coupée. Comme » cette opération, si elle était possible, serait blâmable, » nous la passons sous silence. » (Chap. XII, p. 189.)

Ce qui précède ne permet guère de se faire une idée de la forme et de la manière d'agir du brise-pierre que Marianus Sanctus rejetait ainsi, à l'exemple de son maître Jean de Romanis. Ce devait être un instrument bien grossier, puisque Marianus considère son application comme périlleuse et pour le patient et pour le maître (*sic*).

Franco, qui a beaucoup fait pour régulariser et perfectionner l'opération de la taille, conseillait d'opérer la fragmentation lorsqu'il s'agissait de sortir un gros calcul ; il semblait même attacher une très-grande importance à ce morcellement de la pierre. Chacun connaît cette observation de Franco, dans laquelle le célèbre chirurgien n'ayant pu extraire, par une incision faite au périnée, une pierre dont les dimensions étaient extrêmes, n'hésita pas à terminer l'opération en ouvrant la vessie à la région sus-pubienne ; ce fut là, on le sait, la première application de la cystotomie hypogastrique. Le malade guérit, mais Franco fut aussi effrayé de sa hardiesse qu'étonné du succès qui couronna sa tentative. On dit généralement que l'inventeur proscrivit, en même temps qu'il l'imagina, la taille au-dessus du pubis ; il n'en est cependant pas ainsi, car en relisant attentivement le texte on arrive à constater : 1° que Franco recommande la lithotripsie pour les pierres trop grosses ; 2° qu'avant d'avoir imaginé cette ressource, il était parfois obligé de laisser ses opérations inachevées ; 3° que chez le malade qu'il guérit il avait pratiqué deux tailles, ce qui lui paraissait une chose fort grave.

Franco ne veut pas qu'après avoir taillé par le périnée on aille inciser la vessie par-dessus le pubis ; la plaie périnéale devra toujours suffire. Voici, du reste, comment s'exprime le célèbre lithotomiste : « Combien que » je ne conseille à personne d'ainsi faire (deux tailles » chez le même sujet), ainsi plutôt user du moyen par » nous inventé (le casse-pierre). »

La figure contenue dans le livre de Franco représente un instrument incisif, sorte de tenaille qui certainement

ne coupait pas la pierre, mais qui la brisait. Franco conseille l'usage de son brise-pierre, malheureusement il a
omis d'exposer la manière de s'en servir. Voici comment
il juge encore la question dans le chapitre **XXXIII** :
« Ainsi est beaucoup meilleur de la tirer par pièces (la
» pierre), étant rompue, que de la laisser, et qu'il faille
» que le patient meure en telle langueur, car de deux
» maux il faut toujours élire le moindre. »

Ambroise Paré ne pratiqua jamais l'opération de la
taille, mais, grâce à ses relations avec Colot, il était fort
au courant du sujet ; il conseille de briser la pierre, afin
d'en faciliter l'extraction, il propose même une tenette
casse-pierre figurée dans ses œuvres. L'instrument de
Paré est un forceps dont les mors sont garnis de clous
puissants et dont les branches peuvent être rapprochées
au moyen d'une vis de pression.

Frère Côme ayant reconnu que l'incision périnéale,
telle qu'il la pratiquait, ne permettait pas l'issue d'un
calcul volumineux, proposa également l'emploi d'un
casse-pierre. A ce sujet, Le Cat entreprit de démontrer que rien n'était nouveau dans l'idée de frère Côme,
et que l'instrument de ce dernier n'était autre que la
tenette d'A. Paré. Il ressort de la polémique qui s'en-
gagea à ce sujet entre les deux cystotomistes, que la
fragmentation des pierres était considérée à cette époque
comme une opération laborieuse et pleine de dangers.
L'imperfection des instruments employés par les divers
opérateurs était bien, il faut l'avouer, de nature à dé-
tourner les chirurgiens d'en faire usage ; mais il est
digne de remarque que l'idée de la lithoclastie, employée .

comme un moyen de faciliter la taille, revient sans cesse à l'esprit des cystotomistes et semble braver toutes les objections qu'on lui adresse.

Jusqu'ici nous n'avons parlé que de l'emploi de tenettes plus ou moins volumineuses, et destinées à morceler la pierre, quel que fût d'ailleurs le mécanisme mis en usage pour rapprocher les deux branches de ces divers instruments. Nous devons maintenant indiquer une autre manœuvre qui se rattache également à la fragmentation des calculs.

Le Cat a proposé de percer la pierre avec un foret, puis d'introduire jusque dans le centre de la concrétion un instrument dont l'action aurait pour résultat l'éclatement du calcul du centre à la périphérie. L'idée de perforer la pierre n'appartient cependant pas à Le Cat, c'est encore à Franco que revient le mérite de l'invention. Ce dernier chirurgien employait le foret tel que Guy de Chauliac l'appliquait pour l'extraction des traits fixés dans les os.

Ces différentes ressources offertes à la cystotomie furent successivement mises de côté; et c'est probablement aux nombreux insuccès qu'il faut attribuer l'abandon d'une idée aussi séduisante que celle de la fragmentation des pierres. La plupart des auteurs, Deschamps lui-même, ont longuement insisté sur les dangers du morcellement des calculs dans la vessie; ils en ont exagéré beaucoup les inconvénients, et tout cela pour conseiller dans les cas de grosses pierres, la cystotomie hypogastrique.

La découverte de la lithotritie par les voies snaturelle

fut l'origine de nombreux perfectionnements dans la fabrication des instruments; à cette époque, on parla même de venir en aide à l'opération de la taille en lui adjoignant la lithotritie faite par la plaie. Mais, pour des raisons qu'on ne peut préciser, l'idée de réunir pour les cas spéciaux l'emploi des deux méthodes de traitement, fut rapidement abandonnée; la taille ne voulait rien devoir à la lithotritie, et celle-ci craignait de se compromettre. Cependant la pensée des anciens devait reparaître encore, car il était devenu évident que les nombreux succès de la cystotomie sus-pubienne étaient fort contestables; on sait parfaitement aujourd'hui que l'opération de Franco est loin de donner tout ce qu'elle paraissait promettre.

Malgaigne, dans sa thèse *Sur le parallèle des diverses espèces de tailles* (1850), a consacré un court chapitre à ce qu'il appelle la taille lithotritique. Ce professeur mentionne quelques faits anciens dans lesquels on écrasa des calculs trop volumineux pour être extraits, et il termine en disant que, si après la taille périnéale la pierre ne peut être tirée hors de la vessie, il y a lieu d'hésiter entre le prétendu danger du broiement et celui de la double opération de la taille. Suivant Malgaigne, la question vaudrait bien la peine d'être examinée à nouveau.

En 1861, le professeur Nélaton a fait présenter à l'Académie de médecine un forceps brise-pierre imaginé pour venir en aide à la cystotomie prérectale. Cet instrument, dit la notice, est destiné à saisir les plus gros calculs et à les briser en fragments assez petits pour être extraits par une incision peu étendue ; il doit, en outre, présenter un volume qui permette de l'introduire par une incision de 3 centimètres au plus. On le voit, c'est la réalisation de cette idée, petite taille et fragmentation de la pierre. L'instrument dont il est ici question se compose d'une pince-tenette dont les deux branches s'unissent comme celles du forceps ; elles sont introduites successivement. Pour briser la pierre, lorsque celle-ci est prise dans la tenette, on ajoute une pièce d'une articulation facile ; c'est un perforateur taillé en fer de lance, et armé latéralement d'un double coin ; cette tige pénètre dans le calcul et provoque son éclatement.

Ce forceps n'est, en réalité, qu'un perfectionnement des brise-pierres de Franco et de Le Cat ; il offre l'avantage de fixer très-solidement le calcul et permet par conséquent d'en exécuter l'éclatement avec sécurité. Comme tous ceux qui l'ont précédé, cet instrument a l'inconvénient d'offrir un trop grand volume ; il lui manque, du reste, la sanction de l'expérience clinique.

A la même époque, Civiale a fait construire une tenette brise-pierre qui présente une remarquable analogie avec la précédente ; ce lithoclaste et ses perfectionnements n'ont pas été publiés, mais dans le compte rendu pour 1862 des opérations pratiquées par Civiale, il est question de trois malades opérés avec succès par la combinaison de la taille avec la lithotritie.

Nous venons de voir, par ce qui précède, que les chirurgiens ont successivement et à diverses époques poursuivi l'idée de simplifier l'extraction des grosses pierres en les morcelant par la plaie du périnée; cependant il est bon de rappeler que ce ne sont pas seulement les calculs volumineux qui nécessitent l'opération de la taille. On pratique, en effet, tous les jours la cystotomie pour des racornissements de la vessie, pour des névralgies et autres affections douloureuses du col, peu importe d'ailleurs le volume de la pierre. Or, il est aujourd'hui bien démontré que la taille périnéale, quel que soit le procédé mis en usage, et alors que les incisions restent dans les limites de la prostate, ne peut donner passage sans déchirure, à des calculs ayant plus de 2 centimètres et demi. C'est pourquoi bon nombre de chirurgiens, convaincus avec raison que l'orifice de sortie était le plus ordinairement insuffisant, ont conseillé de dépasser franchement les limites de la prostate et de faire une section proportionnée au diamètre de la pierre. Malgaigne, en particulier, a bien fait voir qu'il valait mieux pratiquer une large incision que de laisser au calcul le soin de faire sa voie en déchirant le col de la vessie.

Cependant si la doctrine des grandes incisions est conforme aux principes de la saine pratique, l'ouverture de la vessie n'en reste pas moins une tentative très-dangereuse. Une statistique des opérations de taille portant sur les dix dernières années, c'est-à-dire depuis que la lithotritie s'est approprié les cas les plus favorables, donnerait certainement une mortalité effrayante.

Les calculeux succombent fort souvent par suite des maladies du rein ; mais lorsque les lésions viscérales ne sont pas très-avancées, c'est l'infection purulente qui emporte la plupart des opérés. Lors donc qu'on veut extraire la pierre par le périnée, on doit ménager les incisions et songer au broiement du calcul; il faut faire de la lithotritie par la plaie. L'idée des anciens doit être généralisée ; les craintes qu'inspirait la fragmentation de la pierre étaient pour la plupart théoriques, elles se trouvaient du reste bien motivées, ainsi que nous l'avons déjà dit, par l'imperfection des lithoclastes. Si d'une part les instruments lithotriteurs ont subi de nombreux perfectionnements, si d'autre part quelques faits heureux de fragmentation involontaire des calculs au moment de l'extraction, en un mot si l'ensemble des diverses circonstances est venu démontrer que la combinaison de la taille et de la lithoclastie avait pu s'effectuer sans inconvénients et procurer des guérisons, il nous semble que ces raisons étaient suffisantes pour faire revenir les opérateurs à la pratique de la taille lithotritique, et c'est ce qui a été fait dans ces dernières années.

Cependant une taille aussi limitée qu'on le supposera, offrira toujours de réels dangers ; aussi sommes-nous disposé à croire qu'il y aurait grand avantage à supprimer les incisions prostatiques. La lésion du bulbe, celle du col vésical et des nombreuses veines qui l'entourent, exposent les opérés à l'infection purulente, nous pensons donc qu'une opération qui ménagerait ces différents organes constituerait un perfectionnement incontestable.

Ouvrir la région membraneuse, dilater le col de la vessie au lieu de le sectionner, puis introduire un instrument lithotriteur pour broyer la pierre, tel est le problème qu'il nous faut résoudre. C'est à l'ensemble de ces manœuvres que nous proposons de donner le nom de *lithotritie périnéale ;* cette opération n'est autre chose, par conséquent, que la lithotritie en une seule séance pratiquée à travers une boutonnière périnéale.

Nous rapporterons ici un beau cas de succès obtenu par nous, il y a déjà plusieurs années. Cette observation est une démonstration indirecte de la lithotritie périnéale ; nous trouvons, en effet, 1° une dilatation pathologique du col de la vessie ; 2° un morcellement du calcul par la voie naturelle ; 3° une extraction des fragments par une boutonnière périnéale n'intéressant ni le bulbe ni la prostate.

Observation XI. — Hôpital Saint-Louis ; M. Dolbeau. *Calculs de la vessie ; tentative de lithotritie ; taille membraneuse médiane ; guérison rapide.*

B....., âgé de dix-neuf ans, coiffeur, né à Vire (Calvados), est entré le 2 octobre 1860 dans la salle Saint-Augustin, n° 21.

Ce malade a été adressé de la province au docteur Civiale, pour être traité d'une affection ancienne des voies urinaires. Voici les quelques détails qui ont été fournis par ce jeune homme sur l'histoire de sa maladie : il croit qu'il a toujours souffert de la vessie, mais c'est surtout vers l'âge de quatre ans que des accidents plus graves ont nécessité l'intervention des médecins de son pays. A cette époque, il fut pris de rétention d'urine ; il fut sondé, et l'on pensa que l'obstacle au cours de l'urine consistait dans la pré_ sence d'une pierre. Depuis, ce pauvre garçon fut laissé sans traitement ; il souffrait beaucoup pour rendre ses urines, la miction s'accomplissait au milieu des cris et des mouvements les plus désordonnés. Parfois la rétention d'urine se produisait, et alors seulement le médecin intervenait pour sonder le malade. Il y a une douzaine d'années, à l'occasion de violents efforts pour émettre quelques gouttes d'urine, le jeune homme rapporte qu'il rendit par l'urètre un calcul assez volumineux. L'expulsion de cette pierre fut très-pénible ; elle détermina un soulagement notable, mais qui fut de courte durée. Depuis cette époque, B... a mené une existence des plus misérables, et dans les derniers temps il ne rendait guère plus ses urines qu'avec le secours de la sonde.

Le malade fut envoyé à Paris dans le courant de septembre. Civiale reconnut facilement la présence de la pierre, mais le canal était très-sensible, la vessie ne tolérait plus l'urine. On soumit le jeune homme au traitement préparatoire des opérations qui doivent être pratiquées sur les voies urinaires ; chaque jour on fit passer des bougies molles, successivement plus volumineuses ; le malade prit des grands bains et des lavements émollients.

La sensibilité étant notablement diminuée, le 29 septembre, on introduisit facilement un brise-pierre dans la vessie ; l'instrument rencontra aussitôt le corps étranger, qui fut saisi et broyé plusieurs fois. Cette séance fut simple, dura trois minutes, mais l'opérateur resta persuadé que la vessie contenait plusieurs calculs assez durs.

L'opération n'eut pas de suites, le malade n'éprouva pas la moindre fièvre.

Le 1ᵉʳ octobre, des douleurs vives se firent sentir, et l'on constata l'engagement de nombreux fragments calculeux dans le col de la vessie.

Le 2, les accidents persistant, la fièvre s'alluma.

C'est alors que Civiale déclara, et cela d'après son immense expérience, que la taille seule pouvait sauver la vie à ce jeune homme, et qu'il fallait que cette opération fût pratiquée le plus tôt possible.

Le malade fut transporté dans mon service, à l'hôpital Saint-Louis, et le même jour, à cinq heures du soir, en présence de Civiale, de plusieurs médecins et des internes de l'hôpital, je procédai à l'opération de la taille médiane.

Dans un article publié dans le *Moniteur des sciences*, sur le traitement des calculs de la vessie chez les enfants, j'avais fait remarquer que le col de la vessie des jeunes sujets était éminemment dilatable, circonstance qui favorisait l'engagement des calculs et des fragments calculeux dans la partie profonde de l'urètre.

Cet accident, disais-je, est le plus fréquent et le plus redoutable de ceux qui accompagnent la lithotritie chez les jeunes sujets. Mais si l'extrême dilatabilité du col est un fait accepté, il faudra mettre à profit cette circonstance dans les cas où l'on pratiquera la taille. Cette opération devra consister à faire une plaie au périnée, permettant d'arriver jusqu'au col de la vessie; alors, au lieu d'inciser ce col, soit à gauche, soit à droite, soit dans les deux sens, il faudra le dilater avec le doigt ou avec un dilatateur, et procéder à l'extraction des calculs. Ces quelques considérations feront comprendre que je n'hésitai pas, en présence du malade dont je rapporte l'histoire, à mettre en pratique des préceptes que j'avais aussi nettement formulés.

Le sujet étant soumis aux inhalations de chloroforme, je plaçai un cathéter dans l'urètre ; celui-ci rencontra des fragments au col de la vessie, mais néanmoins il pénétra jusque dans la cavité vésicale. Un aide fut chargé de maintenir l'instrument immobile sur la ligne médiane en refoulant légèrement le périnée. Je fis alors une incision médiane qui commença sur le raphé, à 3 centimètres au-devant de l'anus, et qui vint se terminer à 5 millimètres de cet orifice. La peau et le tissu cellu-laire sous-cutané furent incisés ; le doigt indicateur de la main gauche fut placé en supination dans l'angle antérieur de la plaie, en ayant soin de refouler en avant la saillie du bulbe. A ce moment, le cathéter pouvait être bien senti, j'en fis la ponction, et j'incisai l'urètre comme sur une sonde cannelée, jusqu'au col de la vessie. Le doigt porté dans la plaie rencontra des calculs frag-mentés. Je fis retirer le cathéter, et alors je pénétrai dans la vessie dont l'orifice était notablement dilaté. La tenette, le bouton, furent successivement introduits, et ramenèrent des pierres ou des fragments calculeux. L'extraction fut plus longue que d'habitude, car il y avait beaucoup de fragments, et plusieurs étaient situés au dessus du col de la vessie ; il fallait de plus, par instants, dilater l'orifice qui tendait à se resserrer sur les divers instruments.

L'opération terminée, le malade fut lavé; il n'y avait pas eu de vaisseaux ouverts, et le peu de sang qui sortait par la plaie venait évidemment de la vessie. On plaça le malade au lit, sans pansement, sans sonde, les cuisses un peu élevées; on lui fit donner du vin chaud et une potion calmante pour la nuit.

Le 3, le malade a dormi une partie de la nuit; il ne souffre plus. L'urine coule librement par la plaie; pas de traces de sang. Pouls un peu fréquent, légère dépression. — Repos; soins de propreté; 300 grammes de vin; une portion.

Le 4, l'état général est très-bon; le pouls est normal; le ventre souple, non douloureux; la plaie simple. — Alimentation facultative pour le malade; un lavement émollient.

Le 5, toujours bon état général et local. L'urine coule abondamment par la plaie; quelques gouttes ont suivi le canal et sont sorties par le méat.

Les jours suivants se passent très-bien; la quantité d'urine rendue par la verge va toujours en augmentant.

Le 10, légère cautérisation de la plaie avec le nitrate d'argent.

Le 15, la plaie est diminuée; la plus grande partie de l'urine passe par la verge.

Le 17, on cautérise la plaie tous les deux jours; elle a 1 cent. 1/2, et dans le fond il n'y a plus qu'un petit pertuis qui laisse à peine passer quelques gouttes d'urine.

Le 21, il ne coule plus d'urine par la plaie.

Le 23, la cicatrisation est complète; la santé générale est excellente. L'émission de l'urine se fait facilement, sans douleur, toutes les trois heures. L'urine dépose légèrement.

Calculs extraits par la taille. — Outre une grande quantité de poussière chassée par les injections, nous avons pu compter seize fragments dont le volume variait entre celui d'un gros pois et celui d'une grosse noisette. Enfin, nous avons pu extraire :

1° Une pierre phosphatique de forme assez régulièrement cubique, dont les faces ont près de 2 centimètres ; 2° une pierre ovoïde, dont l'un des segments a été broyé dans la séance de lithotritie ; elle a 3 centimètres dans son grand diamètre et 2 1/2 dans le petit.

Toutes ces pierres sont composées de couches concentriques qui sont alternativement constituées par le phosphate et l'oxalate de chaux. A la surface de plusieurs de ces pierres on remarque des cristaux d'acide urique.

Avant d'exposer l'opération de la lithotritie périnéale, il faut démontrer qu'on peut ouvrir la portion membraneuse de l'urètre sans intéresser le bulbe ; il est également nécessaire d'élucider la question si controversée de la dilatation du col de la vessie.

1° *On peut chez l'homme ouvrir la région membraneuse de l'urètre sans intéresser le bulbe.* — Ce sujet a déjà été traité par nous dans un chapitre précédent (voy. p. 225), nous y reviendrons en quelques mots seulement. Frappé des avantages que semblait offrir la taille médiane, nous n'avons adopté cette opération qu'après avoir

constaté qu'au moyen d'une incision pratiquée au-devant
de l'anus et suivant le raphé, on pouvait pénétrer dans
la région membraneuse sans blesser le bulbe. Cette
notion de pure chirurgie expérimentale est aujourd'hui
confirmée par trois autopsies faites par nous sur des individus qui avaient succombé à la taille (voy. pag. 226 et
suivantes). Cependant nous avons voulu une fois de plus
sanctionner le fait en répétant nos expériences sur la
lithotritie périnéale. Les résultats sont des plus con-
cluants : en effet, sur dix sujets dont le plus jeune avait de
vingt-cinq à vingt-huit ans et le plus âgé soixante et dix
ans, nous avons pratiqué la taille membraneuse au
moyen d'une incision médiane, et jamais nous n'avons
intéressé le bulbe ni son prolongement. Nous n'insisterons pas davantage; quant au manuel opératoire, nous
y reviendrons en décrivant la lithotritie périnéale.

2° *De la dilatabilité du col de la vessie.* — On a de tout
temps, même à notre époque, exagéré beaucoup la
dilatabilité du col vésical, et par là nous entendons
désigner, à l'exemple de Deschamps, la partie prostatique de l'urètre. Cette propriété du col de la vessie est
démontrée par les observations de pierres volumineuses
qui, du réservoir urinaire, se sont étendues jusque dans
la partie profonde du périnée. L'ampleur que peut acquérir l'urètre en arrière de certains rétrécissements,
prouve encore que la distension de ce canal peut être
presque indéfinie. Ces circonstances sont aujourd'hui
parfaitement établies, mais c'est à tort qu'on a supposé
et admis qu'on pourrait, séance tenante, distendre assez

le col de la vessie pour permettre l'introduction de gros instruments, et consécutivement l'extraction des calculs sans inciser la prostate. Les expériences de Le Dran, celles de l'Académie de chirurgie, ont démontré que ces prétendues dilatations qui faisaient la base du grand appareil, n'étaient pas réelles, et que l'action du dilatatoire avait pour résultat des déchirures plus ou moins considérables. Après ces tentatives on trouvait généralement une longue fente qui se prolongeait jusqu'au col de la vessie inclusivement et qui arrivait quelquefois jusqu'à l'ouverture des uretères. On a encore noté la séparation complète de la prostate d'avec la muqueuse du col, enfin des déchirures multiples et irrégulières de l'orifice interne de l'urètre.

Ces différents délabrements tenaient : 1° à la manière de procéder ; 2° à la nature des instruments.

Le Dran a bien établi que la dilatation brusque produisait bien plus de désordres que la dilatation lente. Quant à l'instrument dilatatoire, son action portait sur deux points seulement de l'orifice qu'on voulait ouvrir ; il était donc tout simple que la rupture se produisît, d'autant plus que le mécanisme de l'écartement des branches ne permettait guère une dilatation lente et uniforme. Enfin, il est bon d'ajouter que la distension du col étant précédée d'une incision de l'urètre, il était tout naturel que l'effort du dilatatoire eût pour résultat le prolongement, sous forme de déchirure, de l'incision vers la vessie.

Nos expériences nous ont également démontré que la dilatation chirurgicale ne peut être en aucune façon assimilée à la dilatation pathologique, et que l'incision préalable de l'urètre s'oppose à ce que la distension soit poussée bien loin sans qu'elle provoque une rupture. Frappé de l'insuffisance des dilatateurs qu'on trouve dans l'arsenal ancien, nous avons fait construire un instrument susceptible de faciliter l'opération. Il nous a paru qu'un bon dilatateur devait réunir les conditions suivantes : 1° multiplier les branches afin de répartir l'effort de la dilatation sur un plus grand nombre de points de l'orifice ; 2° déterminer un écartement parallèle des branches au lieu d'une divergence à angle, afin d'obtenir une dilatation cylindrique; 3° enfin, provoquer l'écartement des branches de l'instrument au moyen d'un mécanisme qui permette de pratiquer la dilatation avec lenteur, ménagement et uniformité. Toutes les conditions que nous venons d'exposer se trouvent heureusement réunies dans l'instrument figuré ci-contre (voy. fig. 9), et dont nous devons l'exécution à Charrière.

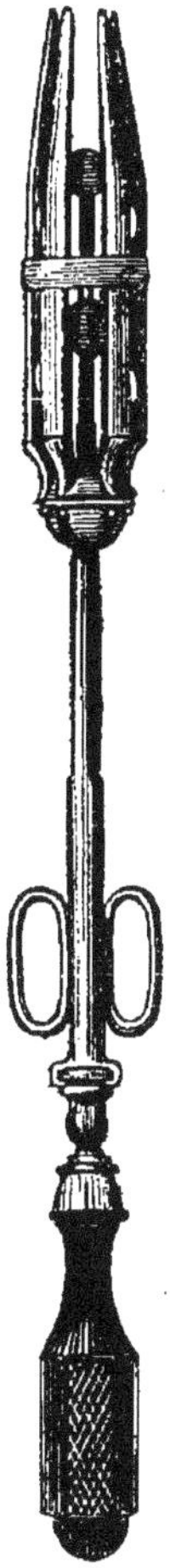

Dans nos expériences sur la dilatabilité du col de la vessie, nous avons employé deux instruments : le n° 1, dont le diamètre transversal est de 12 millimètres dans la partie la plus renflée, mais pouvant acquérir un écartement qui porte ce même diamètre à 24 millimètres; le n° 2 a des dimensions doubles de celles du précédent, et l'on peut atteindre avec celui-ci une dilatation de 48 millimètres.

FIG. 9.

Pour étudier la dilatabilité du col de la vessie, nous avons procédé de deux manières : 1° action du dilatateur par le périnée; 2° action du dilatateur par l'intérieur même de la vessie.

1° Le cathéter étant placé dans la vessie, on fait une ponction de l'urètre immédiatement en arrière du bulbe; le dilatateur conduit dans la rainure de la sonde, peut alors pénétrer dans la vessie par une manœuvre comparable à l'introduction du lithotome dans l'opération de la taille. Le passage du dilatateur, fait avec ménagement, ne rencontre pas de difficultés notables, mais il en résulte constamment une prolongation en arrière, sorte de déchirure régulière de l'incision faite à la région membraneuse. Si l'on dissèque alors la pièce, on trouve le col de la vessie intact, la région prostatique intacte, puis sur la ligne médiane inférieure, une fente urétrale qui commence immédiatement en arrière du bulbe et qui s'étend jusqu'à la pointe de la prostate exclusivement. Ces résultats ont toujours été identiques dans toutes les expériences.

Lorsque l'instrument a pénétré dans la vessie, on pute pratiquer la dilatation du col et l'on arrive facilement à un développement de 24 millimètres. L'instrument étant extrait, on constate que l'introduction du doigt dans la vessie se fait sans aucune espèce de difficulté; par conséquent, le dilatateur a déterminé dans l'épaisseur du périnée un trajet irrégulièrement cylindrique qui commence à l'orifice interne de l'urètre et qui finit à la peau. Exposons maintenant quel est l'état des parties après cette dilatation de 24 millimètres; con-

stamment nous l'avons trouvé le même et tel que nous
allons le décrire : on observe, comme précédemment,
une déchirure linéaire de la paroi inférieure de la portion membraneuse; mais au lieu de s'arrêter à la pointe
de la prostate, la fente se prolonge dans la région prostatique de l'urètre, longe la partie droite de la crête
urétrale et vient finir au niveau de l'utricule. On trouve
souvent une petite déchirure du tissu prostatique,
mais elle est limitée à la pointe de l'organe; toujours
régulière et semblable, cette solution de continuité correspond au sillon médian qu'on remarque sur la face
postérieure de la glande.

Dans toutes ces expériences, nous avons constamment
trouvé la portion sus-montanale de l'urètre dans un
état d'intégrité parfait; jamais l'orifice interne du canal
ne nous a présenté la moindre déchirure, même aux
dépens de sa membrane muqueuse.

De cette première série d'expériences on peut conclure qu'en introduisant méthodiquement notre dilatateur par la région membraneuse de l'urètre, on doit
arriver à ouvrir le col de la vessie, de manière à donner
à cet orifice un diamètre de 2 centimètres environ,
si l'on fait intervenir l'élasticité des tissus. Mais, dans
tous les cas, il faut compter sur une fissure de la région
membraneuse de l'urètre et d'une partie de la portion
prostatique de ce même canal, la muqueuse qui avoisine
l'orifice de la vessie demeurant constamment intacte.

Dans une autre série d'expériences, nous avons voulu
savoir ce que deviendraient les organes si on les soumettait à une dilatation plus considérable; dans ce qui

va suivre, on remarquera que les résultats obtenus rappellent exactement ceux qui ont été si bien décrits dans
le travail de Le Dran.

Le dilatateur n° 2, c'est-à-dire le plus volumineux,
étant substitué à l'instrument n° 1, nous avons tenté une
dilatation plus grande du col de la vessie; mais bientôt
une résistance considérable vint mettre obstacle à la manœuvre, et ce n'est que par la violence que nous avons pu
faire cheminer le pas de vis du dilatateur. Dans toutes
les expériences, il a été évident qu'à un moment donné la
constriction cessait brusquement, et que le dilatateur, à
peine développé de 3 centimètres en diamètre, pouvait
alors atteindre sa limite de 48 millimètres. Quant aux
lésions organiques produites par cette distension exagérée, elles ont présenté un caractère identique : déchirure
de la prostate avec des prolongements variables du côté
du corps de la vessie; constamment l'orifice interne de
l'urètre nous a offert une surface mâchée et irrégulière. La principale déchirure se trouvait néanmoins
toujours à la partie inférieure, et dans un cas elle se
prolongeait jusque vers l'uretère gauche.

Nous concluons de ces faits, qu'il faut déchirer et
désorganiser complétement la portion prostatique elle-
même ainsi que le bourrelet circulaire qui entoure l'orifice interne de l'urètre, pour qu'un calcul de 4 centimètres puisse sortir par le périnée.

2° *Introduction du dilatateur par l'intérieur de la
vessie.* — Comme il était bien démontré pour nous que
l'incision de la région membraneuse mettait obstacle à

la dilatation du col de la vessie, par suite du prolongement de la plaie sous forme de rupture, nous avons cru
qu'il serait bon pour déterminer la dilatabilité du col
vésical de procéder d'arrière en avant, c'est-à-dire de
la vessie vers l'urètre demeuré intact.

Le dilatateur n° 1 introduit par l'orifice interne a pu
parvenir sans efforts jusqu'au niveau du bulbe; procédant alors à la dilatation, nous sommes arrivés à développer complétement l'instrument, c'est-à-dire à donner
au col vésical un diamètre de plus de 2 centimètres.
Cette dilatation a pu être obtenue sans lésions appréciables, mais il est bon d'ajouter que les tissus résistaient
fortement, et que par suite l'instrument était sans cesse
sollicité dans une direction rétrograde.

Pour compléter l'expérience précédente, nous avions
substitué le gros dilatateur au petit; mais il fut complétement impossible de développer l'instrument, celui-ci
abandonnait continuellement l'urètre pour retomber
dans la vessie. Dans un cas cependant où le dilatateur
fut maintenu de force, nous avons provoqué une déchirure immédiate de la prostate.

On est autorisé à conclure de l'ensemble de nos recherches que, dans l'état normal, on peut obtenir pour le
col de la vessie une ouverture de 20 à 24 millimètres,
mais qu'au delà de ces limites la dilatation s'accompagne
de lésions dont l'étendue varie avec le volume de l'instrument. On peut supposer avec raison que, chez l'homme
vivant, les tissus présenteront peut-être un peu plus
d'élasticité; on doit aussi admettre que les résultats varie-
ront suivant les âges, les individus et quelques condi-

tions spéciales, mais il est prudent de rester dans les limites qui nous sont tracées par l'expérimentation cadavérique. Un orifice de 2 centimètres de diamètre sera toujours suffisant pour laisser pénétrer des lithoclastes puissants; il ne nous reste plus maintenant qu'à décrire l'opération de la lithotritie périnéale.

Manuel opératoire. — Pour pratiquer la destruction d'une pierre vésicale au moyen d'un lithotriteur introduit par la boutonnière périnéale, il faut avoir à sa disposition les instruments suivants : 1° un bistouri à lame droite et courte; 2° un cathéter cannelé; 3° un dilatateur; 4° un lithotriteur; 5° des tenettes à mors étroits; 6° un bouton dont la curette soit bien creuse; 7° une bonne seringue à injection.

Nous n'entreprendrons pas la description des divers instruments nécessaires pour la lithotritie périnéale; ils sont pour la plupart bien connus, ce sont les mêmes qui servent dans l'opération de la taille. Nous nous arrêterons un instant sur le dilatateur et sur le lithotriteur.

Dilatateur. — Nous avons déjà signalé plus haut les conditions que devait réunir cet instrument; les deux figures, ci-après, permettront d'en bien comprendre la configuration. Il se compose de six branches uniformes et disposées parallèlement, se réunissant vers leur extrémité libre de manière à constituer un cône très-allongé; au centre de ces diverses branches se trouve une tige munie de deux renflements; au moyen d'un pas de vis on fait avancer la tige centrale, et les boules qu'elle supporte font diverger les branches du dilatateur. Un

système de charnières disposé vers l'articulation des
branches assure une dilatation parallèle et régulière.

L'examen de cet instrument vaudra mieux qu'une

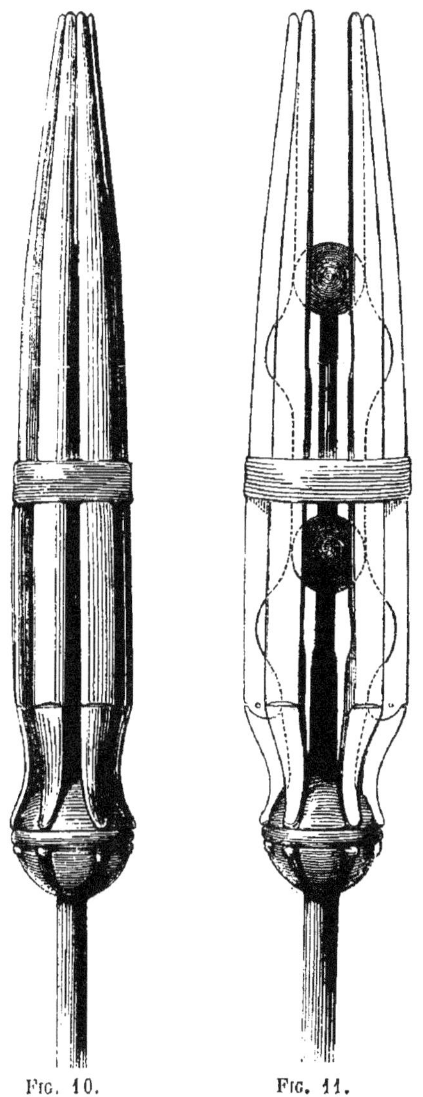

FIG. 10.   FIG. 11.

description plus détaillée. (Voyez les figures 10 et 11,
elles montrent la partie importante du dilatateur des-
sinée grandeur naturelle.)

Lithotriteur. — On pourrait introduire par la boutonnière périnéale des lithotriteurs de bien des espèces ;
cependant il nous a semblé qu'il était préférable d'employer un lithoclaste entièrement conforme à nos brise-
pierres ordinaires, n'en différant que par la moins
grande longueur des branches et par le volume plus considérable de chacune d'elles. L'instrument qui nous a
servi dans une opération exécutée heureusement, a un
diamètre d'environ 16 millimètres ; avec le pignon on
peut fragmenter aisément un calcul de 5 centimètres,
avec la percussion on arrive à des résultats encore plus
satisfaisants. Nous avons pu, dans nos expériences, morceler un calcul de 8 centimètres.

Les figures 12 et 13 placées ci-dessous représentent :
1° notre instrument lithotriteur réduit au cinquième de
ses dimensions ; 2° le bec du même instrument figuré
grandeur naturelle.

Pour pratiquer la lithotritie périnéale, il faut placer
le malade dans la position qui est recommandée pour
l'opération de la taille. Cela fait, on introduit lentement
un cathéter cannelé jusque dans la vessie, puis on
l'abandonne à un aide chargé de le maintenir exactement sur la ligne médiane. Le chirurgien, armé d'un
bistouri, fait, suivant le raphé périnéal, une incision
de 4 centimètres qui vient se terminer à environ 5 millimètres de la muqueuse anale ; cette première incision
comprend la peau et le tissu cellulaire sous-jacent. On
coupe ensuite lentement, et bientôt les fibres circulaires du sphincter de l'anus apparaissent dans la plaie.
L'anneau musculaire doit être ménagé absolument,

mais il faut constater sa présence comme un point de repère ; c'est, en effet, au niveau de sa pointe, c'est-à-dire là où il s'entrecroise avec le muscle bulbo-caver-

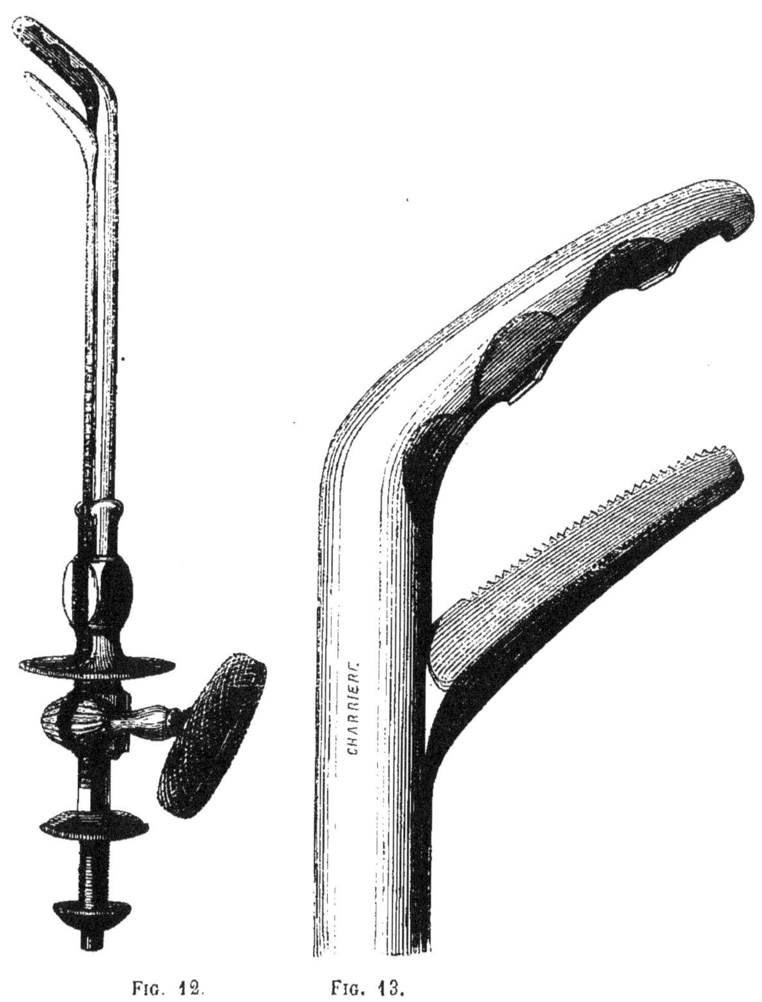

FIG. 12.   FIG. 13.

neux, qu'il faut pénétrer pour atteindre l'urètre.

Lorsque les fibres musculaires apparaissent dans la plaie, l'opérateur place son doigt index gauche dans l'angle postérieur de l'incision, et en déprimant les tissus il arrive facilement à reconnaître le cathéter; il fait alors la ponction de l'urètre en suivant les règles indiquées pour l'opération de la taille. Une incision du canal de 1 centimètre d'étendue suffit à l'introduction du dilatateur. Sans quitter la rainure du cathéter, le chirurgien substitue le dilatateur au bistouri, il s'assure que les deux instruments sont bien en contact, puis il pousse lentement le dilatateur et le fait pénétrer dans la vessie comme s'il s'agissait du lithotome caché ; avec un peu d'habitude, on s'aperçoit aisément que le sommet du cône a franchi le col vésical.

Il faut bien se garder d'agir brusquement, car pour que le dilatateur progresse, il est nécessaire qu'on ait agrandi l'ouverture périnéale en refoulant ses parois. Voici d'ailleurs comment on doit procéder : de la main gauche, on maintient l'instrument en place, en résistant mais sans pousser, puis on dilate très-lentement ; parvenu au milieu du pas de vis qui fait ouvrir le dilatateur, au lieu d'aller plus loin on rétrograde, l'instrument reprend alors son volume primitif et une légère pression suffit pour qu'il pénètre dans la vessie. Il est assez souvent nécessaire de faire exécuter plusieurs fois ces alternatives de développement et de resserrement avant que le cône puisse franchir complétement le col de la vessie. Dans tous les cas, lorsque l'orifice est ouvert on reprend la dilatation et on la conduit très-lentement jusqu'aux limites du dilatateur; ce dernier est ensuite retiré doucement en ayant soin de desserrer la vis si l'extraction présentait quelques difficultés.

Lorsque le dilatateur est sorti de la vessie, il existe

dans l'épaisseur du périnée un trajet qui commence
en avant de l'anus et qui finit au col de la vessie ; ce
conduit qui résulte du refoulement des tissus permet
l'introduction du doigt. La voie est actuellement faite,
il ne reste plus qu'à fragmenter la pierre et à en faire
sortir les débris ; le long de l'indicateur gauche qui sert
de guide, on fait pénétrer le gros lithoclaste dans la vessie.

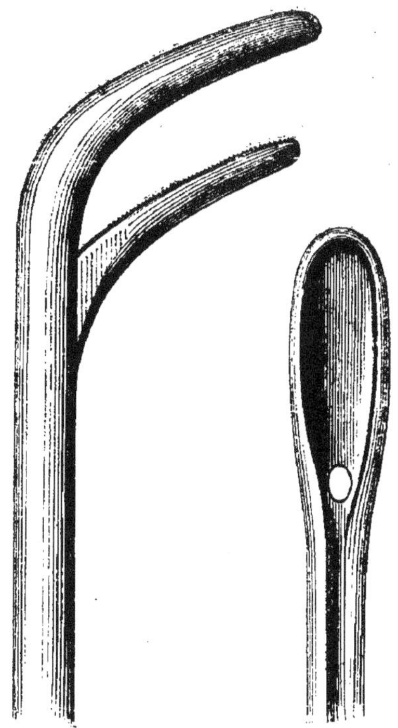

FIG. 14.

La manœuvre qui consiste à saisir la pierre, ne diffère
pas notablement de celle qu'on exécute dans la lithotritie ordinaire ; elle est peut-être un peu plus difficile,
mais elle exige surtout une certaine habitude. Lorsque
le lithoclaste est dans la vessie, il faut diriger son bec
la pointe en haut vers la partie latérale gauche du

réservoir ; cela fait, on ouvre largement l'instrument en portant la branche femelle vers la paroi postérieure, il suffit alors d'un mouvement de rotation de gauche à droite pour s'emparer du calcul.

La pierre saisie, on la mesure, on la fixe, on tente de l'écraser ; si elle résiste on percute lentement et à petits coups répétés. Aussitôt que le calcul a été fragmenté, on abandonne le casse-pierre et on lui substitue un instrument à mors plat avec lequel on reprend les différentes portions de la pierre. (Voyez fig. 14.)

L'extraction des débris calculeux s'effectue sans règles bien précises ; on emploie successivement les tenettes. le bouton et les injections à grande eau.

Réflexions sur la lithotritie périnéale. — On doit prévoir que la lithotritie périnéale sera toujours une opération longue et peu brillante dans son exécution ; de sorte que, si le but qu'on se propose n'avait pas une importance réelle, la taille offrirait de grands avantages comme méthode opératoire. En effet, peut-on comparer sous le rapport de l'exécution, une manœuvre qui se termine par la sortie d'un calcul volumineux, avec cette succession de tentatives qui aboutissent à l'issue d'un nombre considérable de débris souvent très difficiles à recueillir ? Quiconque a vu l'effet que produit sur l'assistance toujours nombreuse, l'extraction rapide d'un calcul intact, comprendra que le rôle du chirurgien sera relativement loin d'être brillant toutes les fois qu'il pratiquera la lithotritie périnéale.

L'opération devant être longue, il faudra de toute

nécessité soumettre le malade à l'influence des vapeurs du chloroforme.

On a pratiqué la taille en deux temps, c'est pourquoi nous nous sommes demandé s'il ne serait pas bon, après avoir créé le trajet, de remettre à une autre séance le morcellement de la pierre. Nous avons rejeté cette idée, car lorsque la lithotritie n'est pas applicable par les voies naturelles, l'indication formelle est de débarrasser la vessie aussi promptement que possible. Il faut également abandonner, et pour les mêmes raisons, la pensée qui pourrait se présenter de faire, par la voie périnéale et à des intervalles plus ou moins éloignés, une série de séances de lithotritie.

Lorsqu'on pratique le broiement de la pierre par l'urètre, l'expérience a démontré que les longues séances étaient souvent accompagnées d'accidents graves, mais le principal danger de ces manœuvres prolongées consiste à laisser dans la vessie un grand nombre de fragments qui devront parcourir ensuite les voies naturelles. Cet inconvénient cesse d'exister pour la lithotritie périnéale ; on peut et l'on doit broyer la pierre complétement puisque l'ouverture périnéale permet d'extraire immédiatement tous les débris. En agissant ainsi, on s'exposera sans doute à une réaction vive, mais le pronostic sera toujours subordonné aux lésions des reins.

La lithotritie périnéale est passible d'une objection qui est fondée jusqu'à un certain point. Toutes les manœuvres s'exécutent dans une cavité très-restreinte dont on ne peut distendre les parois au moyen d'une injection, on est donc exposé à contondre, à broyer et même à perforer la vessie. Nos expériences sur le cadavre n'ont pas confirmé cette crainte un peu théorique; il est, du reste, démontré qu'on peut sans trop d'inconvénients manœuvrer dans une vessie dont la cavité est vide. La recherche et l'extraction des calculs après la taille, la fragmentation involontaire d'un calcul dont on extrait ensuite tous les morceaux, la possibilité de faire la lithotritie presque à sec, toutes ces circonstances prouvent qu'on peut agir sans danger absolu, à la condition toutefois de procéder lentement et avec prudence.

Après la lithotritie périnéale, l'écoulement de l'urine sera, comme toujours, la préoccupation du chirurgien. Faut-il mettre une canule dans la plaie ou fixer une sonde à demeure? Doit-on, enfin, laisser le malade sans pansement? Il nous est impossible de nous prononcer sur une question aussi importante et que l'expérience seule peut résoudre. Nous serions disposé à introduire dans la plaie une canule qu'on laisserait vingt-quatre heures en place; telle a été notre conduite dans la circonstance dont nous allons rapporter tous les détails.

OBSERVATION XII. — *Calcul de la vessie, lithotritie périnéale, guérison rapide.*

X..., âgé de trente-neuf ans, habitant la campagne, nous fut adressé dans le mois de juillet dernier pour une affection des voies urinaires. Pendant longtemps on avait traité le malade pour une blennorrhagie rebelle; il présentait, en effet, un écoulement urétral, mais celui-là n'était pas vénérien.

L'exploration fit reconnaître un calcul, mais l'urètre et la vessie étaient tellement sensibles qu'il fut impossible de compléter le diagnostic. Le repos et les calmants restant sans influence sur la sensibilité de l'appareil, je dus renoncer à la lithotritie et j'entrepris de débarrasser le malade par la lithotritie périnéale.

Opération le 24 juillet 1863. Le malade est placé dans la position de la taille, le cathéter conduit dans la vessie est confié à un aide; alors seulement on administre le chloroforme jusqu'à la période de tolérance. Nous pratiquons une incision de 4 centimètres le long du raphé et se terminant à 5 millimètres en avant de la muqueuse anale. La peau, l'aponévrose sont incisées lentement et bientôt apparaît la pointe du sphincter; l'index gauche rencontre alors le cathéter que nous ponctionnons. Le dilatateur est placé dans la rainure et pénètre lentement dans la vessie en même temps que le cathéter s'abaisse. Au moment où nous retirons ce dernier, l'urine s'écoule par la plaie et le dilatateur rencontre le calcul; aussitôt je fais marcher la vis et en quelques minutes le col est assez largement ouvert pour laisser pénétrer le doigt. J'introduis le gros lithoclaste et après quelques tâtonnements, je saisis la pierre; le pignon suffit pour écraser le calcul dont les dimensions sont de 4 centimètres environ. Le brise-pierre à mors plat permet ensuite de pulvériser les plus gros fragments de la pierre.

L'extraction fut longue et les injections ont surtout contribué à débarrasser la vessie. L'opération a duré vingt-cinq minutes; le malade est resté tout le temps sous l'influence du chloroforme, il a perdu fort peu de sang.

Canule dans la plaie ; tisane vineuse, bouillons.

25 juillet. — Le malade a peu souffert, il a dormi ; l'urine coule par la canule, cependant on retire cette dernière. — Alimentation.

Le 26. — Bon état général ; X... conserve la plus grande partie de son urine, mais quand il pisse tout sort par la plaie.

Le 28. — Le malade va bien, il a rendu de l'urine par le canal.

2 août. — La plaie se cicatrise, elle a déjà notablement diminué d'étendue.

Le 8. — Toute l'urine sort par l'urètre ; cautérisation de la plaie qui bourgeonne.

Le 10. — Bon état général ; la plaie du périnée est réduite à un petit pertuis.

Le 12. — Tout est fini, le malade se lève ; seulement il urine souvent et peut difficilement surseoir aux besoins de pisser.

Le malade a quitté Paris le 20 dans un bon état général et local.

En résumé, le malade a guéri dans l'espace de dix-huit jours ; son pouls n'a jamais dépassé 90.

J'estime qu'il y avait 60 grammes de fragments, mais il a été difficile de tout réunir. La pierre était d'acide urique au centre avec une couche de phosphate de chaux à la périphérie.

En étudiant successivement la lithotritie, la taille, puis la lithotritie périnéale, nous avons fait tous nos efforts pour bien faire comprendre les difficultés nombreuses qui se rattachaient au traitement chirurgical des calculs de la vessie ; mais nous ne voulons pas terminer ce chapitre, sans formuler en quelques propositions la ligne de conduite qui nous paraît la meilleure pour la généralité des cas. Dans tout le cours de cet ouvrage nous avons exposé les divers éléments du problème dont nous cherchions la solution, il nous suffira actuellement d'indiquer notre manière de faire, sans qu'il soit nécessaire d'entrer dans de nouveaux développements.

1° Lorsqu'un malade se présente, il faut l'explorer méthodiquement et rechercher la pierre.

2° Lorsque la pierre est constatée, il faut autant que possible appliquer la lithotritie, mais sans sortir des bornes marquées par la prudence.

3° Lorsque la lithotritie n'est pas possible, il faut débarrasser le malade au moyen de la lithotritie périnéale, si la pierre est petite.

4° Lorsque la pierre est volumineuse et dure, surtout si elle remplit la vessie, il faut pratiquer la taille prérectale, mais faciliter l'extraction en morcelant le calcul au moyen d'une petite tenette casse-pierre.

5° Lorsque la pierre est énorme, c'est-à-dire lorsqu'elle proémine dans le rectum en même temps qu'elle déborde au-dessus du pubis, la cystotomie est toujours très-laborieuse ; il vaut mieux s'abstenir.

En lisant les observations, on voit que Covillard, Tolet, Deschamps, Dupuytren, ont dû, dans des circonstances semblables, renoncer à tirer la pierre ; d'autres, plus heureux, ont obtenu l'extraction, mais dans tous les cas, la mort a été le résultat de ces tentatives trop violentes.

Dans ces conditions, le broiement de la pierre par la plaie n'est possible que très-exceptionnellement ; il vaut donc mieux, si le calcul est dur, s'en tenir au traitement palliatif, que de chercher l'extraction par-dessus le pubis au prix de désordres irréparables.

A ce propos, nous citerons le fait suivant dont nous avons entretenu la Société de chirurgie, il y a quelques mois. On verra que toutes les tentatives ont été inutiles et que nous avons dû renoncer à débarrasser le malade de sa pierre.

OBSERVATION XIII. — *Pierre énorme et très dure chez un homme de trente ans. — Lithotomie périnéale, extraction impossible. — Tentatives multiples de broiement du calcul par la plaie, résultats incomplets. — Opération inachevée. Mort, autopsie.*

Le nommé P..., âgé de trente ans, tailleur, est entré à l'hôpital de la Charité le 10 août 1863, pour une diarrhée avec fièvre. En examinant le malade, on constate bientôt qu'il est atteint d'une affection grave de la vessie. Voici les quelques renseignements qui peuvent être recueillis.

P... a perdu son père, qui est mort de la pierre ; sa sœur a également un calcul de la vessie ; enfin, la fille de cette dernière est actuellement dans le service de chirurgie, à l'hôpital Sainte-Eugénie, pour une pierre vésicale.

D'après la sœur de notre malade, P... souffrirait de la vessie depuis son enfance. Dès l'âge de quinze ans il s'est livré à la débauche, abusant des femmes et des liqueurs alcooliques ; à dix-sept ans, il a été atteint d'hématurie ; le sang s'est montré à deux reprises différentes à la suite d'excès de coït.

Jamais il n'a eu la moindre colique de reins. Depuis six ans, il éprouve de la douleur en urinant, il rend l'urine à chaque instant et goutte par goutte ; du reste, il se préoccupe fort peu de ces accidents, il continue néanmoins son travail et ses habitudes de débauche.

P... n'a cessé ses occupations que six jours avant d'entrer à l'hôpital ; depuis, la dysurie a augmenté, les douleurs sont devenues très-vives. Ce qui a déterminé le malade à consulter, c'est la diarrhée et la fièvre ; le jour de son entrée il a eu un grand frisson.

État actuel le 11 août. — Sujet assez bien constitué, mais amaigri et présentant une teinte anémique très-avancée ; peau chaude, pouls fréquent et résistant ; appétit faible, diarrhée.

Le malade répand une odeur urineuse très-prononcée, les parties génitales sont mouillées. Le méat rouge laisse passer des gouttes de liquide ; il y a une sorte d'incontinence, mais l'urine est brûlante et les efforts de la miction sont continuels et très pénibles. Le cathétérisme est facile, la sonde rencontre au niveau du col une pierre dure et fixe, qui ferme en partie l'orifice interne du canal. Il faut faire violence pour introduire l'instrument un peu plus profondément, et encore ne peut-on le conduire jusque dans une cavité bien évidente.

La pierre semble occuper une grande partie de la vessie ; cette hypothèse se trouve confirmée par le toucher rectal. En effet, on trouve dans l'intestin une forte saillie qui est formée par le calcul ; cette tumeur est fixe et ne peut être contournée par le doigt, celui-là n'arrive pas assez haut pour reconnaître les limites de la concrétion.

Impossible de songer à la mensuration d'un calcul si volumineux, aussi le diagnostic reste-t-il incertain sur les dimensions exactes de la pierre. On décide que la taille peut seule débarrasser le malade, et encore est-il établi que l'opération sera nécessairement laborieuse. Tout est disposé pour opérer le broiement périnéal du calcul afin d'en faciliter l'extraction.

Opération le 12 août, à trois heures.

Le malade est soumis aux vapeurs du chloroforme. Taille périnéale qui permet d'arriver jusqu'au calcul ; tentatives d'extraction qui n'amènent aucun résultat ; les tenettes glissent constamment à la surface du calcul qu'elles n'embrassent qu'en partie. Il devient évident que la pierre remplit toute la vessie, qu'elle est très-volumineuse et que peut-être elle a des connexions avec les parois vésicales. Aussitôt nous introduisons un percuteur volumineux, dans l'intention de fragmenter le calcul. Cette manœuvre offre la plus grande difficulté, car on ne peut guère pénétrer entre les parois vésicales et la concrétion.

Débridements multiples du col vésical ; nouvelles tentatives d'extraction, pendant lesquelles des tenettes

très-solides sont faussées, sans que le calcul puisse être
seulement ébranlé.

Dans l'espoir de faciliter la sortie de la pierre ,
nous nous décidons, après bien des efforts, à fendre la
cloison recto-vésicale le plus haut possible. Cette incision nous permet d'atteindre le segment inférieur du
calcul, mais de nouvelles tractions restent encore sans
résultat. Le percuteur est de nouveau introduit, et la
pierre peut être saisie suivant son diamètre transversal ;
mais, chose singulière, la percussion reste sans effet
et tous les assistants sont frappés par une odeur très-
forte de pierre à fusil. Il est évident pour chacun que la
concrétion résiste aux efforts du marteau, et que l'acier
brûle. Ces tentatives très-énergiques sont prolongées
pendant près d'une heure. Au bout de ce temps quelques
débris de l'écorce de la pierre ont cédé, 60 grammes de
fragments sont obtenus, mais il est évident que la plus
grande partie du calcul reste inaccessible à l'instrument.

Le malade s'épuise, ses forces l'abandonnent, et la
prudence exige de laisser l'opération inachevée, sous
peine de voir le patient succomber entre les mains de
l'opérateur. Le volume de la pierre nous paraît si considérable, que nous éloignons tout de suite comme impraticable, l'idée de terminer séance tenante par la cystotomie hypogastrique.

Pendant cette opération très-laborieuse, qui n'a pas
duré moins d'une heure et demie, aucun vaisseau important n'a été ouvert, mais la face interne de la vessie
a fourni une assez notable quantité de sang.

Le malade a été reconduit à son lit dans un état voisin

de la syncope. Tous les moyens destinés à combattre ces accidents ont été employés avec énergie, on a pu ainsi réchauffer ce malheureux et le rappeler à la vie.

La nuit qui suivit fut très-agitée.

Le 14, le malade est calme, ne souffre pas, mais il est dans un état d'affaissement considérable. Le pouls est petit, misérable; la peau couverte d'une sueur froide. — Du reste, le ventre est plat, non douloureux; la plaie ne donne pas de sang, l'urine coule. — Alimentation.

Le 15, la réaction s'établit, la peau est plus chaude, le pouls moins faible ; bon état local.

Le 16, le malade a beaucoup baissé, son intelligence est moins nette; il refuse de boire, il est évident que la mort viendra prochainement.

En effet, vers quatre heures, c'est-à-dire trois jours jours après l'opération, P... s'est éteint sans présenter aucune souffrance, mais épuisé par l'énorme ébranlement qu'il avait dû supporter.

Autopsie. — Rien dans le crâne ni dans le thorax.

Nous pratiquons la taille hypogastrique, mais la pierre ne peut être extraite malgré des débridements multiples.

L'abdomen ouvert, nous constatons l'intégrité de la vessie et de la séreuse péritonéale.

Un peu d'épanchement dans le petit bassin, mais pas de péritonite.

Nous incisons alors la vessie car c'est le seul moyen d'enlever le calcul, puis nous observons :

1° Vessie à colonnes, dont les parois assez épaisses sont d'un rouge violet ; pas de perforations, par places des contusions superficielles. Vers le sommet, la

pierre qui est irrégulière, est enchevêtrée dans les colonnes de la vessie, mais on peut la séparer sans trop

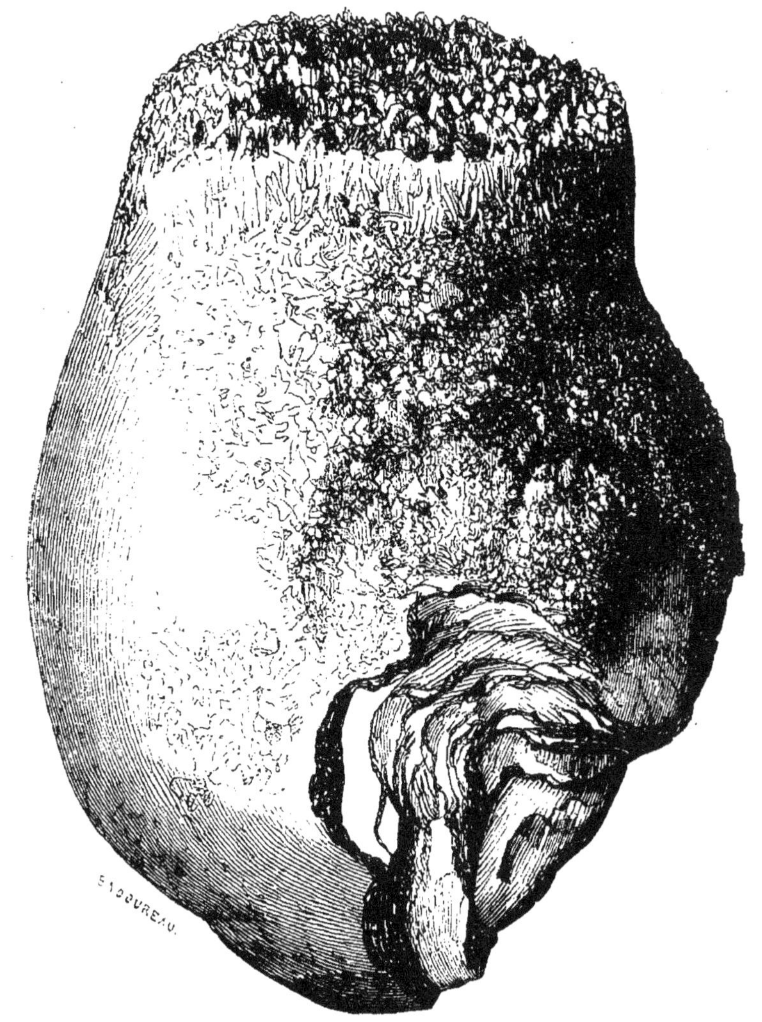

Fig. 14.

déchirer le tissu de l'organe. En somme, il y a là une
légère adhérence du calcul avec la paroi.

Calcul ovoïde à grand diamètre vertical de 12 centimètres; diamètre transversal, 8 centimètres. Poids de

la pierre et des fragments, 603 grammes. La couleur du
calcul est d'un blanc jaunâtre; la surface est lisse, brillante par places, elle rappelle le silex. Au sommet de la
vessie le calcul est irrégulier, il présente des stalactites
qui sont perpendiculaires à la surface de la concrétion.
A la partie inférieure, la pierre est écornée en plusieurs
points, ce sont là les traces laissées par le percuteur lors
des tentatives de broiement. (Voyez fig. 14.)

L'analyse chimique a démontré que cette pierre était
composée d'acide urique, d'urates alcalins et, en très-
petite proportion, de phosphate de chaux. Ce dernier
sel, véritable dépôt secondaire, n'existait que dans certains points de la surface du calcul.

Les uretères et les bassinets, surtout à gauche, étaient
considérablement dilatés. Quant aux reins, ils étaient
atrophiés et leur substance était le siége d'une anémie
très-avancée avec ramollissement, mais pas de pus.

L'observation que nous venons d'exposer succincte-
ment est relative à un cas très-embarrassant de la pratique. En présence des obstacles si nombreux, de l'insuccès de l'opération et de la mort du malade, il y a lieu
de se demander si l'on n'aurait pas mieux fait de s'abstenir. La difficulté, en pareille occasion, c'est de faire
un diagnostic complet. Il faudrait savoir quelles sont les
dimensions exactes de la pierre, ce qui n'est pas possible; rien n'est plus vague, pour indiquer le volume
d'un calcul, que de dire qu'il remplit toute la cavité vésicale. Dans le cas actuel la concrétion faisait saillie
dans le rectum, mais de plus elle pouvait être sentie

au-dessus du pubis. Ce dernier renseignement, qui n'a été fourni qu'après l'opération devrait, dans une circonstance analogue, être recherché avec soin, car c'est l'indice d'une pierre très-volumineuse.

Chez notre opéré, la taille hypogastrique n'aurait pas donné une ouverture suffisante, ainsi que nous nous en sommes assuré sur le cadavre; il fallait donc faire une taille périnéale et fragmenter la pierre. Nous avons rencontré dans l'espèce une résistance inusitée et inattendue. Les pierres de l'enfance qu'on trouve chez des adultes sont presque toujours des pierres dures, mais il est rare de rencontrer un calcul dont la surface soit aussi lisse et aussi compacte que dans ce cas particulier.

Nous avons donc été en présence de circonstances insolites qu'on devait supposer mais qu'on ne pouvait pas déterminer exactement. Chacun connaît l'extrême gravité que présentent les grosses pierres, aussi peut-on dire que lorsqu'au volume excessif vient s'ajouter l'extrême dureté, l'affection devient généralement au-dessus des ressources de la chirurgie.

L'enseignement qu'on pourrait tirer du fait malheureux que je viens de rapporter, c'est que chez un adulte, quand la pierre remonte au-dessus du pubis, il ne faut opérer que si l'on croit pouvoir fragmenter le calcul ; or, cette condition indispensable peut manquer lorsqu'il s'agit d'un malade qui a la pierre depuis son enfance, c'est-à-dire qui porte un calcul probablement très-dur.

En résumé, dans une circonstance analogue à celle où nous nous sommes trouvés, nous croyons qu'il serait plus sage de s'abstenir de toute intervention active. Il y a du reste un certain nombre de calculeux pour lesquels toute opération est absolument contre-indiquée.

SECTION QUATRIÈME

DU TRAITEMENT MÉDICAL DE LA PIERRE DANS LA VESSIE.

L'idée de mettre à profit les ressources de l'hygiène et de la thérapeutique médicale pour porter remède à l'affection calculeuse de la vessie, est trop naturelle pour qu'elle ne se soit pas toujours présentée à l'esprit des médecins et de tous les malades. Il y a plusieurs manières de comprendre le traitement médical de la pierre. En effet, les efforts de la science peuvent avoir pour but : 1° de prévenir la formation de la pierre ; 2° de faire disparaître un calcul qui serait contenu dans la vessie ; 3° de mettre à l'abri de la récidive les calculeux qui ont été guéris par une opération ; 4° de remédier aux souffrances des malades dont l'état est tellement grave, qu'il n'y a pas lieu de songer à les délivrer par l'intervention chirurgicale.

Les diverses applications de la thérapeutique que nous venons de mentionner ont entre elles beaucoup de rapport ; aussi verrons-nous certains moyens, proposés dans le but de préserver de la pierre les individus qui y sont prédisposés, reparaître encore lorsqu'il s'agira du traitement curatif de l'affection. Nous allons examiner la question sous toutes ses formes, mais qu'on veuille bien se rappeler que les divers paragraphes de ce chapitre seront nécessairement complémentaires les uns des autres.

§ Ier. — Du traitement préservatif de la pierre.

La pierre vésicale, comme toutes les affections graves, comporte un problème important dont la solution est toujours soumise à la sagacité et à l'instruction des praticiens : prévenir les maladies, les guérir quand elles existent, éviter la récidive, tel devrait être le but constant de nos efforts. L'hygiène a une grande part dans les moyens préventifs des maladies; la thérapeutique s'occupe, au contraire, de la guérison des affections confirmées. Sauf quelques exceptions, la pierre vésicale n'est point une maladie mais bien un épiphénomène, un accident même qui survient dans des circonstances très-diverses. C'est faute d'envisager la pierre comme un symptôme, qu'on demande à tort à la thérapeutique chirurgicale la guérison de l'affection calculeuse; on peut faire disparaître la concrétion vésicale, mais la cause première résiste bien souvent!

Les gens du monde craignent la formation de la pierre, aussi les voit-on rechercher les moyens de se mettre à l'abri d'une maladie dont le nom seul les effraye; ils insistent surtout lorsqu'il existe dans leur famille des exemples de l'affection calculeuse. Il est bien plus fréquent encore d'entendre les calculeux qui ont été guéris par une opération , demander les moyens d'éviter la récidive de leur maladie.

Lorsque nous avons étudié les conditions de formation des calculs de la vessie, nous avons démontré que la pierre pouvait être le résultat, soit de la présence dans l'urine d'une plus grande proportion des sels normaux , soit de l'existence anormale et momentanée dans ce liquide, de substances qu'on ne rencontre pas dans les conditions physiologiques de la sécrétion urinaire. Mais, pour que ces dissolutions trop concentrées laissent déposent les sels qu'elles renferment, ou bien pour que ces grains calculeux formés dans le rein, deviennent dans la vessie le noyau d'une pierre , il faut certaines conditions anatomiques du réservoir urinaire, ou une lésion de l'appareil excréteur.

Notre intention n'est pas de revenir sur le mécanisme de la formation des calculs, nous voulons seulement rappeler que la pierre est précédée de troubles dans la sécrétion, ou mieux dans l'excrétion de l'urine. Mais pourquoi la quantité d'acide urique augmente-t-elle? on le suppose à peine ; quant à la présence de l'acide oxalique, de la cystine, on en ignore complétement la cause. Il y a lieu de supposer que l'alimentation, les conditions hygiéniques jouent, dans ces circonstances, un très-grand rôle; mais tant que la question ne sera pas résolue d'une manière définitive, il sera impossible de formuler quelles sont les précautions de régime qui peuvent mettre à l'abri de la pierre vésicale.

Il est une idée bien ancienne, c'est que le régime entre pour beaucoup dans la formation de la gravelle et secondairement dans celle de la pierre. Empiriquement, on a accusé certaines substances qui font partie de l'alimentation ordinaire de donner naissance à la pierre, sans s'occuper d'ailleurs du mécanisme de cette production. Le sel, l'oseille, certains fruits, etc., ont été bien à tort accusés d'avoir causé la maladie.

Les recherches modernes de la physiologie expérimentale n'ont pas confirmé toute l'importance qu'attachaient les anciens au régime alimentaire comme cause de l'affection calculeuse. Il faut cependant tenir compte de deux circonstances : 1° La pierre ne s'observe que très-exceptionnellement chez les enfants appartenant à une famille riche. Chez les jeunes sujets peu aisés, la pierre n'est pas rare; elle est habituellement formée d'oxalate de chaux, ce qui n'autorise pas à conclure que l'oseille entre pour beaucoup dans l'alimentation de ces individus; tout ce qu'on peut dire, c'est que les mauvaises conditions hygiéniques, le régime végétal prédominant, paraissent favoriser le développement de la maladie; 2° chez les gens riches qui abusent d'une nourriture succulente, la gravelle urique est chose commune; toutefois il nous semble qu'il ne faut pas chercher dans le régime, mais ailleurs dans les affections de vessie, la raison de la pierre si fréquente pour cette catégorie d'individus.

En résumé, si telle ou telle substance alimentaire ne prédispose pas les personnes qui en font un usage fréquent, à être atteints ultérieurement de la pierre, il faut reconnaître que la variété dans le régime, qui a déjà tant d'importance relativement à l'entretien de la santé générale, doit être conseillée comme un des meilleurs moyens préservatifs chez les individus qui ont une prédisposition à la maladie. Enfin, nous devons rappeler l'influence du régime chez les personnes qui rendent de la gravelle, c'est-à-dire dans les cas de diathèses ; nous conseillons donc les traitements rationnels qui sont habituellement mis en usage, comme un bon moyen de mettre les graveleux à l'abri de la pierre.

Chez les graveleux, il faut, jusqu'à un certain point, redouter la formation de la pierre ; on doit surveiller spécialement ces individus pour ne pas laisser le temps aux concrétions d'acquérir dans la vessie un volume considérable. Le moindre symptôme doit engager à pratiquer l'exploration méthodique.

Dans le but de faire cesser la production de la gravelle, la thérapeutique a appelé à son aide la chimie ; c'est ainsi, par exemple, que les alcalins ont été conseillés comme un remède efficace contre la diathèse urique. Il n'entre pas dans notre cadre d'apprécier exactement les résultats d'une médication aussi rationnelle, nous voulons seulement faire une remarque qui est relative à notre sujet tout spécial. Les graveleux et les calculeux sont journellement envoyés dans les stations thermales ; Vichy, Contrexéville et autres ont acquis une grande réputation, aussi tous les malades vont-ils leur demander la guérison de leur affection. Ce traitement, suivant nous, présente de graves inconvénients, car en dehors de la médication alcaline, les eaux minérales ont une action très-grande sur les voies urinaires. Les reins sont soumis à une activité considérable, dont le résultat immédiat est la très-grande abondance de l'excrétion ;

l'urine, très-excitante par elle-même, sollicite alors la vessie qui est ainsi soumise à des contractions fréquemment renouvelées.

Il résulte de toutes les considérations qui précèdent que la diathèse urique étant modifiée par les alcalins, la gravelle rénale doit nécessairement diminuer; enfin, et c'est le point sur lequel nous insistons, tout l'appareil urinaire étant soumis à une grande suractivité, il doit nécessairement se débarrasser de toutes les concrétions qu'il renferme; tous les graveleux à leur arrivée dans les diverses stations thermales, rendent une quantité considérable de graviers. Tout ceci serait acceptable, si les individus soumis au traitement présentaient une intégrité parfaite des organes, mais il s'en faut qu'il en soit toujours ainsi.

Dans quelques cas, l'excitation rénale peut être salutaire, mais on devra reconnaître qu'elle devient dangereuse lorsqu'il existe un certain degré de néphrite, lésion fréquente, d'un diagnostic obscur, et qui dans tous les cas commande une extrême réserve. Pour la vessie, la question est encore plus importante; le passage de la gravelle irrite le col et provoque un certain degré de contracture de son sphincter; une lutte incessante s'établit entre le col et le corps de l'organe, et celle-ci se termine presque toujours, surtout chez les sujets âgés, par un degré variable d'inertie du réservoir de l'urine. Dans ces conditions, si le malade est soumis au traitement des eaux minérales, il peut quelquefois se débarrasser de la gravelle, mais il s'expose le plus souvent à une paralysie plus ou moins complète de la vessie, c'est-à-dire au séjour prolongé d'une partie de l'urine et des concrétions qu'elle renferme; par conséquent, il se trouve dans les meilleures conditions pour que la pierre se produise. Cet état est d'autant plus trompeur que les individus semblent uriner abondamment, alors que le réservoir ne se débarrasse plus que par regorgement.

Chez les sujets qui ont la prostate engorgée, ou qui présentent des valvules du col de la vessie, des rétrécissements de l'urètre, etc., rien n'est commun comme la rétention d'urine sous l'influence des eaux minérales excitantes. Dans ces mêmes conditions, il est une circonstance bien plus fréquente encore, c'est l'ignorance par les malades et par les médecins de cette stagnation provoquée de l'urine.

Ainsi, et pour nous résumer, nous croyons que la médication thermale est plus dangereuse qu'utile aux malades qui ont la pierre, et qu'elle n'est même pas sans inconvénient pour ceux qui ont la gravelle. La médication alcaline a néanmoins des avantages incontestables lorsqu'on veut modifier la diathèse urique; aussi, dans le cas où les eaux minérales paraîtraient d'un emploi plus avantageux, il faudrait s'en servir avec une extrême prudence et surveiller la miction.

De tout ce qui précède, nous concluons qu'il n'existe pas de traitement préservatif de la pierre, mais qu'il faut surveiller attentivement les malades qui rendent de la gravelle, s'assurer qu'ils se débarrassent exactement du contenu de leur vessie, et plutôt multiplier les explorations que de s'en abstenir.

En terminant, nous devons rappeler que les maladies

de la vessie ayant une grande importance eu égard à la
formation des calculs, tous les moyens de l'hygiène générale qui peuvent s'opposer à l'établissement d'une
affection du réservoir de l'urine, doivent être rangés
dans le cadre de la thérapeutique préventive de la pierre.
Nous reviendrons, du reste, sur cette question importante, lorsque nous parlerons plus loin de la récidive de
l'affection calculeuse.

Parmi les moyens préventifs se rangent les boissons
légèrement diurétiques, les bains, les douches, l'exercice et surtout l'équitation modérée. Quant au régime,
il doit être varié; mais, dans les cas de diathèse héréditaire surtout, il ne faut pas compter d'une manière
absolue sur des résultats; on ne doit donc pas tourmen-
ter les individus par cette sévérité de régime qui fait la
base de l'hygiène de certains malades et qu'on oppose
particulièrement à la diathèse urique.

Toute la médication préventive interne se réduirait à
ramener l'urine à sa composition normale ou à lui donner des qualités tout opposées, d'où résulterait une
décomposition des sels contenus en trop grande abondance. Le traitement chimique par les alcalis ou par
les acides serait très-rationnel, mais son application n'est
pas toujours sans inconvénient, et les résultats obtenus
ont toujours été très-problématiques.

§ II. — Du traitement médical curatif de la pierre.

Dans l'intention de faire disparaître la pierre qui
occupait le réservoir de l'urine, les médecins ont suivi

déux voies : la première consistait à rechercher la dissolution de la pierre au moyen des médicaments admi-
nistrés par la bouche; la seconde avait pour but de
dissoudre la pierre dans la vessie au moyen d'injections
propres à agir chimiquement sur la concrétion calculeuse. Ces dernières tentatives appartiendraient, à la
rigueur, tout aussi bien au traitement chirurgical de la
pierre qu'au traitement médical de cette affection.

1° Médication interne.

Lorsqu'on ouvre les livres anciens qui traitent de
la maladie de la pierre, on trouve les plus étranges théories émises relativement à la formation des calculs;
aussi n'est-il pas étonnant de rencontrer, à côté de toutes
ces suppositions, une série de remèdes plus ou moins
insignifiants et qui tour à tour ont été préconisés sous
le nom de lithontriptiques, comme des moyens certains
de faire disparaître la pierre de la cavité vésicale.
Pour juger de la valeur de ces divers remèdes,
dont le plus renommé a été celui de mademoiselle Ste-
phens, il suffirait de lire les quelques observations qui
ont été publiées; mais on comprendra le peu de consistance qu'avaient toutes les théories de la formation de
la pierre, en rappelant que les indications les plus sérieuses qu'on ait données à l'emploi de tel ou tel lithon-
triptique, avaient pour base les résultats de l'immersion
d'une pierre au milieu d'une dissolution quelconque.
C'est en procédant ainsi qu'on était arrivé à conseiller

le jus d'oignon blanc, comme le meilleur dissolvant des calculs de la vessie.

Tout aussi singulières que puissent paraître les diverses circonstances que nous venons de rappeler, il est encore quelque chose de plus étonnant, c'est d'avoir vu à notre époque les divers traitements de la pierre n'avoir d'autres bases que l'action des eaux minérales ou de toute autre dissolution sur des calculs renfermés dans des sachets plongés eux-mêmes au milieu du liquide.

L'action directe, sur les calculs, de certaines dissolutions salines, a pu faire croire que les mêmes agents introduits dans l'estomac produiraient des résultats identiques. Cependant, outre la difficulté de faire parvenir un acide dans la vessie par l'intermédiaire de la sécrétion rénale, on aurait dû se convaincre que le point de départ était sans valeur. Oui, un calcul diminue de poids et de volume quand il demeure plongé dans une solution acide ou alcaline, mais il en est de même pour un calcul qui séjourne dans l'eau ordinaire et surtout dans l'eau de puits. J'ajoute que dans tous les cas la diminution de la pierre est si lente, qu'on a peine à croire qu'on ait pu attacher beaucoup d'importance à de pareilles hypothèses.

Parmi les lithontriptiques, les uns agissaient comme les diurétiques en augmentant la quantité de l'urine, les autres étaient sans effet. Ce qui ressort de plus certain des nombreuses tentatives faites pour dissoudre la pierre, c'est que le traitement a été très-long, qu'il a toujours été sans effet et qu'il a eu très-souvent pour résultat d'ébranler la santé des patients. Les inconvénients du régime alcalin longtemps prolongé, sont aujourd'hui hors de doute; cependant la question a une telle importance pratique que nous insisterons enc sur la dissolution de la pierre.

Diverses circonstances ont pu abuser les expérimentateurs, et il est bon de les rappeler pour éviter ces causes d'erreur aux personnes qui s'occuperaient à l'avenir de la dissolution des calculs par la médication interne. On va voir en même temps dans ce qui va suivre, le peu de solidité que présentaient les seules preuves qui aient été invoquées en faveur des traitements internes. 1° Certains calculeux rendent par intervalle des concrétions qui descendent du rein et qui se rattachent à la gravelle. Sous l'influence de divers moyens et en particulier des diurétiques, la quantité des sédiments de l'urine peut augmenter notablement, aussi en a-t-on conclu que c'était la pierre elle-même qui se désagrégeait; cette circonstance a pu en imposer à des malades crédules, mais elle n'est pas de nature à convaincre les médecins. 2° En faisant l'histoire des calculs de la vessie, nous avons parlé de quelques pierres exceptionnelles dont les éléments sont agrégés de telle façon que la fragmentation spontanée devient un phénomène qui s'explique tout naturellement. On comprend donc que, pendant un traitement par les moyens internes, les malades aient pu rendre quelques débris de leur calcul; nouvelle condition qui a pu faire varier sur l'interprétation d'un phénomène purement physique. 3° Certains calculeux, soumis au traitement médical et en particulier à celui des eaux minérales alcalines, ont vu les douleurs de la pierre diminuer notablement, et dans quelques cas disparaître d'une manière complète. Quelques observations de ce genre ont servi d'argument en faveur de la thérapeutique par les eaux minérales ; cependant les mêmes rémissions pouvant se prolonger pendant un temps indéterminé, ont été observées chez des malades qui n'avaient subi aucun des traitements par les lithontriptiques.

La situation de la pierre est pour beaucoup dans les accidents qu'elle provoque, on peut donc toujours supposer que le corps étranger a subi un déplacement. Enfin il est demontré que certaines médications agissent en diminuant les contractions de la vessie, après avoir au préalable déterminé une surexcitation de l'organe ; dans ces dernières conditions, on peut admettre que la cessation des douleurs est due à ce que la pierre ne vient plus s'appliquer contre le col de la vessie au moment où l'organe, devenu trop faible, se débarrasse péniblement de son contenu.

En résumé, tous les résultats qu'on a invoqués en faveur de l'action des lithontriptiques peuvent s'expliquer par le fait même des coïncidences, d'autant plus que les effets de ces médications sont très-inconstants et qu'il existe bon nombre d'observations contradictoires. Du reste, une des circonstances qui a le plus contribué à propager l'erreur, c'est l'incertitude du diagnostic ; dans presque toutes les occasions où des malades ont été traités et guéris, ils n'avaient point été sondés.

Les différents moyens de la thérapeutique peuvent modifier certains troubles du côté de la vessie, mais il n'existe pas une seule observation d'un calculeux qui aurait dû sa guérison à la médication interne.

Rappelons, en terminant, l'expérience faite en 1839, par une commission nommée par l'Assistance publique, pour étudier l'influence des eaux de Vichy sur les calculs de la vessie. La pierre fut mesurée avant et après le traitement, or il fut évident pour tout le monde qu'au lieu de diminuer, la concrétion avait sensiblement grossi ; pendant deux mois et demi le malade avait pris les eaux à Vichy, tant en bains qu'en boisson.

Dans ces dernières années, on a administré l'acide benzoïque, le benzoate d'ammoniaque, à des individus qui présentaient les manifestations de la diathèse urique ; comme toujours, on a étendu à la pierre vésicale et sans raison, les espérances qu'avaient fait naître quelques essais tentés chez des graveleux. En administrant les benzoates, on avait espéré que les urates de l'organisme seraient rendus sous la forme d'hippurates solubles ; mais il y a lieu de se demander si les cristaux d'hippurates qui passent dans l'urine ne sont pas tout simplement l'acide benzoïque d'Allemagne sous un autre mode de cristallisation. Ce dernier acide est extrait des hippurates qu'on sépare de l'urine des chevaux. Il faudrait donc savoir, avant de conclure, si la quantité d'acide hippurique qu'on trouve chez les malades soumis au traitement, concorde comme poids avec l'acide benzoïque absorbé, ou s'il lui est supérieur en quantité ; car, dans ce dernier cas seulement, nous serions en droit de conclure à la transformation d'une partie des urates du corps humain en hippurates.

Cette vérification de dosage n'ayant pas été faite, on peut dire que les expériences tentées jusqu'à ce jour ne sont ni assez rigoureuses ni assez concluantes pour autoriser une affirmation quelconque. Tout en réservant l'avenir, remarquons que ces recherches peu nombreuses d'ailleurs n'ont pas porté sur des calculs de la vessie, mais seulement sur la gravelle urique.

2° Dissolution de la pierre au moyen des injections.

On a longtemps cru que les injections vésicales auraient pour résultat de désagréger la pierre, et c'est à cette idée qu'il faut rattacher l'introduction de l'eau dans le réservoir urinaire par des injections répétées ou par des irrigations continues au moyen de la sonde à double courant. L'insuccès de toutes ces tentatives conduisit certains chirurgiens à mettre en contact les calculs avec des dissolutions qui, au lieu d'agir mécaniquement, devaient déterminer des réactions chimiques. Mais on devine que l'expérimentation dut être bientôt suspendue, car on comprend l'impossibilité d'introduire dans la vessie des agents susceptibles d'altérer les parois de ce viscère. A cette série de recherches doivent se rattacher les travaux des savants, qui se proposaient d'isoler le calcul dans une sorte de cavité où l'on pourrait introduire impunément les dissolvants les plus énergiques. Malgré de nombreuses tentatives, la question en est restée là, et la dissolution de la pierre par les agents chimiques, a dû avec raison être abandonnée. L'emploi de l'électricité n'a pas donné des résultats plus positifs, malgré les efforts de Prévost et Dumas.

Ce qui précède démontre que le traitement médical de la pierre, qu'il soit préventif ou curatif, se réduit à des moyens dont l'efficacité est nulle ou fort contestable ; s'engager dans une pareille direction, c'est exposer les malades à perdre un temps précieux pendant lequel la pierre grossit, et les lésions vésicales surviennent.

Nous parlerons plus loin des ressources de la thérapeutique, lorsqu'il s'agira de la récidive de la pierre et surtout du traitement des malades qui ne peuvent subir aucune opération.

Terminons par une réflexion générale relative au traitement médical de la pierre. Il est une confusion qu'il faut éviter désormais; la médication de la gravelle et la médication de la pierre vésicale sont deux choses essentiellement différentes. Les concrétions calculeuses qui constituent la gravelle peuvent s'arrêter dans la vessie et devenir ultérieurement l'origine d'une ou plusieurs pierres. En traitant les malades et en faisant cesser la production de la gravelle, on supprimerait certainement une des causes fréquentes de la formation de la pierre; mais il ne serait pas exact de supposer qu'une médication, capable d'empêcher les concrétions rénales, pourrait efficacement être administrée pour la dissolution de la pierre lorsqu'elle est dans la vessie.

§ III. — De la récidive de l'affection calculeuse et de son traitement.

L'observation de tous les jours vient démontrer que la très-grande majorité des calculeux peut attendre de la chirurgie la destruction complète de la pierre.

Il existe, avons-nous dit, une série de malades pour lesquels l'intervention de l'art ne saurait être que funeste; mais en laissant de côté ces cas malheureux, qui sont le plus souvent la conséquence de la négligence des malades et quelquefois même de l'impéritie des médecins, il y a lieu de se demander si l'on obtiendra toujours, par une opération, une cure complète et définitive.

Beaucoup de malades guérissent radicalement; mais l'examen des faits nous montre, d'une manière certaine, que la récidive de la pierre vésicale n'est pas une chose absolument rare.

Citons quelques chiffres relatifs à cette question intéressante :

	Opérés.	Guérisons.	Récidives	Années.
Hôtel-Dieu.	100	56	1	1808 à 1830
Charité.	70	21	6	1806 à 1831
Maison royale.	36	15	1	1821 à 1827
Pratique de la ville.	190	84	3	1824 à 1835

Ces données sont manifestement insuffisantes, elles démontrent que dans les relevés anciens on a beaucoup trop négligé la question des récidives de la pierre. Voici comment s'exprime Civiale à ce sujet : « Ce qui frappe tout d'abord, c'est qu'en y regardant de près, on trouve les récidives beaucoup plus fréquentes que ne semblaient l'indiquer les documents anciens. Quoi qu'il en soit, ceux que je possède sont loin de suffire pour juger une question aussi complexe, et je ne les donne qu'à titre de simples renseignements. Si l'on en juge d'après les relevés généraux, la récidive ne paraît pas être un événement très-fréquent; mon tableau général n'en signale que 42 cas sur 4446 opérés, ce qui fait 1 sur 105 $\frac{6}{7}$. »

On ne peut accepter ce chiffre comme approchant de la réalité, car un premier soin consiste à chercher la proportion des récidives relativement au nombre des opérés guéris, et non pas, comme on l'a fait, relativement au nombre des opérés ; ceux qui succombent après l'opération demeurent nécessairement à l'abri de toute récidive.

Les résultats suivants ressortent d'un autre tableau dressé par Civiale.

Sur 2834 calculeux français, sans distinction de sexe ni d'âge, 2368 ont été opérés soit par la taille, soit par la lithotritie. On compte 1885 guérisons sur lesquelles on a observé 32 cas de récidive, ce qui fait 1 sur 57,4, ou approximativement 2 pour 100.

La pierre vésicale ne constitue pas le plus souvent la maladie tout entière ; chez les calculeux, les affections de l'appareil urinaire sont fréquentes, et nous croyons qu'il est rare que la pierre n'ait pas été précédée d'une lésion primitive. Toutefois, il est des individus chez lesquels la présence d'un calcul dans la vessie semble purement accidentelle ; c'est ainsi que les calculs d'oxalate de chaux tiennent à la présence momentanée dans l'urine, d'une substance qu'elle ne renferme pas normalement. On pourrait diviser les pierres de la vessie en primitives et en consécutives, suivant que la formation du dépôt tiendrait à un simple accident de la sécrétion urinaire, ou bien à une altération matérielle des organes ; les premières ne seraient guère susceptibles de se

reproduire, tandis que les secondes récidiveraient fréquemment.

Relativement à la récidive, on peut dire que les pierres
qui ont pris naissance dans le rein reviennent beaucoup
moins fréquemment que celles qui tiennent aux lésions
vésicales. On n'a jamais observé la récidive des calculs
de cystine, celle des pierres d'oxalate de chaux est fort
rare ; les pierres d'acide urique reparaissent quelquefois,
mais rien n'est commun comme la reproduction des
concrétions phosphatiques.

Cette distinction entre les pierres qui prennent naissance dans le rein et celles qui se forment dans la vessie,
est encore confirmée par une observation clinique qui
n'est pas rare : un malade porte une pierre d'oxalate de
chaux, on fragmente ce calcul par les procédés de la lithotritie, puis des accidents surviennent et tout traitement
est interrompu ; plus tard on revient au broiement, mais
alors on constate que chacun des fragments de la première pierre est recouvert de couches phosphatiques, et
qu'il serait devenu l'origine d'un nouveau calcul. L'influence de la cystite est manifeste dans le cas auquel
nous faisons allusion, c'est à une lésion vésicale qu'il
faut attribuer l'apparition du phosphate de chaux. D'autres fois l'opération a pu être menée à bonne fin, mais
la présence longtemps prolongée d'un calcul d'oxalate
calcaire a provoqué une affection vésicale que la disparition du calcul n'a pas complétement guérie ; bientôt
les signes de la récidive sont constatés, toutefois ce
n'est plus une pierre d'oxalate de chaux que renferme
la vessie, c'est un calcul phosphatique.

Ainsi la composition de la pierre, l'ancienneté de sa formation, la nature et le degré des lésions vésicales fourniront les éléments du pronostic relativement à la récidive de la maladie.

Si l'on est peu fixé sur la fréquence de la récidive des calculs de la vessie, on ignore également combien il faut de temps pour qu'un nouveau calcul se reforme. Sur douze cas réunis par Civiale, l'intervalle compris entre les deux opérations a varié entre huit et trente-deux mois. Chez l'un des malades la récidive s'est fait attendre près de onze ans. Dans quelques cas, la récidive se fait avec une effrayante rapidité; Roux a taillé trois fois le même malade dans l'espace de sept mois.

Une question plus curieuse qu'utile, c'est le nombre des récidives chez le même sujet. Anciennement la taille a permis de délivrer le même individu deux, trois, et même six fois; mais la gravité de cette opération a dû généralement mettre obstacle à la série des récidives. Depuis que la lithotritie est venue en aide aux calculeux, on peut dire que chez le même individu le nombre des reproductions est presque illimité, et c'est assurément là un des services les plus importants rendu par la méthode du broiement. Il existe des malades chez lesquels des lésions vésicales variables déterminent, d'une manière incessante, la formation des dépôts lithiques; la lithotritie permet de débarrasser ces calculeux plusieurs fois dans la même année et en quelque sorte indéfiniment.

A une époque qui n'est pas encore très-éloignée de nous, les chirurgiens ont beaucoup discuté la question de savoir si les reproductions étaient plus fréquentes à la suite de la taille ou de la lithotritie ; on disait alors que le broiement de la pierre ne débarrassait jamais complétement les malades et que ceux-ci étaient fatalement exposés à la récidive. Le temps a fait justice de ces arguments et la question ne doit plus être agitée, car la récidive ne peut être prise en considération pour déterminer le choix d'une méthode dans le traitement des calculs vésicaux. Nous dirons, à ce sujet, que l'application de la lithotritie ayant pour résultat la destruction ou la diminution des obstacles qui s'opposent à la libre sortie de l'urine, place les individus dans d'assez bonnes conditions pour éviter la récidive. Toutefois, il faut reconnaître que le broiement peut, dans quelques circonstances spéciales, provoquer une affection de la vessie, et n'être pas étranger à la reproduction d'une pierre.

Lorsque les calculeux avaient pour unique ressource l'opération de la taille, ils attendaient pour s'y soumettre que la violence des douleurs eût vaincu leur répugnance ; la cystotomie était alors pratiquée dans de mauvaises conditions. Aujourd'hui la récidive est prévue, les explorations entrent davantage dans la pratique, aussi la guérison est-elle la règle dans les cas où la pierre vient à se reproduire.

La récidive de l'affection calculeuse est une grave préoccupation pour les malades et pour le chirurgien lui-même. Les ressources de la thérapeutique sont encore très-bornées, cependant il y a dans les antécédents de la maladie des indications plus ou moins certaines pour instituer une hygiène capable d'empêcher ou d'éloigner beaucoup la récidive. Lorsqu'on a fait disparaître une pierre de la nature de celles qui reparaissent rarement, lorsque le sujet est jeune, c'est-à-dire lorsque les organes sont sains, il faut conseiller une bon régime et engager les malades à se soumettre périodiquement au cathétérisme. Dans les cas où la pierre est évidemment le résultat d'une lésion de l'urètre ou de la vessie, la récidive est subordonnée à la reproduction des conditions mécaniques qui ont favorisé la formation d'un calcul; la thérapeutique doit donc consister dans la destruction des obstacles au cours de l'urine, ou dans l'entretien de la perméabilité des voies queparcourt ce liquide.

Les malades qui conservent après leur guérison un degré variable de catarrhe vésical, ceux dont la vessie se débarrasse incomplétement de son contenu, doivent faire un usage journalier de la sonde; les injections vésicales devront faire partie de leur régime. A ce sujet, nous indiquerons un moyen d'éviter la récidive de cette variété de pierres qui se reproduit quelquefois avec une effrayante rapidité. Ordinairement on conseille aux malades une injection soir et matin, mais il faudrait, pour réussir, faire encore davantage. Après chaque miction, les calculeux devraient se sonder et faire dans la vessie une injection à grande eau; cette simple précaution serait continuée pendant plusieurs mois. Le professeur Nélaton, de qui nous tenons cette communication, dit avoir obtenu par ce moyen facile des guérisons qui ont persisté.

L'emploi des eaux sulfureures à l'intérieur, les bains

et les douches sont de nature à modifier la membrane muqueuse des voies urinaires et à favoriser le retour des contractions vésicales; enfin les malades dont nous parlons et qui forment une catégorie à part, devront être soumis très-fréquemment aux explorations vésicales, afin d'éviter la formation d'une nouvelle pierre, et surtout pour permettre au chirurgien de surprendre en quelque sorte la récidive à son début.

Quant à l'alimentation des calculeux, elle ne paraît pas avoir d'influence sur la reproduction de leur maladie; l'expérience a démontré que les individus qui s'étaient soumis à des privations multiples dans le but de consolider et de rendre définitive leur guérison, n'avaient pas été pour cela à l'abri d'une récidive. Cette dernière remarque ne veut pas dire qu'il ne faille pas soigner les calculeux qui ont été opérés; chez beaucoup d'entre eux le rein est plus ou moins profondément altéré, on observe de temps en temps des malaises peu explicables, enfin un grand nombre restent sujets à une dyspepsie presque continuelle. Tous ces malades doivent avoir une hygiène sévère, ils feront bien d'éviter le froid et l'humidité; il faudra combattre la constipation; enfin les toniques, les amers, les eaux ferrugineuses présenteront de notables avantages.

On peut dire que chez les individus dont la pierre se reproduit sans cesse, la vie se trouve nécessairement menacée dans un temps indéterminé, mais qu'il dépend du malade et de son médecin de prolonger longtemps une existence souvent très-supportable.

§ IV. — Du traitement des calculeux chez lesquels l'intervention chirurgicale est contre-indiquée.

Dans ce livre qui est surtout destiné au traitement de la pierre vésicale, nous avons voulu démontrer qu'il fallait lithotritier autant que possible tous les calculeux, puis réserver la cystotomie et la lithotritie périnéale pour les cas exceptionnels; mais il ne faudrait pas en conclure qu'un individu qui a la pierre doit être nécessairement ou lithotritié ou taillé. On ne saurait trop insister sur cette remarque: l'homme de l'art a pour mission de guérir les malades ou de les soulager.

Pour faire disparaître un calcul de la vessie, il faut trouver dans la constitution du sujet et dans l'état de ses organes des conditions suffisantes pour que l'opéré puisse supporter la réaction qui doit nécessairement succéder à toute tentative chirurgicale. Lorsque la lithotritie cesse d'être applicable, l'idée de la taille se présente nécessairement, et bien des fois cette opération effrayante est une ressource précieuse dont il faut faire bénéficier les calculeux. Mais il y a une catégorie de malades auxquels il faut savoir refuser une opération qui n'aurait d'autre résultat que de précipiter l'événement fatal, avec la certitude de compromettre en même temps et la chirurgie et le chirurgien.

Cherchons maintenant à déterminer quelles sont les contre-indications absolues à l'intervention active dans le traitement de la pierre vésicale.

L'âge est une condition qui doit peser dans l'ap-

préciation du pronostic des opérations en général ;
ainsi, par exemple, les amputations des membres donnent une mortalité constante chez les individus qui ont
soixante-dix ans et plus. Pour la pierre vésicale, les
limites de l'âge où l'on peut opérer paraissent s'éloigner
bien davantage ; la lithotritie et la taille elle-même ont
pu procurer des guérisons chez des malades ayant atteint l'âge de quatre-vingts ans. Cependant il faut convenir que la cystotomie appliquée dans ces cas extrêmes
doit présenter une grande chance de mortalité ; la lithotritie, au contraire, lorsqu'il s'agit de ces pierres phosphatiques qui se reproduisent d'une manière incessante,
permet de soulager les malades qui en sont affectés
jusqu'aux limites les plus extrêmes de la vie.

La coïncidence de l'affection calculeuse et d'une maladie organique grave doit faire éloigner l'idée de la
cystotomie ; l'intervention chirurgicale se réduit alors à
l'application de la lithotritie, si toutefois les conditions
indispensables se trouvent réunies pour cette opération.

Les différentes contre-indications que nous venons
de rappeler sont faciles à formuler, mais la difficulté
se rencontre véritablement dans les circonstances suivantes. Des malades qui sont atteints de la pierre depuis
plusieurs années et qui ont dépassé en général l'âge
adulte, réclament les secours de la chirurgie, mais en
même temps il y a dans leur santé générale une perturbation plus ou moins grande. Des troubles du côté de
l'appareil digestif s'observent principalement ; plus rarement, on constate certains phénomènes relatifs à une
altération du système nerveux. La perte de l'appétit, la

diarrhée, sont des symptômes communément observés ; viennent ensuite la fréquence du pouls et de véritables accès fébriles ; enfin, quelques malades présentent de la somnolence, du coma, et quelquefois des accidents convulsifs mal déterminés.

Les perturbations que nous venons d'indiquer se manifestent à des degrès très-divers, sous des formes quelquefois extrêmement bizarres, mais la clinique a démontré que les affections rénales étaient le point de départ de tous ces troubles; ce que nous ignorons, c'est le rapport exact qui peut exister entre la lésion anatomique et les phénomènes généraux. Pour prendre une détermination dans ces cas graves, il faut une grande habitude et ce sens qui ne s'acquiert que par l'expérience. Certes, il ne viendra jamais à l'esprit de personne de proposer la cystotomie à un vieillard cacochyme, dont l'appétit est nul et qui est épuisé par une diarrhée continuelle ; mais certains calculeux qui portent une grosse pierre ont encore une apparence de santé qui peut tromper, et cependant la moindre tentative suffirait pour révéler des lésions organiques graves et pour déterminer une mort rapide.

Nous n'avons pas de signes positifs pour préciser le diagnostic dans ces cas embarrassants, cependant il y a certaines probabilités qui peuvent être obtenues. Il faut prendre en considération l'âge des sujets, l'ancienneté de leur maladie, et enfin certains caractères physiques que peuvent présenter les liquides rendus. On peut considérer comme d'un mauvais pronostic, des urines peu abondantes, épaisses et répandant, au moment de la miction, une odeur vraiment caractéristique; on a comparé cette odeur à celle de la chair pourrie, mais il suffit de l'avoir sentie une fois pour ne plus la méconnaître.

Avant de prendre un parti il faudra, dans tous les cas, observer le malade pendant quelque temps; on l'engagera à se sonder pour éviter ainsi les douleurs de la miction, et pour s'assurer de l'évacuation régulière du contenu de la vessie. Si, par ces moyens simples et quelques précautions hygiéniques, les souffrances diminuaient, quoique les troubles digestifs persistassent, il faudrait s'en tenir là; on voit, dans des circonstances analogues, la vie se prolonger pendant plusieurs années, certains calculeux ont encore, dans cette situation, une existence qu'on peut appeler supportable. Si, au contraire, l'emploi des moyens simples ne procure aucune espèce d'amélioration locale, il devient évident que l'affection a une marche progressive que rien ne saurait entraver, et que par conséquent il faut s'abstenir. Les émollients, les lavements opiacés, quelques narcotiques constituent toutes les ressources de l'art.

Nous ne reviendrons pas sur ce que nous avons dit à l'occasion des pierres très-volumineuses, c'est là une contre-indication presque absolue.

Ainsi, il existe une catégorie de calculeux qui ont une grosse pierre, des troubles de la santé générale plus ou moins prononcés; les uns marchent fatalement vers une mort prompte et certaine, les autres, par l'emploi de quelques moyens hygiéniques, peuvent encore résister pendant un temps assez long. Mais, dans tous les cas,

la lithotritie et à plus forte raison la taille viendraient
ajouter une perturbation dont le résultat serait certainement de précipiter la terminaison funeste. Dans ces
circonstances, nous l'avons déjà dit, l'embarras du
praticien est extrême, d'autant plus que les personnes
qui entourent le malade, quelquefois même les médecins, réclament instamment l'opération, oubliant
ainsi que la pierre ne constitue pas toute la maladie
et que son extraction ne peut remédier à des lésions
coexistantes. L'hésitation devient encore plus considérable lorsque le calcul détermine par sa présence des
douleurs telles, que le malade ne peut goûter aucun repos et que l'air retentit toujours de ses cris lamenta-
bles. Alors le rôle du chirurgien prend un caractère
très-délicat, le plus souvent l'homme de l'art se trouve
forcé à remédier par une opération, à un état de souffrance devenu incompatible avec la vie.

Dans les circonstances que nous venons de rappeler,
la taille étant presque constamment funeste, l'intervention ressemble beaucoup à un de ces palliatifs qu'il serait difficile de caractériser. Peut-être devrait-on suivre,
dans ces conditions exceptionnelles, la pratique des
anciens lithotomistes, celle-ci consistait à pratiquer une
boutonnière au périnée et à fixer une canule dans la
vessie. Agir ainsi, c'est éloigner la pierre du col vésical,
c'est assurer l'écoulement involontaire des urines, et
par conséquent remédier, autant que possible, aux douleurs atroces qui tourmentent le patient. Si les accidents
persistaient, on pourrait toujours utiliser la plaie périnéale pour fragmenter ou extraire le calcul.

Avicenne paraît être le premier qui ait proposé la boutonnière comme moyen palliatif, dans les cas auxquels nous faisons allusion. Voici ce qu'il dit à ce sujet : « Dans le cas où il y a difficulté d'uriner par cause de pierre dans la vessie, quand il n'y a pas moyen de pratiquer l'opération, à cause de quelque chose qui en empêche ou par la crainte, il y en a qui ont imaginé de chercher une autre route, et ont fait une petite incision entre l'anus et les testicules, dans laquelle ils ont insinué une canule pour donner issue à l'urine. »

Thévenin s'exprime ainsi, dans son *Traité des opérations* : « Il y a une opération qui se pratique en ceux qui ont une grosse pierre en la vessie, lesquels sont vieils et faibles, qui ne peuvent supporter le travail et l'effort de la taille, à cause de la grosseur des pierres, d'autant qu'il faudrait faire une grande dilacération et ouverture pour les tirer. » L'auteur décrit ensuite le manuel opératoire, et il ajoute : « Il faut que cette canule ait deux anneaux en sa tête, pour s'attacher avec un ruban à une ceinture, et qu'elle ferme à vis, afin de pouvoir retenir et vuider l'urine quand on veut; par ce moyen, la pierre ne se présente plus au col de la vessie, et ne frottant ni frayant plus si fort, laisse vivre les malades avec moins de douleurs, et si peu d'incommodité qu'ils aiment mieux la supporter, que s'exposer à une opération manifestement mortelle; outre que l'on peut traiter facilement les maladies qui se rencontrent en ces parties conjointement avec la pierre, par les injections qu'on peut commodément faire à travers la canule. »

Nous terminerons en citant une remarque de Chopart : « On a observé, dit ce chirurgien, que l'urine d'un enfant calculeux était alcaline lorsque les douleurs étaient vives, et qu'elle redevenait acide lorsqu'il avait été quelques jours sans souffrir de la vessie. Il serait, dit l'auteur, utile de répéter ces expériences pour être sûr du fait, et pour juger de l'état de la vessie des calculeux qui paraît plus irritée et plus douloureuse, quand l'urine est alcaline que lorsqu'elle est acide ; ce serait le moyen de connaître les espèces de diurétiques convenables dans ces cas, surtout lorsque l'opération de la taille est contre-indiquée. »

Dans l'état actuel de nos connaissances, il devient évident que Chopart avait pris l'effet pour la cause, car il est aujourd'hui bien démontré que l'inflammation de la vessie a pour conséquence l'alcalinité des urines, ce qui n'empêche pas que l'examen de ce liquide puisse offrir de l'intérêt et renseigner sur l'état des viscères. Quant aux diurétiques ; leur usage est plus nuisible qu'utile, et la clinique démontre qu'il faut s'en tenir aux boissons abondantes, autant encore que le permet l'état de l'estomac.

Deschamps a également consacré un court chapitre à la cure palliative de la pierre vésicale, il dit : « Le malade observera le régime le plus doux ; la diète blanche méritera la préférence, si son usage n'est point contre-indiqué par quelques circonstances ; il évitera tous les aliments âcres et de difficile digestion, et s'abstiendra de toute espèce de liqueur spiritueuse, les exercices seront très-modérés. L'usage des voitures et du cheval lui sera interdit, ainsi que toute espèce de mouvements qui se communiqueraient au corps étranger renfermé dans la vessie. Le calculeux s'abstiendra du travail de cabinet et surtout du commerce avec les femmes ; en général, il évitera toutes les occasions qui pourraient exciter en lui les passions vives. »

Nous ajouterons que, dans ces mauvaises conditions, c'est-à-dire lorsque les calculeux ne peuvent être débarrassés par une opération, l'opium sous toutes les formes, par la bouche et surtout en lavements, constitue peut-être la meilleure ressource de la thérapeutique.

Nous ne prolongerons pas plus longtemps les considérations qui sont relatives au traitement médical de la pierre ; nous aurions pu multiplier nos réflexions, réunir toutes les formules qui ont été successivement vantées comme des fondants, des dissolvants ou des calmants, mais les résultats sont si invariablement les mêmes c'est-à-dire nuls, que nous avons pensé qu'il était inutile de les faire figurer dans un livre essentiellement destiné aux praticiens.

FIN.

TABLE DES MATIÈRES

SECTION II.— De la cystotomie.

SECTION III. — De la lithotritie périnéale.

SECTION IV. — Du traitement médical de la pierre dans la vessie.

Paris. — Imprimerie de E. MARTINET, rue Mignon, 2.